AF878267

Martin Teising (Hrsg.)

Altern: Äußere Realität, innere Wirklichkeiten

Martin Teising (Hrsg.)

Altern: Äußere Realität, innere Wirklichkeiten

Psychoanalytische Beiträge zum Prozeß des Alterns

Westdeutscher Verlag

Die Deutsche Bibliothek – CIP-Einheitsaufnahme

Altern: äußere Realität, innere Wirklichkeiten : psychoanalytische Beiträge zum Prozeß des Altern / Martin Teising (Hrsg.). – Opladen : Westdt. Verl., 1998

ISBN-13:978-3-531-13035-4

Der Westdeutsche Verlag ist ein Unternehmen der Bertelsmann Fachinformation GmbH.

http://www.westdeutschervlg.de

Höchste inhaltliche und technische Qualität unserer Produkte ist unser Ziel. Bei der Produktion und Verbreitung unserer Bücher wollen wir die Umwelt schonen: Dieses Buch ist auf säurefreiem und chlorfrei gebleichtem Papier gedruckt. Die Einschweißfolie besteht aus Polyäthylen und damit aus organischen Grundstoffen, die weder bei der Herstellung noch bei der Verbrennung Schadstoffe freisetzen.

Umschlaggestaltung: Christine Huth, Wiesbaden

ISBN-13:978-3-531-13035-4 e-ISBN-13:978-3-322-83286-3
DOI: 10.1007/978-3-322-83286-3

Inhalt

III. Innere Wirklichkeit des Alterns

IV. Alternde Patienten - Alternde Psychoanalytiker

Einleitung

Martin Teising

Die Beiträge dieses Bandes untersuchen, ob und wie sich mit den Lebenserfahrungen in einer immer schneller sich wandelnden äußeren Realität auch die psychische Welt des alternden Menschen wandelt oder ob und unter welchen Umständen die innere Welt unverändert weiter lebt. Wie dynamisch ist die innere Realität, bleibt sie ewig jung, altert sie oder ist sie zeitlos wie das Unbewußte, aus dem sie zum Teil besteht? Ist Altern ausschließlich äußere oder auch Bestandteil der inneren Realität? Läßt sich die innere Realität überhaupt mit Kategorien der äußeren Realität in Beziehung setzen und umgekehrt, taugen psychoanalytische Termini zur Beschreibung und Erfassung von Phänomenen der äußeren Realität? Spätestens seit dem letzten Internationalen Psychoanalytischen Kongreß 1995 in San Francisco drängen sich diese Fragen auch im Zusammenhang mit der Altersthematik auf.

Um eine Antwort vorwegzunehmen: Das lebenslange Spannungsfeld zwischen innerer Wirklichkeit und äußerer Realität zeigt im höheren und hohen Lebensalter besondere Wirkungen, wie in diesem Band gezeigt und von verschiedenen Blickwinkeln aus betrachtet und untersucht werden soll.

Wir hatten uns zunächst entschlossen, von äußerer und von psychischer Realität, nicht von innerer Realität zu sprechen, weil eine räumliche Vorstellung die psychische Realität nur unzureichend beschreibt. So lautete denn auch das Thema des 8. Symposiums Psychoanalyse und Alter im Dezember 1996 in Kassel, veranstaltet von der Arbeitsgemeinschaft Soziale Gerontologie der Gesamthochschule Kassel, der Arbeitsgruppe „Psychoanalyse und Alter“ und dem Alexander-Mitscherlich-

Institut in Kassel: „Psychische Realität und äußere Realität im Alter“. Die Beiträge dieses Symposiums sind in diesem Band dokumentiert. Darüber hinaus erweitern die Aufsätze der Essener Arbeitsgruppe Schneider, Heuft und Lohmann sowie die von Kipp/Dixon, Ohlmeier, Settlage, Teising und Warsitz das Themenspektrum.

Wenn dieser Band jetzt doch im Titel den Gegensatz von innen und außen benennt, so aufgrund der Vorstellung, daß die Konstitution einer zwischen innen und außen unterscheidenden Grenze entwicklungspsychologisch für die Identitätsbildung von entscheidender Bedeutung ist.

Als Freud die Verführungstheorie aufgab und der Bedeutung der subjektiven Phantasie Rechnung trug, entdeckte er die Bedeutung der psychischen Realität. Sein Blick richtete sich vom Trauma auf den intrapsychischen Konflikt. Das Individuum wurde nicht mehr ausschließlich als erleidendes Objekt, sondern als ein triebgeleitetes, Sinnzusammenhänge deutendes und handelndes Subjekt gesehen. Diese Entdeckung war bekanntlich die Geburtsstunde der Psychoanalyse. „Es erwächst uns nun die Aufgabe, die Beziehung des Neurotikers, und des Menschen überhaupt zur Realität auf ihre Entwicklung zu untersuchen und so die psychologische Bedeutung der realen Außenwelt in das Gefüge unserer Lehren aufzunehmen“ (Freud 1911, S. 230).

Die Unterscheidungsfähigkeit zwischen innen und außen ist nach kleinianischem Verständnis angeboren. Diese Auffassung scheint durch die Ergebnisse der modernen Säuglingsforschung, die sich ansonsten von den Positionen der kleinianischen Psychoanalyse deutlich unterscheidet, bestätigt zu werden (vergl.: Stern 1992). In der inneren Welt des Kindes, so Melanie Klein, wüten Ängste, die durch die Mutter aufgenommen und beruhigt werden müssen, damit es sich der äußeren Welt zuwenden kann. Äußere Realität steht von Anfang an im interaktiven Austausch mit der inneren Welt. „Subjekt und Objekt konstituieren sich durch introjektive und projektive Prozesse" (Staehle 1997, S. 2).

Körperbezogene, unangenehme zunächst diffuse Sensationen, von Bion (1962) Beta-Elemente genannt, werden mit Hilfe der Alpha-Funktion der Mutter „verdaut". Allmählich verinnerlicht der Säugling diese Alpha-Funktion und lernt auf diesem Weg, wie zwischen Subjekt und Objekt, zwischen innen und außen zu differenzieren ist. Damit entsteht die Vorstellung eines das Individuum begrenzenden Raumes, in den etwas hinein und aus dem etwas heraus „gehen", in den etwas introjiziert und aus dem etwas projiziert werden kann, von innen und außen.
Innere Realität hängt „mit einer Realität zusammen, die sich in dem von jeder Seele konstruierten psychischen Apparat als etwas Individuelles, Phantastisches, Gedachtes, Gewünschtes, Subjektives, Unwirkliches, Halluzinatorisches, Unbegreifliches und Inneres darstellt und daher im Gegensatz zu einer Realität, die verbreitet, allgemein, sozial, materiell, auferlegt, objektiv, realistisch, verständlich und extern ist" (Puget 1995, S. 225).

Die innere Realität gliedert sich in drei psychische Welten:

> „Die eine Welt ist die der Repräsentanzen, die meist an die phantasmatischen Funktionen von Körper und Seele des Individuums geknüpft sind und in welcher der externe Andere praktisch präsent ist. Sie wird durch das Lust- Unlust- Prinzip geregelt (...) Eine andere Welt ist die, in der die Repräsentanzen der Familienbindungen zu finden sind (...) Hier ist der Andere ständig präsent und trägt den Stempel der Realität. Das Ich und der Andere sind hier miteinander verknüpft (...) Schließlich lebt das Ich in einer dritten Welt mit Repräsentanzen des sozialen und kulturellen Milieus, in dem gesellschaftliche Regeln gelten; eine Welt, die davon bestimmt wird, was möglich und was nicht möglich ist und in der die Anderen eine reale, wenngleich verschwommene Präsenz besitzen. Dies vermittelt die Erfahrung in eine Welt mit ähnlichen Anderen verstrickt zu sein" (Berenstein 1995, S. 198).

Faimberg nennt „psychische Wahrheit die Konsequenz psychischer Arbeit, die aus den Anforderungen der Realität resultiert und von unbewußten Wünschen und unbewußten Phantasien geprägt ist. Realität wird ursprünglich durch den gesprochenen und nicht gesprochenen Diskurs der Eltern sowie natürlich ihrer unbewußten Dimension vermittelt" (Faimberg 1995, S. 202).

Die Unterscheidungsfähigkeit zwischen der psychischen Realität und der physischen und sozialen Realität ist also Resultat der psychischen Entwicklung. Kleinkinder und Träumer, Psychotiker, Neurotiker und Restneurotiker durchmischen diese Realitäten immer wieder und können sie nicht eindeutig unterscheiden. Psychische Realität unterliegt einem lebenslangen, oszillierenden Entwicklungsprozeß, während dem wir immer wieder verschiedene Positionen einnehmen.

Unabhängig von unterschiedlichen Ansichten über ihre Entstehung, sind sich psychoanalytische Autoren weitgehend darin einig, daß innere Realität aus den triebgeleiteten Phantasien, aus den Wahrnehmungen der äußeren Welt und den Erinnerungen besteht. Sie unterliegen permanent subjektiven Verarbeitungsprozessen, was mit neuen hirnphysiologischen Erkenntnissen gut kompatibel ist. „Das Gehirn kann zwar über seine Sinnesorgane durch die Umwelt erregt werden, diese Erregungen enthalten jedoch keine bedeutungshaften und verläßlichen Informationen über die Umwelt. Vielmehr muß das Gehirn über den Vergleich und die Kombination von sensorischen Elementarereignissen Bedeutungen erzeugen und diese Bedeutungen anhand interner Kriterien überprüfen. Dies sind die Bausteine der Wirklichkeit. Die Wirklichkeit in der ich lebe, ist damit ein Konstrukt des Gehirns" (Roth 1994, S. 19). Das, was als Objekt repräsentiert ist, ist eine Kreation, eine Konstruktion unserer Seele, die in dauernden Änderungen begriffen ist. Das heißt auch: Nichts ist subjektiver als das Objekt, genauer als die Objektrepräsentanz. Äußere Realitäten, wie z.B. der Lauf der Zeit, sind lange nicht immer auch psychische Realität.

Realität an sich vermittelt noch keine Sinnhaftigkeit. Sie wird erst durch das Subjekt konstruiert. Diese Konstruktion gestaltet die Art zu denken, zu fühlen und zu handeln. In einer seiner letzten Arbeiten beschäftigte sich Wolfgang Loch mit „Genese-, Differenzen-Synthese“ psychischer und materieller Realität. Sich auf Nietzsche berufend meint Loch, daß „Konstruktionen, Interpretationen, diejenigen Geschehnisse sind, mit deren Hilfe wir die Welt und uns selbst auslegen, erklären und verstehbar machen, das heißt, *sie sind* (kursiv im Original) solange sie gelten, die innere wie die äußere Welt, und so lange gelten sie ‘unbedingt’ - unbedingt, weil jetzt und hier ihre Verneinung einer ‘Verneinung des Lebens’ gleichkäme, das gerade in ihrer Geltung seine uns verbindende Basis hat“ (Loch 1995, S. 154).

Die Untersuchung in diesem Band geht gewissermaßen von der äußeren Welt aus und dringt über den Körper in das Innere vor.

Bewirken Umbrüche von Realitäten in einer sich ändernden äußeren Welt, Veränderungen der Identität? Rosenmayr als renommierter Sozialgerontologe und-ethnologe öffnet den Blick für die sich verändernde äußere Realität alter Menschen in westlichen Kulturen. Mit ihm kommt neben den psychoanalytischen Autoren ein Wissenschaftler einer Nachbardisziplin zu Wort, denn „man hat die Verpflichtung, sich jener Währung zu bedienen, die in dem Lande, das man durchforscht, eben die herrschende ist“ (Freud 1911, S.236).

Wenn wir uns über die Wechselbeziehung von äußerer und psychischer Realität Gedanken machen, ist die historische Dimension von besonderer Bedeutung. Ist es nicht gerade das nicht Erinnerte Vergangene das gegenwärtig aktiv wirksam ist? In Deutschland stellt sich die Frage der Wirksamkeit bzw. der Veränderung innerer Werte nach der Befreiung vom Nationalsozialismus. Sellschopp hat den Wertewandel der Kriegsgeneration nach dem Zweiten Weltkrieg mit Hilfe biographischer Interviews untersucht. Auf einer breiten empirischen Grundlage beruht der Beitrag der Essener Gruppe Schneider, Heuft und Lohmann, die die Auswirkungen von biographischer Belastung und von Traumatisierungen im Alter untersucht.

Wenn wir unser eigenes Älterwerden bedenken, kommt uns sehr schnell der Wunsch in den Sinn, möglichst lange selbstbestimmt und unabhängig bleiben zu können. Inwieweit aber ist individualisierte Unabhängigkeit eine kollektive Illusion und Bestandteil unserer inneren Realität, oft völlig unverbunden mit der gleichzeitig bestehenden psychischen Realität enormer Abhängigkeit? Wir streben lebenslang danach, uns aus frühkindlicher Abhängigkeit zu lösen und gleichzeitig streben wir danach, sie wiederzufinden. Im Beitrag von Koch-Straube wird von der inneren Welt und von äußeren Realitäten in einem Pflegeheim berichtet, also von einer extremen und von vielen gefürchteten, den meisten aber verschlossenen und fremden äußeren Welt, von einer Welt, die in Psychoanalysen meist nicht oder nur als Fiktion vorkommt.

Das gemeinsame Altern der Brüder Jakob und Wilhelm Grimm, die in ihrem jungen Erwachsenenalter den Schatz deutscher Volksmärchen gesammelt hatten, sich dann aber auch ganz anderen wissenschaftlichen und politischen Betätigungen zugewandt hatten, wird von Müller beschrieben. Er geht der Frage nach, welche inneren Bindungen den Lebensweg der Brüder Grimm ins Alter prägten. Die Welt der Märchen, in der das ewige Jungsein möglich ist, stellt einen kollektiven Intermediärraum zwischen äußerer und innerer Realität dar.

Im Märchen gibt es die körperliche Verjüngung, das ewige Jungsein, das in der inneren Realität vieler alternder Menschen lebt, aber durch körperliche Veränderungen, besonders durch Erkrankungen, doch dramatisch verändert werden kann. Das Bild vom Körper ist als Körperbild Bestandteil des Selbst und damit der inneren Realität, zugleich haben wir einen äußeren Körper, können ihn betrachten und untersuchen, wie ein Objekt, somit ist der Körper für das Individuum auch äußere

Realität. Normalerweise müssen wir mit jeder körperlichen Veränderung unser Körperbild, unsere innere Vorstellung vom Körper verändern, das Bild übermalen. Welche Pinselstriche, um im Bild zu bleiben, hinterlassen körperliche Veränderungen des Alters und Krankheit in der psychischen Realität? Dieser Frage gehen die Beiträge von Radebold und Teising nach.

Wirken Objektverluste, die sich im Alter häufen, anders als phantasierte Objektverluste, fragt Bruggeman. Zwei Beiträge, die von Kipp, Dixon und der von Warsitz beschäftigen sich mit depressiven Phänomenen des Alterns. In welchem Verhältnis stehen reale Schuld und Schuldgefühl? Freud fiel auf, daß die Tugendhaftesten oft das schlechteste Gewissen haben. Hinze geht der Problematik von Schuld und Schuldgefühl im Alter nach.

Immer wieder wird nach therapeutischen Möglichkeiten der Psychoanalyse im Spannungsfeld zwischen innerer und äußerer Realität des Alterns gefragt. Einen eindrucksvollen Bericht über eine analytische Psychotherapie zwischen dem 99 und 105 (!) Lebensjahr liefert Settlage, der die Psychoanalyse einer Dichterin beschreibt, die sich eindrucksvoll zwischen innerer, intermediärer und äußerer Realität bewegt. Abgeschlossen wird der Band von Reflexionen Ohlmeiers zum Älterwerden des Psychoanalytikers. Damit folgen wir einem alten Grundsatz der Psychoanalyse, nämlich dem Bemühen, soweit möglich auch die eigene Person und Position wie einen Untersuchungsgegenstand der äußeren Realität zu betrachten.

Besonderen Dank möchte ich an Ruth Lehmann, Thomas Böhmer und Ulrich Saenger richten, die die Texte geschrieben, korrigiert und bearbeitet haben. Sie haben mir jederzeit die benötigte Hilfestellung und Unterstützung gewährt, und wenn ich sie darum gebeten habe, auch eigene Interessen zurückgestellt.

Literatur

Berenstein, I. (1995): Psychische Realität und klinische Technik. Zeitschrift für psychoanalytische Theorie und Praxis 10, 193-199

Bion, W. R. (1990 [1962]): Lernen durch Erfahrung. Frankfurt a. M.: Suhrkamp

Faimberg, H. (1995): Mißverständnis und psychische Wahrheiten. Zeitschrift für psychoanalytische Theorie und Praxis 10, 200-206

Freud, S. (1911): Formulierungen über die zwei Prinzipien des psychischen Geschehens. G.W. VIII, 230-238

Loch, W. (1995): Psychische Realität - Materielle Realität. Genese-Differenzierung-Synthese. Jahrbuch der Psychoanalyse 34, 103-141

Puget, J. (1995): Psychische Realität oder verschiedene Realitäten. Zeitschrift für psychoanalytische Theorie und Praxis 10, 225-232

Roth, G. (1994): Das Gehirn und seine Wirklichkeit. Frankfurt a. M.: Suhrkamp

Staehle, A. (1997): Zur Differenzierung zwischen „innen“ und „außen“ im psychoanalytischen Prozeß. Unveröffentlichtes Manuskript

Stern, D. (1992 [1985]): Die Lebenserfahrung des Säuglings. Stuttgart: Klett-Cotta

I. Äußere Realitäten des Alterns

Generationen

Zur Empirie und Theorie eines psycho-sozialen Konfliktfeldes

Leopold Rosenmayr

1. Psychische und äußere Realität des Generationenverhältnisses aus der Sicht der Soziologie

Für den Soziologen ist die Fragestellung "Psychische Realität und äußere Realität im Alter", welche unsere Tagung bestimmt, gleichzeitig eine Frage nach der psychischen und äußeren Realität des Verhältnisses der *Generationen* zueinander. Die Aufmerksamkeit des Soziologen richtet sich immer auf den sozialen Kontext, so auch beim Altern. Denn man altert nicht allein und gehört immer einer ganz bestimmten geschichtlichen Welt an, die sich von jeder anderen unterscheidet.

Man mag meinen, daß die Soziologie sich eher der äußeren als der psychischen Realität zuwende. Daran ist richtig, daß die Methoden der sozialwissenschaftlichen Forschung die äußere Realität meist besser zu erfassen imstande sind als die - wie immer auch zu definierende - psychische oder innere Realität. Für die Sozialforschung ist es beispielsweise viel leichter, die Häufigkeit von Gottesdienst-Besuchen verschiedener Altersgruppen zu erforschen und miteinander zu vergleichen, als in die inneren Erlebniswelten der Menschen bei diesen Gottesdienstbesuchen vorzudringen. Wir können auch eher das Gesundheits*verhalten* bei Essen und Trinken, bei Bewegung, körperlicher Übung und Sport in Art und Häufigkeit mit einiger Verläßlichkeit erfassen als die komplexen *Motivationen*, die z.B. zu Überernährung, zu Alkoholmißbrauch und zu Widerstand gegen Bewegung, Training usw.

führen. Aber es wäre falsch, würden die Sozialforscher beim Studium des Gesundheitsverhaltens darauf verzichten, zumindest einige Parameter der Einstellungen zur Gesundheit und der Motivationen, nicht zuzunehmen oder abzunehmen, zu *erforschen.* So können sie nämlich die Diskrepanzen zwischen dem, was die Menschen (verschiedenen Alters, Geschlechts und verschiedener Bildungsstufen) als gesundheitsfördernd für richtig halten (innere Einstellungen, psychische Realität) und den von diesen Menschen über sich selber berichteten oder an ihnen beobachteten (äußeren) Verhaltensweisen vergleichen. Als "innen" kann man bei den Generationenverhältnissen z.B. die zwischen den Altersgruppen und in der Familie zueinander bestehenden (zumindest teilweise ambivalenten) Einstellungen, als "außen" die ökonomischen und sozialen Hilfeleistungen, die gemeinsamen oder getrennten Wohnverhältnisse ansehen. Je näher man der Frage, was ist "innen" und was ist "außen", rückt, desto schwieriger wird sie allerdings. Beim Deuten des äußeren Verhaltens durch innere psychische Bewegungskräfte - Ideen, Werte - sind Soziologen vielleicht etwas großzügiger und begnügen sich eher mit Spekulationen. Nervenärzte, Psychiater und Tiefenpsychologen im allgemeinen oder gar Psychoanalytiker im besonderen gehen von oft sehr kohärenten, mehr oder minder strengen selbstauferlegten Deutungsvorschriften aus.

Die großen Unterschiede zwischen Tiefenpsychologie und Soziologie liegen sowohl in den Ausgangsbereichen als auch in den Zielsetzungen. Ärzte und Tiefenpsychologen beginnen beim einzelnen Patienten, bei Paaren und Familien und sind auf Abbau von Leidensdruck, Heilung eben dieser Individuen oder der Konstellationen von Individuen bedacht. Allenfalls geht es um Struktur- und Beziehungsverbesserungen in Schulen, um Interventionssysteme wie Sozialarbeit im Sinne von Sozialpsychiatrie, wie sie Hans Strotzka in vielen seiner Schriften formulierte. Ihm war es als Psychiater und Tiefenpsychologe darum zu tun, Dispositionen in der Gesellschaft zu schaffen, die Pathologie vermeiden, gleichsam präventiv verringern sollten.

Für Soziologen sind die Ausgangspunkte ihrer Forschungen Probleme in meist großen allgemeinen sozialen Strukturen, die mittels "qualitativer" Methoden (Tiefeninterviews an und mit Einzelpersonen, Dyaden oder Gruppen) erfolgen oder mit Hilfe der "quantitativen" Methoden der demographischen Zählungen, der Ermittlung äußerer Faktoren durch Beobachtung und durch vielfältige Techniken der Erhebung und Befragung. Die internen Schwierigkeiten der Soziologie liegen einerseits in der Zusammenführung der Ergebnisse aus diesen sogenannten qualitativen und quantitativen Methoden und anderseits im schließlich erhobenen Gültigkeitsanspruch der Forschung. Denn wir Soziologen sind gezwungen, mit Verallgemeinerungen zu arbeiten, die aus Studien zusammengefügt werden, die nur selten so exakt wie in den Naturwissenschaften integrierbar sind. Wir arbeiten ohne generelle Ceteris-paribus-Bedingungen mit Daten aus verschiedenen Regionen, Ländern und teils auch kulturübergreifend. Unsere großen Verallgemeinerungen sind riskant.

Auch die Anwendungsfrage ist in der Soziologie besonders komplex. Viele Studien entstehen ohne gezielte Praxisrelevanz. Sie dienen oft einer Differenzierung der öffentlichen Diskussion und können als Beiträge zur Orientierung, Meinungsbildung und Kritik in einer demokratischen Gesellschaft aufgefaßt werden. Mehr und mehr hat sich allerdings auch in Europa die anwendungsbezogene Soziologie zur Entscheidungsvorbereitung für Verwaltung und Politik durchgesetzt. Aber nur selten gehen Befunde und Theorien der Soziologie so unmittelbar und hautnah in irgendeine Form von "Therapie" mit Zielen von Situations- oder Verhaltensänderung ein wie in der ärztlichen oder psychologisch orientierten Behandlung und Intervention.

2. Beispiele zum theoretischen Vorverständnis einer Soziologie der Generationen

Freundlicherweise erlaubt es der Genius loci jenes Ortes, an dem unsere Tagung stattfindet, der Murhardschen Bibliothek in Kassel, unseren Blick auf eine hier verborgene Kostbarkeit, ein "Pretiosum Casselanum", zu lenken. Durch den merkwürdigen Zufall, daß die Tagung unter jenem Dach stattfindet, unter dem auch ein zur Interpretation des soziologischen Aspekts im Generationenverhältnis besonders geeignetes Textstück lagert, lasse ich mich dazu führen, die obigen Bemerkungen theoretisch zu vertiefen.

Der Text, um den es sich handelt, ist das in vieler Hinsicht bedeutungsreiche Fragment frühmittelalterlicher Dichtung, das Hildebrandslied, das zwischen 830 und 840 auf die Vorder- und Rückseite einer noch älteren Fuldaer Pergamenthandschrift geschrieben wurde. Wir wollen diese aus nur zwei beschriebenen Blättern bestehende Dichtung heranziehen, um über die eben geschilderten Unterschiede zwischen der ärztlich-tiefenpsychologischen Perspektive und dem soziologischen Vorverständnis zu reflektieren.

Um das Hildebrandslied zu rekapitulieren, stelle ich die knappe Zusammenfassung und historische Situierung des Textes durch den Herausgeber Hartmut Broszinski voran:

> "Das Motiv des Vater-Sohn-Kampfes ist uns im indoeuropäischen Raum auch aus dem Irischen, dem Russischen und dem Persischen bekannt, trägt aber dort wesentlich andere Züge.
>
> Der Inhalt des Gedichtes: Als Anführer zweier Heere treffen Hildebrand und Hadubrand aufeinander. Hildebrand fragt den Jüngeren nach Namen und Herkunft. Hadubrand bringt mit der Nennung seines und seines Vaters - Hildebrands - Namen zugleich die Geschichte des Vaters vor: Dieser habe vor 30 Jahren als Gefolgsmann Dietrichs von

Bern vor Otacher fliehen, habe dabei Frau und Kind zurücklassen müssen. Hildebrand erkennt seinen Sohn und versucht umschrieben und schließlich direkt den Sohn davon zu überzeugen, daß er sein Vater sei. (...) Hadubrand aber, der sicher ist, sein Vater sei tot, in der Fremde gefallen, muß glauben, der Ältere wolle ihn betrügen, ihn gutgläubig machen und dann durch diese List überwältigen. Mißtrauen ist in diesen unsicheren Zeiten der Völkerwanderung der beste Weg zu überleben. Er weist den Alten zurück, beleidigt ihn mit bösen Worten. Der Vater sieht nun das Unheil unabwendbar vor sich, muß zum Schwert greifen, will er nicht seine eigene Ehre verlieren. Erschütternd seine Klage, seine Erkenntnis, daß die Entscheidung schon gefallen ist (Bl. 2, Z. 13/14):

Welagu nu waltant got, quad hiltebrant, wewurt skihit.

(Wohlan nun, waltender Gott, sprach Hildebrand, Unheil geschieht.)

Es kommt der Kampf; hier bricht der Text ab. Spätere nordische Überlieferungen legen den Schluß nahe, daß der Vater den Sohn erschlägt, während das uns aus dem 16. Jahrhundert überkommene 'Jüngere Hildebrandslied' versöhnlich endet.

Hinter den beiden Figuren Dietrich von Bern und Otacher verbergen sich der Ostgotenkönig Theoderich (455-526) und der Skirenfürst Odwakar (Odoaker), seit 476 Heerkönig in Italien. Im Auftrage des oströmischen Kaisers Zenon bekriegte Theoderich den Odwakar, besiegte ihn 489 an der Isonzobrücke und bei Verona - das ist das 'Bern' der Sage -, belagerte ihn zweieinhalb Jahre in Ravenna - das ist die 'Rabenschlacht' - und ermordete ihn schließlich 492, nachdem Odwakar ihm die Tore geöffnet hatte und eine gemeinsame Regentschaft über Italien vereinbart worden war. Die Legendenbildung um den Ostgotenkönig, bedacht auf ein integeres Herrscherbild, kehrte bald die Tatsachen um und machte Dietrich zum Verfolgten, Otacher zum Bösewicht. Die Gestalt des alten Waffenmeisters Hildebrand, die ebenso wie die Dietrichs in der Epik des Mittelalters große Bedeutung erlangte, läßt sich nicht eindeutig auf eine bestimmte, historisch greifbare Person zurückführen."

Aufs erste mag man den Konflikt zwischen Hildebrand und Hadubrand als einen der Rache des Sohnes an seinem Vater interpretieren, aus der Wut heraus, als Kind vernachlässigt worden zu sein. Eine sorgfältige Lesung des Textes läßt allerdings erkennen, daß es ihm, dem Jungen, gar nicht mehr wichtig ist, ob es sich um den leiblichen Vater oder um einen als Vater interpretierbaren älteren, im Text ausdrücklich als "gialtet man" bezeichneten Menschen und Krieger handelt. Der Beitrag einer historisch-soziologischen Perspektive (und jede soziologische ist immer auch eine historische, mag sie sich auch vergleichend und zeitübergreifend ausweiten) zum Generationenkonflikt im Hildebrandslied ist folgender:

Der Sippenbegriff war unter den Germanen in den Jahrzehnten nach der Kaiserkrönung Karls des Großen, also in der Entstehungszeit des Hildebrandsliedes, noch so stark, daß das Verlassen von abhängigen Sippenangehörigen durch eine Vaterfigur zur sozialen Entwertung der so "Hinterbliebenen" führte. Das wird aus dem Text ganz deutlich: Ihm, dem fortgezogenen Vater, "war Fechten immer zu lieb" (Blatt 1, Zeile 23), sagt der Sohn Hadubrand, und vorwurfsvoll:

> "Er ließ im Lande das Kleine" (nämlich ihn, Hadubrand), und "sitzen die junge Frau" (seine Mutter), "das unerwachsene Kind" (ihn, Hadubrand), „erbelos"
> (Blatt 1, Zeile 16-17).

Die für uns im allgemeinen nicht mehr nachvollziehbare Enttäuschung hängt an einer Verletzung des Ehren-Codex des nachfolgenden Sohnes. "Erbelos" hieß auch rangmäßig reduziert. Dadurch und durch das Verlassenwordensein kehrt sich die in den germanischen Sippen des 9. Jhs. durchaus praktizierte Hochschätzung des vorgeschrittenen Lebensalters in Haß um. Hadubrand wütet gegen den alten Krieger, den er stellvertretend für seinen Vater bekämpft - unwissend, ungläubig, daß der Alte in der Tat der Vater sei.

> "Ein so alter Mann du bist, so führtest du ewig Trug"
> (Blatt 2, Zeile 8).

Das Verhängnis ergibt sich daraus, daß der Alte seinerseits - obwohl er weiß, daß er Vater ist und alles versucht hat, um den Jungen, sein Kind, durch das Angebot des "vom Arme gewundenen" goldenen Ringes (Blatt 2, Zeile 2-3) zu besänftigen, nach den unaufhebbaren (tödlichen) Spielregeln dieser Gesellschaft gezwungen ist, zum Zweikampf anzutreten.

Der Vater-Sohn-Kampf des Hildebrandsliedes, der großen und gewaltigen Ouvertüre der deutschen Epik, stellt sich dem Soziologen als sozial-kulturelle Auseinandersetzung auf dem Feld der Ehre und ihrer - damaligen - Regeln dar. Instrumentiert wird diese Auseinandersetzung von zwei Protagonisten, die Vater und Sohn sind. Aber sie sind Figuren in einem Prozeß, in dem "Unheil geschieht" (Blatt 2, Zeile 14). Sie sind Exponenten eines sozialkulturellen Ehrenstreits.

Ich möchte behaupten, daß auch bei jenem den Psychoanalytikern wesentlich geläufigeren Vater-Sohn-Verhältnis, nämlich dem zwischen Laios und Ödipus, eine gesellschaftliche "Außen"-Macht steuernd wirkte. Es war der Sippenfluch, der Laios dem Sohn die Knöchel durchbohren, ihn dadurch verstümmeln und ihn schließlich "weglegen" ließ. Er veranlaßte dies aus Angst vor dem Wahrwerden einer Unheilsankündigung Apollons, nämlich daß der Sohn ihn töten würde. Nach inadäquater Erziehung bei den Hirten erschlug der durch mangelnde Triebkontrolle zur Gewalttat neigende Ödipus den (ihm in der Situation des unerwarteten Zusammentreffens auf der Wegkreuzung unbekannten) Vater.

Der Fluch, der auf dem Herrschaftsclan des Laios als zerstörerisch-selbstzerstörerisches Erbe lastete, zerrte (wie eine fokussierte "Erbsünde") Vater und Sohn in die Schuldverstrickung. Der Vater veranlaßt die Sohnesweglegung, der Sohn Ödipus erschlägt den Vater. Der schaurige Inzest zwischen Ödipus und seiner Mutter Jokaste folgt als Steigerung der Zerstörung. Die sozio-kulturelle Ausgangssituation des Ödipus-Konflikts muß allerdings samt ihren magischen Voraussetzungen ("Unheil geschieht") verstanden werden. Sonst wird sie mißverstanden.

In seiner (ihm von außen auferlegten?) neuen Karriere als Seelenarzt und als Erfinder der "psychoanalytischen Kur" suchte der Naturwissenschaftler Freud nach allgemein gültigen psychischen Variablen, wie er auf sie bei seiner medizinischen Forschungsarbeit hatte zählen können. Die neuhumanistischen Tendenzen des Wiener Fin de siècle waren voller antiker Symbole, die als Lingua franca der Bildung galten. So wurde die Ödipus-Konstellation durch Freud zur anthropologischen Konstante erhoben und für alle kindlich-menschlichen Entwicklungen mit verschiedenen Formen von Lösungen als theoretisches Leitmodell für das Generationenverhältnis vorgestellt. Selbst Paul Parin und seine Kollegen suchten noch nach der Jahrhundertmitte bei den Dogon in Westafrika nach dem Ödipuskonflikt.

Die Entwicklungen in der soziologischen Theorie und meine eigenen Erfahrungen in der kulturvergleichenden soziologischen Forschung veranlassen eher dazu, dieses Verallgemeinerungs-Artefakt Freuds zu destrukturieren. Wir haben empirische Gründe, es in seiner anthropologischen Konstanz zu bezweifeln. Die soziologische Theorie legt es uns nahe, die Ödipus-Konstellation aus einem Zwei- bzw. Drei-Personen-Spiel in die soziokulturelle Voraussetzung ihrer Kultur und magischen Zwänge (Warnungen und Voraussagen Apollons) rückzuführen und erst aus dieser Rück-Einbettung heraus zu interpretieren. Bei aller Notwendigkeit, in der Soziologie Individuen mit ihren jeweiligen Persönlichkeitsstrukturen interagieren, kämpfen, lieben und Schuld auf sich laden zu sehen, müssen wir die vorbestimmenden Leitkräfte einer Kultur und Gesellschaft berücksichtigen, seien sie zerstörerischer oder integrierender, oder, wie meist, gemischter Art. Erst durch die Kenntnis dieser Leitkräfte können wir die Persönlichkeiten in ihrem Kämpfen und Lieben verstehen. Es ist ja gerade das Studium dieser Leitkräfte und ihrer Auswirkungen auf die Dispositionen zum Handeln, welches den Hauptinhalt meines Beitrages zu einer Soziologie der Generationen bildet.

Waren im Wiener Großbürgertum um 1890, in dem Freud seine "Kuren" begann, die psycho-sozialen Selbstzerstörungen so zentral, daß sich die Ödipus-Konstellation als Modell zwingend nahelegte? Im Kaiserhaus der Habsburger-Dynastie des 19. Jhs. waren sie es, sodaß der Selbstmord des Thronfolgers Rudolf wie eine Folge der zerstörerischen Einwirkungen seines Vaters Franz Josef I. erscheint, was sorgfältige historische und sozialpsychiatrische Untersuchungen zur Vorgeschichte des Mords und Selbstmords von Mayerling zeigen.

Vielleicht wäre es, ohne deren historisch-kulturelle Einbindung zu vernachlässigen, heute wichtig, den Blick auch auf andere Generationenmodelle der großen Literatur auszuweiten. Die Generationentriade Homers: Vater Laertes - Sohn Odysseus - Enkel Telemachos wäre unter dem Gesichtspunkt zu betrachten, daß ein Generationenglied der Unruhe (Odysseus) zweier zur Stabilisierung bedarf. Was könnten wir vom Modell: Vater Anchises - Sohn Aeneas - Enkel Askanius heute lernen? Daß das Dreigenerationensystem bei Flucht und Vertreibung Voraussetzung für "Neugründung" sein kann? Besonders wenn multikulturelle Situationen auftreten? Vergil, der zur Zeit des Augustus und zu dessen Ruhm schrieb, zeigt am Beispiel des Aeneas, der den alten Vater auf seinem Rücken aus der brennenden Stadt Troja trug und dabei den kleinen Sohn Askanius an der Hand führte, die Voraussetzung für eine Neugründung: nämlich die eines die Kulturen übergreifenden Roms. Im 6. Gesang von Vergils "Äneis" wird die hohe Macht des auf den Schultern des Sohnes geretteten Vaters als eines noch von der Unterwelt aus Zuneigung, Stütze und Rat gebenden "Gründungsahnen" dem Leser deutlich. Was können uns die intergenerationellen Stützungs- und Rettungsbeispiele aus Homers "Odyssee" und Vergils "Äneis" heute bieten?

3. Drei verschiedene Bedeutungen des Begriffs "Generation"

Jung und Alt: "Aus dem einen wird das andere und aus dem zweiten das erste." Aus Jungen werden, dem Gesetz der Natur nach, Alte. Aus den Älteren aber gehen die Jungen hervor, einerseits durch Zeugung und anderseits durch Vermittlung des kulturellen Erbes. Aber auch die Alten sind wandlungsfähig, können Züge der Jungen annehmen, heute mehr denn je. Wenn aber das eine aus dem anderen hervorgeht, so müßte doch auch das eine das andere stützen. Auf diese Weise läßt sich der Spruch des Heraklit von Ephesos, das Fragment 67, geschrieben etwa 480 v. Chr., auslegen. Wörtlich heißt der Text so: "Lebendes und Totes, Wachendes und Schlafendes, Junges und Altes sind Eins, denn das Eine wandelt sich ins Andere - und das Andere zurück in das Vorige."

Wird heute, 2500 Jahre später, der Wandlungs- und Rückverwandlungsprozeß blockiert? Stehen wir vor einer Verhärtung der Altersfronten, die zum Dauerkonflikt führen wird? Bringt mehr Zivilisation, bringen die erhöhten Ansprüche das Ende der Austausch- und Verwandlungsfähigkeit der Generationen? Wird Heraklit durch die Interessen-Borniertheit, durch die Partikularisierung und Polarisierung von Alt und Jung in der reichen, der sogenannten hochentwickelten Welt widerlegt, in der die einen leugnen, aus den anderen "hervorgegangen" zu sein? Und die anderen nicht wahrhaben wollen, daß die Jetzigen aus ihnen hervorgingen? Vielleicht führt, ehe wir uns Ansätzen zu inhaltlichen Beantwortungen dieser Fragen zuwenden, eine Begriffsklärung einen Schritt weiter.

Ich möchte drei verschiedene Sinngehalte von "Generation" unterscheiden: Generation läßt sich einmal als die Gesamtheit einer zu einer bestimmten Zeit geborenen Menschen bestimmen, die, in dem sie zur selben Zeit aufwachsen und "in den Jahren der Empfänglichkeit" - also in Kindheit und Jugend - "dieselben leitenden Einwirkungen erfahren" (Wilhelm Dilthey 1875). Solche Generationen treten z.B.

als Lehrer- und Schülergenerationen, mit einem Abstand von 25 bis 30 Jahren als "Kontrahenten-Generationen" einander gegenüber. Oder sie konstellieren sich in viel kürzerer 10- bis 15jähriger Abfolge als "Konsekutivgenerationen". So diffamieren neue Jugend-Generationen, welche von asiatischen Religionen oder den Gedanken des "New Age" beeinflußt wurden, die Angehörigen der Generation der Studentenrevolte. Sie sprechen von den heute 40- bis 55jährigen "68ern" als "Apo-Opas". Die heutige Jugendforschung zeigt uns eine von Individualisierung geprägte, verschiedene, sowohl ideal-orientierte als auch egozentrisch durchsetzungsbezogene pragmatische Generation, die am New Age-Denken kaum mehr geistige Nahrung findet.

In einem zweiten Sinn bedeutet Generation, wie die lateinische Wurzel "generatio" (=Hervorbringung) anzeigt, *Abstammung in Sippe und Familie*. Es empfiehlt sich, im Unterschied zum Phänomen der Kontrahenten- und Konsekutivgeneration von "Abstammungsgeneration" zu sprechen. Die Menschen sind allerdings immer gleichzeitig "Mitglieder" von beiden Ausprägungen von Generation.

Schließlich wird drittens von Generationen oder Generationenkampf als der *Polarisierung von Interessen altersmäßiger Großgruppen* gesprochen, die einander wechselseitig Ressourcen zusprechen oder absprechen. Wir nennen diesen dritten Typus *interessenkonstituierte Altersgruppierung* mit einer bis zu einem gewissen Grad aktivierbaren Identifikationsfähigkeit. Diese Gruppierungen sind sozial und ökonomisch verflochten. Man spricht auch vom "Generationenvertrag". Bei letzterem handelt es sich ja nicht eigentlich um einen Kontrakt zwischen zwei oder mehr Vertragsschließenden. Es ist dieser "Generationenvertrag" vielmehr ein mit Hilfe der Pensionskassen und der Steuermittel unter staatlicher Beteiligung und Aufsicht und damit politischer Einflußnahme etabliertes Umlageverfahren zwischen den Altersgruppierungen. Dadurch fließt von den Berufstätigen erarbeitetes Geld samt staatlicher Aufstockung den Pensionisten und Rentnern zu.

Um uns diesen Umlageprozeß entsprechend vor Augen zu führen, müssen wir die verschiedenen demographischen Blöcke, das quantitative Verhältnis von Jung zu Alt, von beruflich Aktiven zu Personen in Ausbildung oder in der Rente, im Spiegel der Zahlen kennen. Die bloßen demographischen Größenverhältnisse - ohne Berücksichtigung der wirtschaftlichen Produktivität - sind allerdings irreführend. Die Verhältnisse für West- und Mitteleuropa stellen sich folgendermaßen dar: Um die letzte Jahrhundertwende waren etwa 5% der Bevölkerung 60 und mehr Jahre alt, um die kommende Jahrhundertwende werden es 25% sein. In etwa 35 Jahren rechnet man, wenn nicht außereuropäische Wanderungen von Jungen Europa massiv erreicht haben werden, mit circa 35 % über 60jährigen. Sprechen wir von diesen mehrere Generationen umfassenden Älteren, von den 60- und mehrjährigen, so sollten wir immer auch im Auge behalten, daß diese Gruppe zur Zeit hinsichtlich des Geschlechts sehr ungleich proportioniert ist. Auf einen über 60jährigen Mann kommen - statistisch gesehen - zwei Frauen dieses Alters. Entsprechend hoch ist unter den Frauen auch die Quote der Alleinlebenden. Das hat zwar viele ökonomische und soziale Folgen - das Einzelleben kommt teurer - darf aber nicht von vornherein als Disposition zur Einsamkeit interpretiert werden. Das Ungleichgewicht nach dem Geschlecht in der Gruppe der Älteren ist strukturell aus der entscheidend höheren Lebenserwartung der Frauen über 60 zu erklären. Die Männer sterben aus bisher noch keineswegs zureichend geklärten Gründen im Durchschnitt um fast fünf Jahre früher. Das Frauenübergewicht im Altersabschnitt des Bevölkerungsaufbaus ist in Deutschland und in Österreich auch noch geschichtlich aus der Nachwirkung der kriegsbedingten Sterblichkeit der Männer in den Jahren 1939 bis 1945 zu erklären.

4. Wird der Generationen-Krieg unsere Zukunft bestimmen?

Untersuchen wir zuerst die Polarisierung von Interessen altersmäßiger Großgruppen. Die U.S. Lobby, die den Fluß der Ressourcen zu den Alten eindämmen wollte, die "Americans for Generational Equity", die sich in der Abkürzung ironischerweise "AGE" nannte, begann vor Jahren eine Anti-Senioren-Kampagne. Einige ihrer Argumente wurden in der BRD von Reimer Gronemeyer (1989) ähnlich formuliert. Man kann diese Argumente nach den folgenden Punkten zusammenfassen:

1. Die Alten seien ein wachsendes graues Heer von "Abgabensaugern". Sie beanspruchen ein großes Stück von einem Kuchen, an dem sie selber längst nicht mehr mitbacken.
2. Mit der Zahl der Alten wachse in der Demokratie ihr Gewicht als Wähler. "Die Gesetze können immer mehr von den Alten gemacht werden, während die ökonomischen Lasten immer mehr die Jüngeren zu tragen haben."
3. Die Familie, "das Dach, unter dem die Generationen gesessen haben", sei "kaputt". Die sozialen Rollen von Großvater und Großmutter verschwänden zugunsten des anonymen Begriffs der "Senioren".
4. In der Verseuchung der Muttermilch sei ein Beispiel für die Vergiftung der nächsten Generation durch die heutige gegeben.
5. Auf Grund des Mangels an Pflegekräften und zu geringer Mittel für medizinische Leistungen komme es zu einer Automatisierung des Pflegebereichs von der "Fütterungsmaschine bis zur Waschstraße".

Es empfiehlt sich, zuerst auf diese fünf Behauptungen einzugehen, danach aber den Blick durch Forschungen und Interpretationen zu erweitern.

Zu 1: "Alte sind Abgabensauger": Es ist richtig, daß sich die Schere zwischen den geleisteten Beiträgen zur Pensionskassa und den erforderlichen steigenden

Auszahlungen erweitert. Aber sowohl das Pensionsalter, besonders die Frühpensionspraxis, können geändert, der Wohlfahrtsstaat kann (könnte) durch Eigen- und Außenressourcen gestützt und entscheidend ergänzt werden. Einstellungen zu Selbstsorge und zu Eigenressourcen und damit zur Prophylaxe des Alterns sind, wenn auch mit Mühe, veränderbar. Sie sind das Ergebnis von Aufklärung, Arbeit am öffentlichen Bewußtsein und Selbsterziehung. Wir haben gewisse Anzeichen aus einer österreichweiten Feldstudie, daß sich unter den 30- bis 60jährigen ein wenn auch vorderhand noch wenig real wirksames Prophylaxe-Bewußtsein entwikkelt. Günstig ist für dieses Prophylaxe-Bewußtsein, wenn Schulbildung und Sozialschicht hoch sind. Doch spielen auch regionale Mentalitäten in Österreich für die Ausprägung dieses Bewußtseins eine Rolle. Und noch eines: Die genannte Schere darf nicht primär von der Gegenüberstellung der bloßen Anzahl jüngerer und alter Menschen bestimmt werden. Die demographische Bilanzierung der Altersgruppen allein führt hinsichtlich der Finanzierbarkeit der Pensionen und der sozialen Sicherheit der Älteren und Alten in die Irre. Entscheidend sind die Werte, die durch die Aktivbevölkerung volkswirtschaftlich produziert werden und dann zur Umverteilung gelangen können, ebenso modifizieren Selbsthilfe und das Gesundheits-Verhalten der Alternden die Gegenüberstellung.

Zu 2: "Alte haben mehr politische Macht": Studien des U.S.-Politologen Robert H. Binstock (1983) über die sogenannte "senior power", das durch Lobby-Organisationen in den USA relativ wohlorganisierte Alten-Wählerpotential, zeigen, daß die politische Effizienz der Alten und schließlich ihre legislativen Erfolge für die Eigeninteressen der Gruppe weit unter ihrem proportionalen Anteil liegen.

Zu 3: "Die Familie ist kaputt": Trotz aller individualisierender Entwicklungen hält sich ein aus Partnerschaft und innerfamiliärer Generationen-Kooperation bestehendes Netzwerk für Hilfe und Pflege in der Familie. Dieses Netzwerk verbindet auf *pragmatischer* Ebene die Generationen. Kinder sind auch heute, vielleicht sogar verstärkt - bei aller gegenwärtigen Zurückhaltung, sie hervorzubringen, - Träger individueller Erfüllungsträume. Die These vom Ende der Familie ist schlechtweg falsch. Traditionelle Familienkonstellationen kommen seltener vor, aber es gibt Szenarien zur Neukonstituierung anderer, neuer, viel stärker individuell selbstgewählter Familienkonstellationen. Ich schlage vor, sie als "Familie à la carte" zu bezeichnen. Nach Scheidungen und Trennungen gibt es oft auch fragmentarische Formen des Zusammenlebens. Es handelt sich bei solchen Neukonstellierungen zum Teil um tatsächlich neue, auf begrenzte Bedingungen und Zeit "vereinbarte" Paar- und Gruppenkonstellationen mit Kind.

Zu 4: "Die Alten sind schuld an der Umweltverwüstung": Den heute über 60jährigen Kohorten blieb beim Wiederaufbau nach dem Zweiten Weltkrieg in der Verbesserung ihres und des allgemeinen Lebensstandards oft der Blick auf krisenhafte Umweltveränderungen verstellt. Aber die Zerstörung der Natur, die sich im Westen seit Jahrhunderten vorbereitete und in den letzten Jahrzehnten Wirklichkeit wurde, kann nicht nur *einer* Generation angelastet werden. Heutzutage bestehen, wie uns Forschungen zeigen, hinsichtlich der Einsicht in die Notwendigkeit eines radikal verstärkten Schutzes der Natur so gut wie keine Unterschiede nach dem Alter.

Zu 5: "Die Pflege und die medizinische Versorgung werden unfinanzierbar": An Reimer Gronemeyer und die ihm ähnlich Gesinnten müßte man die Frage richten, wem und wie durch ihre Schwarzmalerei geholfen werden soll - einer differenzierten Erkenntnis wohl nicht. Die US-amerikanische Lobby "Americans for Generational Equity" ("AGE") fordert, man müsse eher die neuen Armen, weniger die Alten sozial absichern. Für diese letztere Gruppe sei schon genug geschehen. Eine solche Zurückstellung der Alten empfehle sich besonders deswegen, weil den "vollen, fetten Jahrgängen" des von etwa 1950-1965 anzusetzenden "Babybooms" in den ersten Jahrzehnten nach 2000 bald die außerordentlich "mageren" bevölkerungsschwachen Folgejahrgänge gegenüberstehen werden. Auf diese Argumente läßt sich folgendes erwidern:

Der Ruf nach Einschränkung der Ausgaben für die Alten beruhte in den USA und in England auf einer relativen Verschlechterung des Gesamtbudgets und besonders des Budgets für Sozialausgaben und führte zur Suche nach einem Sündenbock. Hatte man sich früher "den Alten" gegenüber nach dem in den USA nachwirkenden Calvinismus schuldig gefühlt und deswegen für sie bezahlt, so sprach man sie daraufhin ihrerseits gegenüber den inzwischen als arm und stützungsbedürftig erkannten anderen Gesellschaftsgruppen (z.B. allein lebende farbige Mütter mit Kindern) als schuldig an. Denn: "Schuld muß sein", das gehöre nach Robert Binstock zur US-Kultur.

Im großen und ganzen muß man einen gesellschaftlichen Unwillen erkennen, für die zugewachsene, durch Medizin und Technik, letztlich durch menschlichen Erfindergeist und soziale Anstrengung *erworbene* - spektakuläre Langlebigkeit auch zu *bezahlen.* Jeder will alt werden, die Gesellschaft beginnt es zu akzeptieren. Aber für das Alt*werden*, das teuer ist, will man das soziale Budget nicht zu sehr belasten. Die Langzeitpflegefälle sind in der Tat die teuersten Alten. Aber man kann weder soziologisch noch moralisch das Altersproblem in zwei Teile scheiden, einen angenehmen und kostengünstigen und einen unangenehmen und teuren. Es ist allerdings grundsätzlich, besonders durch die Selbststeuerung der Betroffenen, möglich, das begehrte aktive und gesunde Alter zu *strecken.*

Vergleicht man die Veränderungen des Median-Einkommens aller Alten mit der Veränderung des Median-Einkommens anderer Gruppen in den USA, so kann man in der Tat sagen, daß "die Alten" als Gesamtheit gesehen nicht so schlecht gestellt sind. Auch die deutsche Gerontologin Ursula Lehr schrieb mit Recht, daß in Europa Armut keineswegs ein durchgehendes Charakteristikum des Alters sei. Weniger als 3% der über 60jährigen Bevölkerung sind in der BRD von Sozialhilfe abhängig, sofern sie nicht Bewohner von Pflegeheimen sind. Allerdings leben etwa 4% aller über 60jährigen in der BRD in Heimen; davon sind fast drei Viertel Sozialhilfeempfänger. Eine zunehmende Altersarmut gibt es bei hochbetagten Frauen, vor allem, wenn sie alleine leben. Vergleicht man ökonomisch Jugend und Alter am Beispiel einer Gegenüberstellung eines 60jährigen mit einem 20jährigen, so läßt sich - besonders auf Grund der verlängerten Ausbildungszeiten - zeigen, daß die durchschnittliche Kaufkraft eines 60jährigen das Dreifache der eines 20jährigen beträgt. Das ist auf Jugendarbeitslosigkeit, lange Ausbildungszeiten der Jungen und einen etwa 10 prozentigen Anteil reicher Alter zurückzuführen.

Ein neuer Weg wird sein müssen, *alle* Lebensalter in die Alternsforschung einzubeziehen und die Gerontologie in eine Lebenslauf- bzw. Lebensphasenwissenschaft umzubauen. Das hat den Vorteil, daß die jeweilige Altenpopulation biographisch und historisch als Ergebnis von langen Prozessen aufgefaßt wird. Auch zur besseren Ermittlung von Verteilungsgerechtigkeit sollte in jeder Gesellschaft das *Insgesamt der Lebensalter* und das Verhältnis der Generationen und Altersgruppen zueinander ins Auge gefaßt werden.

5. Stützungen und Konflikte zwischen den Abstammungsgenerationen in der Familie

Die Gegenwartsfamilie ist in hochentwickelten Ländern unter den Gesichtspunkten zunehmender psychosozialer Individualisierung, der Differenzierung von Ansprüchen und Bedürfnissen und der Mischung von Werthaltungen in ein- und derselben Person gekennzeichnet. Triebkräfte der Individualisierung sind *gesellschaftliche* Phänomene, die ihre Wurzeln einerseits im ökonomischen Wettbewerb und andererseits im politischen und ideologischen Pluralismus, aber auch in zunehmenden Freizeitbedürfnissen haben. Als Alternative zur Familie wird heute auch das *Einzelgängertum* (z.B. allein wohnen, einen Einzelhaushalt führen) gesellschaftlich legitimiert und als Lebensform der Gegenwart anerkannt, was ich Singularisierung nenne. Dieses Alleinleben wird erst durch die gesellschaftliche Anerkennung der Singularisierung voll konstituiert.

Innerhalb der letzten 20 Jahre ist der Anteil der Drei-Generationen*haushalte* überall in Europa stark zurückgegangen. In den Dörfern und Märkten wohnen Großeltern, Kinder und Enkel eher beieinander als in den Städten. Das Zwei- bzw. Drei-Generationenhaus erlaubt durch getrennte Küchen und getrennte Haushaltsführung eine gewisse "Intimität auf Distanz". Die Unterschiede im intergenerativen Zusammenleben sind zwischen (Süd-)Spanien, (Süd-)Italien, Griechenland und der Türkei einerseits und Mittel-, West- und Nordeuropa anderseits sehr deutlich ausgeprägt. Im Süden verträgt man mehr Nähe und Wechselseitigkeit bei geringerer Distanz.

Zwar geht international das Zusammenwohnen von Familienmitgliedern verschiedener Generationen im selben Haushalt gegenüber dem singularisierten Ein-Personen-Haushalt oder dem nach den familiären Abstammungs-Generationen getrennten Haushalt zurück. Aber die Multigenerativität der Familie, das gleichzeitige Vorhandensein von verschiedenaltrigen Mitgliedern nimmt zu. Nochmals: Die soziale Generationenvielfalt *wächst* - durch Zunahme der Lebenserwartung der Erwachsenen, besonders der über 60jährigen. Die Familien stellen sich darauf auch ein, das soziale Netzwerk erweitert sich. Das haushaltsmäßige Zusammenleben verschiedener Generationen *nimmt ab*. Die Familienteile wohnen getrennt, was aber *nicht* zum sozialen Zerfall der Familien führt.

Da die Anzahl der hochbetagten Menschen und auch ihr Anteil an der Gesamtgesellschaft steigt, nimmt - bei Haushaltstrennung - das *Gleichzeitigleben meh-*

rerer Generationen in der Familie zu. Noch nie in der Geschichte der Menschheit lebten so viele Generationen mit so wenigen Kindern lebenslaufmäßig überlappend zur selben Zeit. Im Gegensatz zu den 2- bis 3-Generationen-Familien von früher ist die Wahrscheinlichkeit groß, daß die heutigen Älteren Teil von 4- bis sogar 5-Generationen-Familien sind, die aber pro Generation weit weniger Mitglieder umfassen. Etwa 50% der über 65jährigen sind nach US-Untersuchungen Mitglieder von 4-Generationen-Familien. *Alternde Eltern* sind so *Teil des Lebens ihrer Kinder für durchschnittlich mehr als ein halbes Jahrhundert.* Die Bindungen der Großeltern zu ihren Enkeln dauern im Durchschnitt mehr als 20 Jahre. Es gibt Minoritäten von Großeltern, die selber noch Großeltern haben und diese teils auch pflegen. Das ist die "neue Bevölkerungsweise", die Gerhard Mackenroth schon vor 40 Jahren kommen sah und die nun zu einer "ergrauten" oder "bunten Gesellschaft" führt.

Während die Anzahl der gleichzeitig lebenden, einander "überlagernden" Generationen steigt, schrumpft die Zahl der Mitglieder pro Generation. Den jetzt Alternden werden also *mehr vertikale* und *weniger horizontale* verwandtschaftliche Verknüpfungen zur Verfügung stehen, d.h. sie werden zwar Kinder, Enkel, Urenkel, aber weniger Geschwister, Schwäger und Schwägerinnen oder Cousins und Cousinen haben.

Die Dauer der Familienrollen nimmt auf Grund der Verlängerung der Gleichzeitigkeit der verschiedenen Lebensphasen der Generationen dramatisch zu. Frauen um 1980 lebten drei- bis viermal so lange als Tochter mit zwei lebenden Elternteilen wie Frauen um 1800. Der Zeitraum, den eine Frau als erwachsenes Kind eines Elternteils über 65 verbringt, hat sich in 200 Jahren (von 1800 bis heute) fast verdreifacht.

Die starke Tendenz zu einer "Intimität auf Abstand" zwischen den Generationen in der Gegenwartsfamilie zeigt sich auch unter den Bedingungen der hilfe- und pflegemäßigen Abhängigkeit der älteren Mitglieder. Die gleichzeitig lebenden Familienangehörigen wollen, es sei denn, daß sie durch die Verhältnisse dazu gedrängt werden, *nicht* in einer Wohnung zusammenleben. Hier finden wir Ähnlichkeiten zwischen Jung und Alt. Man will sich aufeinander stützen, aber weder miteinander noch *nach der Art* der anderen Generation(en) leben. Die Jungen, die noch nichts oder nur wenig verdienen, machen diesbezüglich eine Ausnahme. Sie lassen sich auch in der Wohnung der Eltern alimentieren. Die Nähe ist da eine Zwecknähe. Bei den Jungen finden wir ein *Ende der Patronisierung* durch Eltern und Erwachsene *bei Aufrechterhaltung der Alimentierung* durch eben diese Eltern und durch den Staat. Die heutige "Familie à la carte" sucht ihre Lebensformen selber zu wählen, wobei jedes Familienmitglied seine Auffassung und seine Sicht von Familie verwirklicht sehen will.

Die Verantwortlichkeit der Kinder für die alten Eltern verliert an Selbstverständlichkeit, weil sie subjektiver Definition anheimgestellt und damit prekär wird. Untersuchungsdaten zeigen uns eine Tendenz, wonach sich Jüngere in Hinkunft nur um jene Verwandte zu kümmern bereit sein werden, die sie "mögen". Das System der "Familie à la carte" würde es erforderlich machen, daß jeweils Abmachungen darüber getroffen werden, wer wann für welche Aufgaben verantwortlich ist und welche Spielräume dafür zur Verfügung stehen. Der Solidaritätsbund wird mehr und mehr zum Wahlbund und muß so stets erneuert und befestigt werden. Es ist abzusehen, daß die entstehenden Koordinations- und Zuordnungsfragen in Hinkunft schwieriger lösbar sein werden. Die *prekäre Gesellschaft*, in der wir leben, ist auf *zeitlich begrenzte Verträge* eingestellt. Die unbegrenzte Leistungserbringung für Mitglieder war ein integraler Bestandteil der klassischen bürgerlichen Familientradition.

Besonders hinsichtlich der Langzeitpflege stellt sich die Situation komplizierter dar. Jedenfalls ist Verantwortungsgefühl allein nicht ausreichend, um die Dauerpflege alter Menschen zu gewährleisten. Familie ist nicht mehr so sehr eine in sich geschlossene, abgegrenzte Einheit. Hilfebeziehungen werden in Zukunft noch mehr durch *Selbstdefinition ihrer Position in den einzelnen Familien à la carte* gekennzeichnet sein. Die Individualisierung von Grundhaltungen wird sich auf die Verhaltensmuster auswirken. Der heute vorherrschende Pluralismus der Lebensstile führt zu dieser Entwicklung.

Allerdings werden in West- und Mitteleuropa zur Zeit (noch) mehr als drei Viertel aller Pflegebedürftigen über 60 Jahre zu Hause betreut und von Familienmitgliedern, teils von ihren Ehepartnern, teils von erwachsenen Kindern und anderen Verwandten versorgt. Die Belastung der pflegenden Familienmitglieder wird unterschätzt. Man kennt die Auswirkungen der Pflege auf die Gesundheit, die Psyche, die Intim- und Ehebeziehungen der betreuenden Personen nicht, von denen fast 30% selber über 60 Jahre alt sind. Vor allem die Langzeitpflege und die Pflege, die unerwartet erforderlich wird, beide Typen werden als besonders belastend erlebt. Ambivalenzen den geschwächten Eltern gegenüber kommen unweigerlich auf. Ein Viertel der pflegenden Familienmitglieder gab bei einer sorgfältigen US-Studie selber zu, ihren Eltern gegenüber fallweise gewalttätig geworden zu sein. Aber auch die Alten werden, wo sie es noch können, manchmal handgreiflich.

Eine abnehmende Betonung garantierter kontinuierlicher Beziehungen und eine Bevorzugung individuell bestimmter (statt nach sozialen Erwartungen vorgezeichneter) Solidarität bilden eine neue Grundlage für die Generationenbeziehungen. Es bleibt zu fragen, welchen Grad bzw. Typus von Integration und Verläßlichkeit diese neuen Formen intergenerativer Beziehungen erreichen können. Solidarität kann jedenfalls keineswegs mehr fraglos vorausgesetzt werden. Es bedarf vielmehr einer ständigen Erneuerung und Neuverhandlung, was die Bedürfniserfüllung für alle Beteiligten zu einer schwer zu lösenden Aufgabe werden läßt.

6. Kulturprofile der historischen Kontrahenten-Generationen

Wir befaßten uns mit Generationenbeziehungen im Rahmen des *Verwandtschaftssystems* der Familie, also mit Abstammungsgenerationen. Wir sprechen nunmehr von Generation in einem ganz anderen Sinn. Wir bezeichnen nun mit dem Begriff Generation *Altersgruppen, die durch ihre geschichtliche Bedingtheit und Teilnahme an verschiedenen historischen Phasen gekennzeichnet* sind. Wir nennen sie Kontrahenten- oder Konsekutivgenerationen. Makro- und mikrohistorische Phasen, umfassende und regional zutreffende geschichtliche Ereignisse und Entwicklungen lassen in unterschiedlicher Weise in Einstellungen und Verhaltensweisen von verschiedenen Altersgruppen Spuren zurück. Sozialer und kultureller Wandel wird an den historischen Generationen in einer für sie charakteristischen Haltung sichtbar. Wir kehren damit wieder zum eingangs besprochenen Szenario des Hildebrandsliedes zurück, durch dessen Interpretation wir die sozio-psychische Vorprägung des Generationenverhältnisses im geschichtlichen Kontext darzustellen suchten.

Verfolgen wir diesen Gedanken der kulturellen Vorprägung und Ausprägung von Generationenverhältnissen in die Gegenwart und wenden wir uns Befunden der Sozialforschung zu. Wie sehr sich die verschiedenen Generationen in charakteristischen Haltungen unterscheiden, läßt sich aus einer Studie von Franz Kolland über altersspezifische kulturelle Interessen und Verhaltensweisen in der Bevölkerung der Stadt Wien zeigen. Die am häufigsten genannten Elemente der Kultur sind für die älteren Generationen der über 60jährigen außeralltägliche: Theater, Museum, Ausstellungen, Literatur, darstellende Kunst, Malerei, Musik und Architektur. In den mittleren Generationen der 30- bis 60jährigen wiederholen sich diese Inhalte, doch wird der Kulturbegriff durch Fernsehen, Radiohören, Reisen, Sport und Essen erweitert. Die Angebote der Massenkultur werden bei den Personen mittleren Alters als integraler Bestandteil des kulturellen Lebens angesehen und offenbar auch so praktiziert. Die 20- bis 30jährigen nennen zwar auch Kulturinhalte der älteren Generationen, aber ihr Kulturbegriff verliert weitgehend an Kontur. Er umfaßt auch Kleidung, Kindererziehung, "Beislkultur", Beziehungen zu fremden Ländern usw. Zur "traditionellen Hochkultur" wird weniger über Wissen und Kompetenz Zugang gesucht, sondern vielmehr durch unmittelbares subjektiv-affektives *Erleben*. Kultur ist für bestimmte Teilgruppen von Jugendlichen Suche nach einer Alternative zum Alltag, nach Spannung (Kolland 1996).

Zum Verständnis der Jugend heute hilft auch eine Vergewisserung über Verhaltensweisen von Kindern. Im Wochenendverhalten der Eltern werden viele Kinder stundenlang mit Video und Fernsehen alleingelassen: Es entstehen Integrationsmängel. Die Kinder bilden hohe eigene Konsumerwartungen aus. Konsum hat auch die Funktion der Kompensation eigener Unterlegenheitsgefühle durch Prestigegewinn. Das hochmechanisierte Spielzeug der Kinder schon im Vorschulalter ist Instrument für Prestigegewinnung. Und das Prestige kompensiert - wie Macht - Beziehungsdefizite.

Die Kindheit verliert zunehmend den Charakter einer eigenen geschützten Welt. Schon früh, zwischen 8 und 10 Jahren, lehnt sich die Kindheit bei Festen und Kinderparties an die Erscheinungsformen von Jugendlichkeit an. Jugend ist besser vermarktbar als Kindheit, darum beginnt sie so früh. Viele andere Faktoren tragen dazu bei, daß die Geschlechtsreife nach vorne verlegt wird und die Pubertät früher beginnt. So können wir auch verstehen, daß das Kulturverhalten der Jungen auf ein Zusammenzimmern einer eigenen Erfahrungswelt gerichtet ist, jedoch oft ohne selbstauferlegte anspruchsvolle Standards der Auswahl. Die Verkürzung der Kindheit ist allerdings nur ein Aspekt der Veränderung des Gesamt-Lebenslaufs. Denn das Erwachsenen-Leben beginnt nicht nur früher, es endet auch später, weil z.B. durch Hormone die Menopause hinausgeschoben wird und der Eindruck des Altwerdens durch Kosmetika und Fitneß vermieden wird.

7. Verständnis der Vergangenheit als Zukunftschance für das Verhältnis historischer Kontrahenten-Generationen

Wie stehen nach Forschungsbefunden die Kontrahenten-Generationen heute zueinander? Die alten Generationen über 65 sind hinsichtlich ihrer Vergangenheit z.T. sehr verschwiegen. Meist haben sie traumatische Erlebnisse und Zusammenbrüche und den Wechsel von Ideologien und Mächten sehr unvollkommen verarbeitet. Wir finden in diesen älteren Generationen viele unterdrückte Gefühle. Unsere österreichischen Untersuchungen gemeinsam mit Gerhard Majce weisen die über 65jährigen als "sparsamer", "pflichtbewußter" und "anspruchsloser" aus. Sie sind insgesamt zurückhaltender. Die Älteren fragen: "Wie soll die Gesellschaft weiterbestehen, wenn die Jungen unsere Werte und Ziele nicht aufrechterhalten?" Jugendkritik ist oft aus der Angst der Älteren um ihr eigenes Vermächtnis zu erklären.

Erfahrungen sind nie direkt vermittelbar, sie sind nur über die Brücke der Phantasie und über eine *Kommunikation mit Gegenwartsbezug* zu vermitteln. Durch das befreiende Sprechen der Alten und die Möglichkeit, Trauer und Schwäche zu erkennen und zu bekennen, könnten sie zu einer alterspolyphonen Kultur beitragen. Vergangenheit wird allerdings bei persönlichen Ängsten entweder vergessen oder unpersönlich rekonstruiert. Die Alten könnten hier eine alternative Linie der Wiederbelebung des Vergangenen bei Gegenwartsbezug aufbauen helfen. Hier wäre ein kulturelles "Recycling" möglich. Kulturelle Alterspolyphonie könnte zur Gegenkraft gegen Vergessen oder opportune, nach "political correctness" verfahrende Rekonstruktion der Geschichte werden. Der Konstruktionscharakter von Geschichte wird dem Wissenschaftsverständnis des Soziologen gerade am Generationenverhältnis immer deutlicher. Wenn die älteren Generationen Vergangenes weder leugnen noch beschönigen, erlauben sie dadurch den Jüngeren, Zugang zu den in der Geschichte versunkenen Erfahrungen durch Rekonstruktion und Konstruktion mit Hilfe der ihnen nahestehenden Menschen (Eltern, Großeltern und andere Verwandte) zu gewinnen, welche diese Geschichte persönlich erlebten.

Nähe zwischen den Generationen kann nicht unter Preisgabe der eigenen Wahrheit entstehen. Statt "Für-sich-Bewahren" als Festhalten müßte Wahrhaftigkeit, Korrektur in der eigenen Entwicklung in den Vordergrund treten. "Die Wahrheit", schrieb Michel Foucault (1985), "ist das, was das Subjekt erleuchtet (...) was das Sein des Subjekts vervollständigt oder transfiguriert". Wahrheit bedeutet Öffnung.

Unsere Generationenverhältnisse sind in Mitteleuropa im Hinblick auf Kriegs- und Nachkriegsgeschichte, auf politische und psychische Verletzungen - zugefügte und erlittene - immer noch unaufgeräumt. Trauern kann man nur unter Voraussetzungen einer Selbst-Rücknahme. In der Nachkriegszeit war dieser Schritt der Selbstreduktion bei gleichzeitiger Aufbauleistung und bei weitum verbreiteter Traumatisierung von Männern - und Frauen! - nur für wenige, wenn überhaupt, gangbar. Das Ausmaß und die psychosozialen Folgen von Vergewaltigungen in Ostdeutschland und in den östlichen Bundesländern Österreichs durch sowjetische Truppen 1945 - 1947 ist niemals sorgfältig untersucht worden.

Das intellektuelle Klima, leider auch in den Universitäten, war der rückblickenden Aufklärung in der unmittelbaren Nachkriegszeit nur wenig förderlich. In Österreich gingen nach 1945 die Leugnungen von Vergangenheit vielleicht noch weiter als in Deutschland. Polemik und Kritik wurden vorwiegend von denen wahr- und ernstgenommen, bei denen der Opferanteil den Täteranteil überwog. Polemik und Kritik, wie Helmut Qualtinger und Thomas Bernhard sie einbrachten, sind eher bei den Jüngeren auf fruchtbaren Boden gefallen. Sie formten sich zu de-personalisiertem Vaterprotest aus. Übersehen wurde, daß die (von Nicht-Zeitgenossen) den älteren Generationen vor Augen und Seele geführte generelle (Mit-)Schuld der Entstehung von Scham bei diesen Älteren nicht unbedingt dienlich war und ist. Diese alten Generationen kommen aus einer Welt, in der man Scham und sozialem Eingeständnis und Trauern keinen hohen Wert beimaß. Der kirchliche Zugang zur Schuld reichte offenbar weder quantitativ noch qualitativ aus. Es wäre wichtig, dem Nachfühlen und Neu-Erfühlen von Vergangenheit multigenerationell selbst durch späte heutige Verständigung und Versöhnung voranzuhelfen.

> "In den Beziehungen der Menschen ist die gleiche Unendlichkeit - wie in der lebendigen Seele -: wie muß man stumpf und unglückselig sein, sich dies Unendliche zu verdecken mit starren Wünschen, starren Erwartungen, Kleinheiten, Eifersucht - sich den beglükkenden Begriff dieser Unendlichkeit aus der Seele hinwegzuängsten" (Hugo von Hofmannsthal, Brief an Ottonie Gräfin Degenfeld vom 9.3.1911).

Menschliche Geschichte ist nicht nur ein unberechenbarer ökonomisch-sozialer Wandlungsprozeß, sondern auch einer, in dem Ideenerfindung und Deutungspraxis als konstruierender Prozeß maßgebend werden. Neue Deutungen werden oft von den *neuen* Generationen *zuerst* aufgegriffen, besonders wofern es sich um Angehörige von begünstigten Schichten handelt.

Dem zu Beginn von Abschnitt 3 zitierten Wort von Heraklit sei hier abschließend ein anderes gegenübergestellt: "Das Widerstreitende tritt zusammen, und aus den Absonderungen entsteht Harmonie" (Frgm. 47). Durch Kontrast drängt in der Tat das Neue nach vorne. Dies geschieht im Kulturprozeß in phasenhaften Schüben verschiedener Dauer, an denen historische Konsekutiv-"Generationen" beteiligt sind. Es können politische oder kulturelle Schübe sein, und die beiden Arten von Entwicklung müssen nicht synchron auftreten. Den generationengestützten Innovationen ist es ferner eigen, daß sie oft nur mit Konflikt, mit Einbrüchen in bestehende Machtsphären oder mit Eklats sich ereignen müssen, um ohne breiteres soziales Verständnis vorerst einmal voranzukommen. Und es gibt Konflikte nicht nur zwischen dem Alten und dem Neuen, sondern auch unter den jeweils neuen Weltdeutungen der Jungen, die um Anerkennung ringen.

Das Unbewußte hat großen Anteil an den Ballungen von Protestkräften gegen traditionelle Kulturmächte, wie die Jugendrevolten verschiedener Jahrhunderte es zeigen. "Das Unbewußte altert nicht", schrieb Sigmund Freud. Wichtige Umbrüche im Stilwandel oder neue wissenschaftliche Paradigmen, die wiederum neuen theoretischen Sichten den Weg bahnen, sind viel stärker in Generationenkonflikte und Generationenwechsel eingebettet, als das von der Wissenschafts- und Ideengeschichte meist gesehen und dargestellt wird. Stilwandlungen in Literatur, Musik und Kunst, in der Malerei oder Architektur sind ohne die Generationenperspektive nicht verständlich.

Unter der Voraussetzung einer auf die Verhältnisse nicht nur nach Opportunität reagierenden Politik halten wir die Interessenkonflikte der Altersgruppen auf wirtschafts- und sozialpolitischem Gebiet für steuerbar. Ein mörderischer Generationenkampf ist nicht unvermeidbares gesellschaftliches Schicksal. Auch neue Überbrückungen des Generationenkonflikts in der Familie erscheinen bei zunehmender Bewußtheit, Verarbeitungsfähigkeit und Außenstützung durch Beratung, Psychotherapie usw. möglich. Aufklärung, psychische Bewußtseinsarbeit oder reale Organisationsangebote können trotz intergenerativer kultureller Distanzen und Brüche integrativ wirken. Sollte die Postmoderne (oder die "Zweite Moderne", wie Ulrich Beck sie nennt), die so vieles nebeneinander zu tolerieren bereit ist, nicht den Umgang mit Brüchen zu lehren imstande sein? Das Bewußtsein, später einmal selber alt zu werden, ist vielleicht ein starker Verbündeter für eine im weiten Sinn vernünftige Verhandlung, für ein "Agreement" zwischen den Generationen. Die Zukunft der Generationenverhältnisse ist weder katastrophenträchtig noch idyllisch zu sehen. Und Neues wird immer und notwendig auch mit *Zerstörungen* einherkommen. Was vom Früheren überflüssig oder auch schädlich und blockierend sein mag, um diese Entscheidungen müssen die heutigen wie auch die künftigen Generationen ringen. Geistiger Kampf ist für die Kultur um vieles ersprießlicher als tötende Beziehungslosigkeit. Entscheidend ist, daß von den älteren Generationen ihr Handeln im Hinblick auf die Zukunft der neuen Generationen abgewogen wird:

> "Das Handeln der Menschen heute muß den nachfolgenden Generationen so viel Freiheit lassen, daß auch sie zum Handeln fähig sein werden."
> (Hans Jonas).

Literatur

Rosenmayr, L. (1994): Theorie und Praxis, Bemerkungen aus der Alternsforschung. In: Preis der Schader-Stiftung "Gesellschaftswissenschaften im Praxisbezug" (Themengebiet 1994: "Alter"). Unveröffentlicht

Rosenmayr, L. (1996): Altern im Lebenslauf, soziale Position, Konflikt und Liebe in den späten Jahren. Göttingen: Vandenhoeck und Ruprecht

Rosenmayr, L. (1996): Psychoanalyse und Alternsforschung. In: Radebold H. (Hrsg.) (1997): Altern und Psychoanalyse. Göttingen: Vandenhoeck und Ruprecht, 21-40

Rosenmayr, L.; Attias-Donfut, C. (1994): Vieillir en Afrique. Paris: Presses Universitaires de France

Rosenmayr, L.; Majce, G.; Kolland, F. (1996): Jahresringe, Altern gestalten. Wien: Holzhausen

Auf-Brüche, Lebensläufe in Deutschland

Forschungen über Werte und Wertewandel im Rückblick auf die nationalsozialistische Zeit

Almuth Sellschopp

1. Einleitung

Mein Involviertsein in mein Thema läßt sich in dreifacher Hinsicht charakterisieren:

Als Deutsche, Angehörige der zweiten Generation des nationalsozialistischen Deutschland stehe auch ich in der Gegenwart des 20. Jahrhunderts. Wir müssen zu verstehen suchen, was dieses geprägt hat: die beiden Weltkriege mit all ihrem apokalyptischen Terror, kulminierend in der Gewaltherrschaft der Tötungsmaschinerie des Nationalsozialismus; wir müssen verstehen, wie dieses Vergangene gegenwärtig ist, um unsere eigene Zukunft denkbar, vorstellbar und wünschbar zu machen. Damit stellt sich uns das ganze Thema der Verarbeitung und Bewältigung unserer Vergangenheit in einem Kontext des Gegenwärtigen.

Als Autorin einer Untersuchung, die von 1990-1993 an Institut und Poliklinik für Psychosomatische Medizin der TU München, gefördert durch die Köhlerstiftung Darmstadt, zusammen mit Beatrix Vogel durchgeführt wurde, haben wir 60 Menschen zu ihrem Verhältnis zum Nationalsozialismus damals und heute befragt, die ihre Jugend (15-25jährig) im Dritten Reich und Krieg erlebten. Hinter dieser formalen Kennzeichnung verbirgt sich etwas, was für uns auf dramatische Weise in die persönliche Lebensgeschichte und die berufliche Entwicklung hineingewirkt hat und weiter einwirkt. Indem wir uns mit dem uns gestellten Thema - nämlich den Werten und dem Wertewandel im Rückblick auf die nationalsozialistische Zeit - auseinandersetzten, haben wir erstmals in unserem Leben bewußt das Gespräch mit Menschen gesucht, die das Dritte Reich durchlebt hatten, und darum gerungen, diese Interviews und das durch sie gewonnene Material in einen Verständnisrahmen zu bringen, in dem es mit den wissenschaftlichen Kollegen, aber auch mit einer größeren Öffentlichkeit diskutierbar wäre. Damit haben wir gleichzeitig begonnen, in unserem beruflichen Umfeld ein neues Bewußtsein zu wecken. Mit unserem zunehmenden Wissen um die unmenschlichen Verhältnisse konnten wir die Erinnerungsarbeit an die "Medizin ohne Menschlichkeit" (Mitscherlich) auch bei anderen fördern und so in unserem alltäglichen Tun etwas von deren Nachwirkungen bewußtmachen. Dies gilt auch bei der Sensibilisierung für vorhandene Denkhemmungen und Tabus in der Diskussion ethischer Fragen, z.B. der Transplantationsmedizin oder der Sterbebegleitung - Bereiche, in denen wir uns gleichfalls engagieren.

Aber nicht nur von rückwärts nach vorwärts, in zeitlicher Progression, in der Entdeckung von Nachwirkungen aus der damaligen Zeit bis heute, hat sich durch die Auseinandersetzung mit unserem Thema die Beziehung zur (psychosomatischen) Medizin verändert. Wir konnten, umgekehrt, auch inhaltlich vom Heute Verständnis für die damalige Zeit gewinnen, indem wir mit zwei uns heute in der Psychosomatik vertrauten anthropologischen Begriffen etwas gemacht haben, was man vielleicht als "Abgleich" bezeichnen würde. Wir haben sie wie eine Art Blaupause auf die damalige Zeit gelegt.

2. Bemerkungen zur Werte-Welt im Nationalsozialismus

Ich greife vor, um hier schon anzusprechen, was uns vielleicht der wichtigste Gesichtspunkt, auf den wir durch unsere Arbeit gestoßen sind, zu sein scheint: nämlich der Wandel in der Beziehung von Individuum und Gesellschaft bzw. Kollektiv, ein Wandel, der sich u. E. heute in der Lebenspraxis vieler Menschen zeigt oder anbahnt und doch als Chance auch bewußt erkannt und ergriffen werden muß. Denn hier, an diesem Punkt des Verhältnisses des einzelnen zum Kollektiv, man könnte sagen: am Punkt des Übergangs der kollektiv wirksamen Lebensformen in das konkrete Leben, das ein vom einzelnen gelebtes und verantwortetes ist, vollzieht sich heute ein Wandel, wo ein neues Verhältnis das damals überwiegend praktizierte aufbricht. Hier muß, wenn überhaupt irgendwo, sich ein Wandel ereignen.

Für uns wurde diese Thematik des Teilhabemodus am Kollektiv relevant im Bereich der Frage nach den Werten der NS-Zeit und deren Wandel bis heute. Für die Angehörigen der Generation, mit der wir gesprochen haben, ist gerade dies eine ganz zentrale Dimension, etwas, worüber sie auch nach kleinstem Anstoß zu diskutieren bereit waren und das ihnen eine Perspektive bot, die es ihnen ermöglichte, ihre Lebensgeschichte aufzurollen.

Damals war es so, daß der Bezug zur Wertewelt gewissermaßen von außen hergestellt wurde, so daß der einzelne kein persönliches Verhältnis zu ihr aufgebaut hatte - d.h. eben keines in dem heutigen Verständnis, auf das wir abzielen. Daraus ergab sich für viele damals ein Leben in einer berauschend erlebten Wirklichkeit, die hinaus, hinüberriß in ein Höheres, Überpersönliches - ein Leben, in dem folglich entscheidende Aspekte des Subjektiven in unserem heutigen Verständnis verkümmert waren und in dem die individuelle, konkrete Wirklichkeit vielfältig abgespalten wurde und "parallel" lief (Zitat Himmler).

Der Wertebezug des einzelnen in der damaligen Zeit müßte dabei u.E. gründlicher verstanden werden im Horizont der abendländischen Tradition, in der seine große Kraft, aber auch seine Zwiespältigkeit und Problematik mit dem ihm innewohnenden Täuschungs- bzw. Verwechslungspotential angelegt ist. Auf dem Hintergrund dieser großen Tradition wäre deutlich zu machen, daß und wie sehr der Wertebezug, nicht erst in der jüngsten Vergangenheit, sondern über das Mittelalter bis in die spätantike Periode des Christentums hineinreichend, kollektiv so geregelt wurde, daß er mit einer Tendenz zur Negation des Individuellen verbunden war. Werte waren dem einzelnen unerreichbar und von ihm durch seine Lebenspraxis nicht überprüfbar, am Wertehimmel quasi aufgehängt. Das Gut des Allgemeinen war einer individuellen Lebensorientierung eher entgegengesetzt bzw. übergeordnet, wenn das Persönliche nicht sogar als zersetzende Gefahr verstanden wurde. Denken Sie an den Kantschen Imperativ. Werte waren es, die die Entfaltung des einzelnen regulierten, aber unter dem Vorzeichen des Beschränkens. Individualität wurde als Abweichung eines als Norm gesetzten Ideals verstanden. Die Förderung des Individuellen, des einmalig Persönlichen, wie wir es heute mit öffentlichem Konsens als Wert besitzen, hat es nicht gegeben. Das Fehlen dieser Sicht hat eine fast tragisch zu nennende Verständnislosigkeit im transgenerationellen Übermittlungszusammenhang über die NS-Zeit erzeugt. Wir werden weiter unten darauf zurückkommen.

Im Dritten Reich war so etwas wie die individuell-persönliche Beziehung als Begründungszusammenhang für die Lebensrealität des einzelnen und damit ein Stück konkrete Wirklichkeit von letztlich in der Ferne bleibenden Werten am ehesten noch im Kontext der Gruppen gegeben. Für viele der Interviewten war der Gruppenführer - entfernt zwar, aber nicht so entfernt wie der Führer, die bedingende Vermittlung für den inneren "Anschluß", die Teilhabe am kollektiven Wertangebot. Sicherlich hat es einzelne im Dritten Reich gegeben, die aus sehr persönlichen, aus der individuellen Selbstverwirklichung erwachsenen Motiven zur nationalsozialistischen Bewegung gestoßen sind.

Das Defizit der im Persönlichen verankerten Bezüge, auf das hier angesprochen ist, trifft aber vor allem - und hier in besonders drastischer Weise - für einen großen Teil der Gruppe zu, die untersucht wurde und die auch im Einverständnis mit den Untersuchten und ihrem nachträglichen Selbstverständnis ihrer damaligen Rolle im Dritten Reich als "Mitläufer", als "deutsche Normalbürger" der damaligen Zeit zu bezeichnen sind.

3. Methodische Vorbemerkungen

Dieser Exkurs im Vorfeld des Themas soll zeigen, daß das veränderte Verständnis der Bedeutung des *Subjektiven*, des einzelnen, den Verstehensrahmen geprägt hat, den das Projekt besaß, um das Material zu erschließen. Aus ihm haben sich für die Auswertung zwei zentrale Begriffe ergeben:

- das Konzept der "subjektiven Beziehung": Wie weit konnte der einzelne zu seiner Geschichte eine Beziehung herstellen, die genau das zum Inhalt hat: den Wandel von einem Menschen mit einem "fügsamen Selbst" hin zu einem, der über sich verfügt, indem er sein Unterworfensein unter Vorgegebenheiten und die daraus folgende Verstrickung in die Vorgegebenheiten (durch faktische Teilhabe) erkennen kann. Dieses inhaltliche Konzept als Frage an die Interviewten hat auch methodische Konzequenzen: nämlich das Abrücken vom Ideal der wissenschaftlichen Objektivität hin zu einer

Orientierung an einem "narrativen Vernunftverständnis" (oral history), wie es qualitative Sozialforscher unter dem Stichwort "Interpretatives Paradigma" zu entwickeln versuchen, wenn sie davon ausgehen, daß die Realität des persönlich Erlebten eben SUBJEKTIV ist und nur in einer Beziehung, die dem Raum läßt, sich entwickeln und wissenschaftlich erforscht werden kann,

- die Konzeption des psychischen Traumas, der menschlichen Extremsituation, als eines Konzeptes, das geeignet ist für die Beschreibung dessen, was bei den von uns untersuchten Menschen mit ihrer, wie beschrieben, zumeist über äußere Instanzen vermittelten Werteverankerung beim Zusammenbruch 1945 innerlich "los" war.

Bevor ich diese erläutere, um Ihnen dann etwas von der Durchführung der Untersuchung und den Ergebnissen der Gespräche mit den Interviewpartnern zu berichten, möchte ich den dritten Punkt, der das ganz persönliche Involviertsein in das Thema dieser Tagung kennzeichnet, nennen: nämlich, daß ich als Frau und Tochter der zweiten Generation diese Untersuchung gemacht habe. Damit ist zweierlei angesprochen: einmal die Vaterlosigkeit als Kriegsfolge, mit ihren spezifischen Schwierigkeiten, die zur Lebensbedingung wurde und die in die Motivation eingeht, ein Verhältnis zur Geschichte herzustellen. Sodann gab es eine spezifische Reaktion auf die Interviewerinnen. Es gibt inzwischen eine Reihe von Untersuchungen (Viereck, Finckh, v. Westernhagen), die das besondere Verhältnis dieser Tochter-Generation zum Thema beleuchten. Es umgab uns z.B. ein Nimbus einer anfangs vielleicht nicht unberechtigten Skepsis gegenüber der Kompetenz als Psychologinnen der zweiten Generation in Sachen Historie und Psychohistorie, z.B. uns kränkende Vorwürfe und Infragestellungen, auch die mißtrauische Unterstellung, daß wir uns in die

"Verbrecher von damals" einfühlen, "Tote wieder ausgraben" wollten. So hatten wir das Gefühl, daß wir mit der erlebten Zweiphasigkeit der anfänglichen Begeisterung und anschließenden Ernüchterung, mit der wir uns dem Thema gestellt haben, auch ein Stück der Lebenserfahrung unserer Gesprächspartner teilten, insbesondere der Frauen. Auch sie waren anfänglich begeistert und mußten dann eine von Schreck und Ernüchterung geprägte Entwicklung erleben. Dies schloß die Unfähigkeit ein, mit den entwertenden Aggressionen der anderen angemessen umzugehen, die in der NS-Zeit dazu beigetragen hat, daß die das Weibliche zutiefst verachtende Ideologie des Dritten Reiches sich behaupten konnte - anders als dann im Krieg, als mit zunehmender Zerstörung die Stunde der Frauen zu schlagen begann. Ein Interviewpartner z.B. fragte immer wieder, warum ausgerechnet wir als Frauen diese Untersuchung machten. Er schlug uns vor, statt mit den Mitläufern uns lieber mit der Psychodynamik der KZ-Aufseherinnen auseinanderzusetzen.

Die Kennzeichnung unserer Position in dieser Weise soll deutlich machen, wie unerläßlich es ist, bei der Erörterung von Fragen im Umkreis unseres Themas die Position dessen, der spricht und erzählt, mitzuthematisieren. Das Forschungsverständnis, das uns hier fruchtbar erscheint, erfordert die Verlagerung der Orientierung ins ganz Persönliche, Subjektive als wissenschaftliche Methode, die entschieden die Subjektabhängigkeit von Wirklichkeit berücksichtigt und den Erzählenden in den Mittelpunkt der Bedeutungsfindung seiner Lebensbewegung stellt. Feste Theorievorgaben, fixierte Frageschemata werden fallengelassen. Damit erhält die Empirie einen manchmal vielleicht zu weiten Spielraum, den sie aber unseres Erachtens benötigte, um sich überhaupt verändert, d.h. in bisher unbekannten Aspekten und Dimensionen, zeigen zu können. Bude, ein in dieser Hinsicht ausgewiesener Bewältigungsdenker, hat sich in ähnlicher Weise hierzu geäußert, wenn er sein Fragen nach den psychosozialen

Folgen des Nationalsozialismus mit einer Befragung der Frage beendet. Er konstatiert eine Verfahrenheit der Situation, eine Einseitigkeit festgelegter Argumentationsmuster in den Versuchen zur Vergangenheitsbewältigung, ähnlich wie wir in unserem Fragen nach der erfolgten oder nicht erfolgten Wandlung. Er schlägt eine Wendung auf die Perspektive des Fragenden vor. Der Beobachter muß sich als ein Beobachter unter anderen Beobachtern begreifen. Erst wenn in einer dem Thema - in unserem Fall der Wandlung von Werten - angemessenen Weise gefragt werden kann, besteht die Chance, etwas wirklich Eigenartiges, Neues, Einmaliges zu entdecken, das den normalen, herkömmlichen Bewältigungsdiskurs stört - aber auch weiterbringt. Erst dann könnten Neuanfänge, Auswege aus dem Zirkel ergebnislosen wieder und wieder Erinnerns von Bekanntem gefunden werden.

4. Gibt es ein deutsches Erinnern?

Ich möchte noch kurz bei unseren Vorüberlegungen bleiben und ein Wort zu dem Phänomen der für unser Empfinden so schwierigen Situation sagen, die das sich Wiedererinnern in Deutschland umgibt. Uns ist aufgefallen, daß das Erinnern, wie z.B. auch jetzt um die Zeit des 8. Mai herum, *einen* wichtigen Aspekt stark betont, und das ist der des Faktischen. Hiermit meinen wir die Flut von Meinungen, Berichten, Reportagen, z.B. in den Medien, die relativ abrupt zum Versiegen kommt, wenn der Zeitpunkt vorbei ist. Man kann sicherlich kontroverser Meinung darüber sein, ob und welche Wirkung diese Erinnerungspraxis in den verschiedenen deutschen Gruppierungen ausgelöst hat. Ausgesprochenermaßen läßt sie einen Aspekt zu sehr außer acht - und das ist der zweite Gesichtspunkt, mit dem wir die schwierige Situation des sich Wiedererinnerns in Deutschland charakterisieren möchten - nämlich: das Erinnern im Zusammenhang mit der Schuldthematik. Die Frage, die die zweite Generation an die erste stellt, wenn sie nach deren Teilhabe an den Geschehnissen des Dritten Reiches forscht, ist immer auch die Frage gewesen: Warst du mit schuld daran, daß das Volk der Juden in Deutschland fast völlig ausgelöscht wurde? Hast du mitgewirkt? In welcher Weise? Was hast du gewußt? D.h. in der Schuldfrage konzentriert sich auch die Beziehungsfrage zwischen den Generationen. Auch für uns wurde diese Schuldfrage aus zweierlei Gründen problematisch:

Hätten wir sie in den Mittelpunkt gerückt, hätten wir sie einer Gruppe von Menschen stellen müssen, die in der Zeit des Dritten Reiches zwischen 15 und 25 Jahre alt gewesen waren. Dies ist genau die Entwicklungsphase, in der das sensible Bewußtsein für Scham und Schuld erst reift, sich in der endgültigen Gestalt formiert. Sein Gewicht oder sein Stellenwert für den Heranwachsenden wie auch der Grad der Selbständigkeit im Denken und Fühlen, den er zu diesem Zeitpunkt erreicht, ist noch weitgehend von der Atmosphäre im Elternhaus bestimmt. Dementsprechend erlebten wir in unseren Gesprächen, mit wie unterschiedlicher Selbstverständlichkeit die Frage der Schuld im Rückblick thematisiert wurde, je nachdem, ob dieser junge Mensch z.B. aus einer Offiziersfamilie kam und in einer Tradition preußischer Werte erzogen worden war; oder ob er aus einer Familie mit einer christlichen Erziehungstradition stammte oder ob es sich um einen damals Jugendlichen handelte, der, meist aus materiell verarmten oder, soziologisch gesprochen, Unterschicht-Verhältnissen erwachsen, sich des Nationalsozialismus und den durch ihn gebotenen Fördermöglichkeiten quasi zwangsläufig bediente, um aus dem beengenden, ökonomisch belastenden Milieu zu Hause herauszustreben und womöglich dadurch die Familie zu entlasten. Für die zuletzt Genannten ging es eher um das psychophysische Überleben, als daß zur Diskussion gestanden hätte, ob eine von Gewissenswerten geprägte familiäre Tradition unter den Umständen der damaligen Zeit fortgeführt werden solle oder nicht. Allein das Ausmaß der elterlichen Gespräche über die Problematik der neuen Werte trennte die beiden Gruppen durch ganze Welten: hier ein sensibler, offen-kontroverser Austausch, dort fast nie ein Wort, statt dessen Schweigen, Bedrücktsein, Angst.

Es ist sicherlich die Qualität des Mörderischen an der nationalsozialistischen Bewegung, wodurch im allgemeinen öffentlichen Diskurs - unabhängig von den beschriebenen Entwicklungsmilieus - die Frage der Bewältigung sehr stark auf das Schuldproblem fokussiert ist. Es scheint fast so, als habe sich diesem Diskurs selbst etwas von diesem Mörderischen mitgeteilt. Ich möchte hier nicht eingehen auf die in diesem Sinne kontrovers geführte, sehr nachdenklich stimmende Diskussion, wie sie z.B. in den Heften der *Psyche* nachzulesen ist, die über viele Jahre gerade dem Thema der Schuldbewältigung gewidmet war.

Wir empfinden es immer wieder als ein fast spannendes Unterfangen, mit Gruppen von Deutschen unseres Alters über diese Frage des Schuldbewußtseins in bezug auf die Zeit des Nationalsozialismus und danach ins Gespräch zu kommen. Immer wieder finden wir - und dies ist für uns wichtig -, daß die Standpunkte zu diesem Thema sehr sehr unterschiedlich sind. Das trifft sowohl die Frage der individuellen als auch der kollektiven Schuld. Es betrifft aber auch den Brustton der Überzeugung, mit dem der eine diese, der andere jene Position vertritt und wieder andere überhaupt keine Meinung dazu haben - wobei mir die mit der festen Diagnose bezüglich der Vergangenheit und ihrer Bilanzierung, die damit festgeschrieben wird, am beunruhigendsten sind und mich am sprachlosesten machen. Hannah Arendt schreibt dazu:

> "Eine ganze Reihe Deutscher, die besonders nachdrücklich auf der deutschen Schuld im allgemeinen und ihrer eigenen Schuld im besonderen besteht, gerät in eigenartige Verwirrung, wenn sie ihre Meinung artikulieren muß. Diese Personen machen aus irgendeiner Mücke gleich einen Elefanten, während etwas wirklich Ungeheuerliches ihrer Aufmerksamkeit völlig entgeht. Eine Variante dieser Verwirrung besteht darin, daß Deutsche, die ihre eigene Schuld eingestehen, in vielen Fällen, nüchtern betrachtet, ganz unschuldig sind, wohingegen diejenigen, die sich wirklich etwas haben zu Schulden kommen lassen, das ruhigste Gewissen der Welt haben" (Arendt 1950, S. 46).

Zu den Belehrenden gehören durchaus auch sehr prominente Psycho-Meinungsbildner in unserem Land. Bewältigungsdenker, die mit festen Bewertungen der Vergangenheit nicht sparen. Wolffsohn hat neulich dazu bemerkt, daß die Deutschen sich als Bewältigungsmeister bewähren wollten, als ginge es hier, wie im Fußball, darum, die Weltmeisterschaft zu gewinnen. Dahinter verbirgt sich auch seine Kritik an einer allzu raschen, quasi vorbeugenden und damit letztlich unwirksamen Bereitschaft, im Gesamten bereuen zu wollen.

Szcypiorski - um einen weiteren prominenten Denker zu nennen, dem wir uns anschließen möchten - äußerte in einer Podiumsdiskussion, "Vergangenheitsbewältigung" sei ein semantisch falscher Begriff, denn was vergangen sei, sei vergangen. Das Faktische ist das Vergangene, das als solches eben vergangen und nicht mehr geändert oder "bewältigt" werden kann. Es geht einzig darum, *die* Vergangenheit zu bewältigen, die jeder in sich trägt. Im individuellen Leben zählt und existiert nur das, was im Hier und Jetzt als Erinnertes gegenwärtig ist und zugänglich gemacht wird. Müller-Hohagen hat dafür den zutreffenden Begriff der "Geschichte in uns" geprägt. Keinesfalls soll es aber heißen, daß es nicht unbedingt auch den "Kampf um die Erinnerung" (Alexander Mitscherlich) in uns geben muß. Ihn gibt es jedoch nicht für sich genommen. Wie die Trauerarbeit, die sich immer an Erinnerung knüpft, muß auch die Erinnerungsarbeit im Dialog geschehen. Und wie die Trauerarbeit ist auch die Arbeit an der Erinnerung - wie der Ausdruck "Kampf" ausdrückt - eine Anstrengung, die mit Schmerzen verbunden ist, weil sie sich gegen die Tendenz richtet, Unliebsames zu verdrängen. Deswegen geschieht auch Versöhnung nie wirklich im Kollektiv. Versöhnung und Vergebung kann der einzelne nur im Dialog erreichen.

Sie haben sicher gemerkt, worauf ich hinausmöchte: auf das, was letztlich den methodischen Ansatz unserer Untersuchung ausmacht. Es klingt so einfach, aber es ist ein schwer umkämpftes Ergebnis unseres Arbeitens: daß die Bewältigung der Vergangenheit nur der einzelne leisten kann, weil das zu Bewältigende als Wirklichkeit letztlich nur im einzelnen existiert. So bestand unser methodischer Ansatz zuvorderst darin, den einzelnen damals Beteiligten zum Erinnern in einer Weise einzuladen, die ihn von der Gefahr der quasi schematisch-apodiktisch von außen kommenden Schuldbeurteilung und Verurteilung - sei sie real oder unterstellt - entlasten würde. Erst dann kann die subjektive Beziehung zur eigenen Geschichte überhaupt entstehen. Dies war die Grundüberzeugung unseres auf das Erzählen, die authentische Lebenserzählung abhebenden Vorgehens: Das Gegenüber zu öffnen für die Geschichte, die "objektiv", d.h. über das ihm direkt bewußt Verfügbare hinaus in sein Leben geschrieben worden, in die er als für ihn faktisch bedeutsam involviert war, und die sich dann, wenn auch z.T. noch sprachlos, weiter fortgesetzt hatte - von letzterem waren wir überzeugt. Es wurde für uns, wie auch für die Interviewpartner in den allermeisten Fällen ein "Beziehungsabenteuer". Die auftauchenden tiefbewegenden, oft verzweifelten und inhaltlich an die verdrängten oder besser abgedrängten Wurzeln des eigenen Daseins rührenden Episoden erschütterten. Immer wieder wurde deutlich, wie sehr 1945 für viele von ihnen das Gefühl entstanden war "Es ist aus", fast wie ein Todesurteil; aber auch das Gefühl, Unrecht erlitten zu haben und gedemütigt, um das Beste betrogen und belogen worden zu sein. Das abrupte Ende, das ein Verstehen nicht zuließ, prägte einen Riß, einen Schnitt im Leben, der traumatischen Charakter behielt.

Im Umkreis der Schuldthematik stellt sich auch der Begriff des Opfers ein, den manche unserer Interviewpartner für sich in Anspruch nehmen. Sie sind im übrigen überwiegend Mitglieder der Amnestiegeneration! Eine Parallelität innerhalb des deutschen Volkes analog zu dem, was das jüdische Volk durch die Deutschen erlebt hat, und damit also eine analoge Täter-Opfer-Dynamik für Deutsche einzuräumen, wie dies selbst von Judith Kestenberg zugestanden wird, ist eher problematisch und entbehrlich, um die Dynamik des damaligen Erlebens bei den Deutschen zu beschreiben. Denn mehr als die Unfähigkeit zu trauern bleiben bei unseren Interviewten der Bruch, die Zäsur im Leben, die Wand, das also, was wir als psychisches Trauma bezeichnen und - ohne damit zu relativieren - zu verstehen suchen, was wir aus anderen menschlichen Extremsituationen kennen. Die Bewältigung der schrecklichen Erfahrungen um 1945 - wo das Halb- und Unwissen sich schockartig zu einem Ganzen fügen mußte - geschah zumeist durch eine Wende nach außen. Das Aufnehmen von Beziehungen mit dem Charakter vordergründiger Anpassung; das bleibende Gefühl, ein Leben als Doppelgänger (manche auch sehr real, wie jüngste Beispiele zeigen) zu führen, mit der Neigung, zu verleugnen und zu verschieben und mit einer tiefsitzenden Sprachlosigkeit für das Erlebte, sind bekannte Langzeitfolgen. Solche quasi chronifizierte Reaktionen auf das Trauma sind bekanntlich gegen herkömmliche Psychotherapeuten und auch qualitative Sozialforscher resistent, wenn diese kein wirkliches affektives Zurückkehren, kein Wiedereintauchen ins Innere anbieten, zu viel Abstinenz zumuten und zu wenig von einer bestimmten Qualität der wirklich teilnehmenden Beziehungsaufnahme zum Gegenüber möglich machen.

Die Frage nach dem Schuldgefühl war zwar nicht der Fokus unserer Gespräche mit den Mitläufern der damaligen Zeit. Wobei wir auch dachten, daß die Schuld, die sie sich aufgeladen haben, keine nie wieder gut zu machende wäre. Sie wurde in den allermeisten Gesprächen nicht wirklich aus spontaner Überzeugung ein Thema. Aber im Verlauf des Gesprächs kamen wir mit dem Gegenüber fast immer dahin, daß dies Thema werden konnte und mußte. Wir gewannen den Eindruck, daß, wenn es Thema werden konnte, wir an einen Punkt geraten waren, wo sich die Frage der Schuld in einer Dimension stellte, die eine Weiterbewegung anzeigte, also nicht als ein Endpunktbekenntnis, das das Verständnis des Betreffenden zum Insgesamt dessen, was geschenen war, versiegelt und zum Abschluß gebracht hätte. Viele der sie wirklich berührenden, affektiv brisanten Themen, die von den Interviewpartnern bisher noch nie zu irgend jemandem im Gespräch eröffnet worden waren, wie Sorgen um die persönliche Zukunft, den nahenden Tod, die eigenen Kinder, konnten erst dann zur Sprache gebracht werden. Als wäre die Schuldfrage eine Art Pfropf gewesen, der alles gefühlshaft Wichtige verstopft hatte. Die begrenzte Dauer eines einmaligen Gesprächs - von allerdings manchmal erheblicher Länge (bis zu 8 Stunden) - hatte hier ihre Chance, aber auch ihre Begrenzung. Wir wurden mutiger, uns auf die brisanten Fragen zuzubewegen, die zu Beginn einen älteren Gesprächspartner, den wir als Experten der damaligen Zeit befragten, zu dem Ausruf bewegt hatte: "Mönchlein, Mönchlein, Du gehst einen schweren Gang (...)"

5. Das Untersuchungskollektiv

So waren die Voraussetzungen für uns. Und daß sich entgegen aller Vorwarnungen so viele Menschen zum Gespräch bereit fanden, anreisten, auf eigene Kosten die angebotene Aufwandsentschädigung zurückwiesen - aber auch wir reisten viel! -, lag, so haben wir es verstanden, nicht daran, daß sie unbedingt nur Schuld an wissenschaftlicher Stelle bekennen wollten. Sie wollten - auch dem Lebensalter, das sie mittlerweile erreicht hatten, entsprechend - bilanzieren. Sie wollten eine innere Kontinuität ihres Lebens wiedererlangen. Sie wollten vor allem auch vielfach ihren Kindern, mit denen 90% unserer Gesprächspartner nie ein Wort über diese für viele wichtigste Zeit ihres Lebens gesprochen hatten, ein solches Testament hinterlassen. Auch mit der zweiten Generation waren wir für die Kinder eine Art Stellvertreter. In vielen Fällen war das Nichtsprechen zwischen den Generationen Folge der allgemein bekannten unheilvollen Verwirrung in der Begegnung der Generationen: Die Eltern haben nichts gesagt, weil sie gedacht haben, die Kinder wollten nichts wissen - "sie (die Kinder) haben nicht gefragt" -, und die Kinder haben nicht gefragt, weil sie dachten, daß sie (die Eltern), die "nie etwas gesagt haben", nichts sagen wollen.

Es erwies sich als fruchtbar, daß wir zum Thema, zum roten Faden für die Entfaltung der Lebensgeschichte die Wandlung von Werten und Idealen gewählt hatten. Werte, so formulierten wir, sind etwas Letztgültiges, Abstrakta eines Guten, zu dessen Verwirklichung sie der Ideale als konkreter Zielvorstellungen bedürfen. Ideale haben so eine sowohl einschränkende wie auch integrierende Wirkung. Sie haben identitätsstiftende Funktion in Bezug auf den einzelnen oder die Gruppe. Sie entbinden aber auch den einzelnen und ganze Gruppen von der Notwendigkeit, einen individuellen Weg zu suchen. Darin liegt auch ihr Verführungspotential. Sie können Begeisterung erwecken, zum Faszinosum werden, das den Menschen außer sich bringt. Damit entfernen sie den einzelnen von der Realität. Die Antwort auf die Frage nach der Wandlung der Ideale (Werte) sollte nicht durch objektivierende Meßverfahren erreicht werden - obwohl wir auch hier eine uns viele Nerven kostende wissenschaftliche Odyssee versuchen mußten -, sondern es sollte im Gespräch, in der Beziehung des Befragten zum Interviewer als "teilnehmendem Beobachter" entschieden werden. Dieses Zweiergespräch wurde Gegenstand der Auswertung - auch durch das Studium der Transkripte (insgesamt alles Tonbandaufzeichnungen) z.T. in größerem Kreis und in bestimmter Form dokumentiert (s.u.).

Mit der Frage nach dem Wandel der Werte des Dritten Reichs waren wir mit den Interviewten ohne viel Umschweife sofort mitten im Bilde dessen, worum es damals und danach für sie gegangen ist, also der Dimension, worin das Leben für sie einen Sinn hatte und hätte behalten können. Ich komme weiter unten noch einmal darauf zurück.

Wir hatten anfänglich in der *Süddeutsche Zeitung* annonciert. Dann kamen aber Gesprächspartner durch Weitervermittlung derer, die bereits teilgenommen hatten, von selber. Je akademischer und gebildeter, desto schwieriger gestaltete sich das erste Kennenlernen. Es gab viele Befürchtungen darüber, was mit dem Material alles geschehen könne, ob es auch repräsentativ sei u.v.m. Um so erstaunlicher ist, daß nach Abschluß des Projekts keiner der Teilnehmer seine Einwilligung zur Veröffentlichung versagte.

Wie auch mit unseren wissenschaftlichen Kollegen hatten wir so auch mit unseren Interviewpartnern Fragen nach der Objektivierung, der Operationalisierung auszudiskutieren. So sagte eine potentielle Teilnehmerin, Akademikerin, im Vorfeld: "Wenn ich Sie nicht kennen würde, würde ich denken, Sie hätten den Verstand verloren" - wegen unserer geplanten einzelbiographischen

Methodik. Aber auch wir mußten z.T. heftige Auseinandersetzungen austragen, untereinander und auch im Kollegenkreis, bevor wir uns zu der geschilderten Form wirklich entschlossen - den Menschen die Aufgabe ihrer Lebenserzählung unter dem Vorzeichen ihrer eigenen Interpretation an die Hand zu geben, wobei Sprachlosigkeit, innere Kluft und Widerspruch, Körpersprache und szenische Einzelheiten der Begegnung ebenso wie das Gesprochene als Text ein wesentlicher Teil des Verstehens sein sollten. Fast am einfachsten hat es uns in dieser Hinsicht eine Bauersfrau gemacht, die so authentisch und plastisch das Leben im Krieg, die kleinen Freuden mit den Soldaten auf dem Feld und im Haus erzählen konnte und so erschütternd über den Verlust ihres Bruders, der nicht aus dem Krieg zurückkam und über die ganzen schlimmen Sachen, die in der Familie an Krankheiten und Entzweiung gefolgt waren, daß die subjektive Bedeutung des Erzählten in der Form des Erzählens unmittelbar evident wurde.

6. Noch einmal: die Werte-Welt des Dritten Reiches

Um welche Werte ging es? Wir hatten uns im Vorfeld mit der Werteproblematik des Dritten Reiches beschäftigt, um den Punkt verstehen zu können, an dem jemand von der "Bewegung" ergriffen wurde, und verfolgen zu können, wie es nach dem Einstieg weitergegangen war. Mit Hübner-Funk konnten wir 4 Gruppen von Werten unterscheiden:

1. Werte, in denen es um die Selbstidealisierung im Rahmen einer kollektiven Selbstwerterhöhung ging (Aufgehobensein im gesellschaftlichen Prozeß und in der Geschichte Deutschlands; Bedeutungszuwachs als "Garant der Zukunft"). 2. Damit zusammenhängend: Werte des kollektiven Elitebewußt-

seins (heldenhafte Mitwirkung beim Schutz des Vaterlandes vor inneren und äußeren Feinden; Bewußtsein missionarischer Kulturbringerschaft). 3. Werte der Leitungs- und Leistungsmotivation im Zusammenhang mit rassischem Elitebewußtsein und kollektiver Führerverantwortung (Härte, Disziplin und Pflichterfüllung als zwingende Anforderungen an die eigene Person und die Gefolgschaft, dazu also auch Gehorsam und Treue), und schließlich 4. Werte des sozialen Engagements für "Volksgenossen" aller Schichten, Teilnahme an vielfältigen, übergreifenden Hilfsaktionen und Arbeitsdiensten zum "Wohle des Ganzen", die besonders von Frauen angestrebt wurden. Ich will hier nicht auf die einzelnen Werte und ihre Bedeutung in den Lebensgeschichten eingehen. "Gehalten" haben sich nach dem Krieg jedenfalls vor allem die Werte der Gruppe 4.

Dem einzelnen dienten diese Werte als entfernte, nur indirekt im Ich verwurzelte Regulatoren. Wegen ihrer unbedingten, absoluten Geltung, mit der sie unnachgiebig verfolgt wurden, hatten sie eher den Charakter von Drangsalen, Richtern im quälenden Sinn. Ihre Befolgung versprach indessen Erlösung von Vereinzelung und Verlassenheit. Sie lockten mit einem Gewinn der Zugehörigkeit und einem Selbstwertzuwachs, dessen inflationärer Charakter aus der Psychodynamik der Manie bekannt ist. Dem kam entgegen, daß die politisch und gesellschaftlich inszenierten Rituale und Strukturen so gehalten waren, daß es dem einzelnen unmöglich war, die dargebotenen Werte und ihre Vorschriften vom eigenen Standpunkt aus zu analysieren und auf ihre Gültigkeit hin zu überprüfen. Diese bestand in dem globalen Gefühl, von dem die Mehrheit erfaßt war: "Man war wieder wer." Es bedeutete einen unglaublichen Zuwachs an Selbstwert.

Nach dem Krieg und Zusammenbruch, trotz innerer Beschädigung, setzte sich dieses "wieder wer sein wollen" aufgrund der erlittenen Scham und Not mit noch mehr Verbissenheit fort. Anstelle der verlorenen oder verdorbenen Ideale mußte jetzt der wiedergewonnene äußere Wert der Konsolidierung weiterhelfen. Die im Schutt des zerbombten Hauses wiederentdeckte einzige Tasse mit Goldrand signalisierte "es ist wieder Hoffnung" (Frau B.). Nur die allerwenigsten unseres Kollektivs, die nach dem Krieg studieren konnten und die Chance geistiger Auseinandersetzung bekamen, konnten einen inneren Neuanfang versuchen. So schildert einer unserer Probanden den Besuch eines Gottesdienstes 1945, nach dem er hinaustrat in die sternklare Nacht und wußte: "Nach alledem gehört mir mein Leben nicht mehr selber." Dies war nicht im Sinne des Verwirkt-Seins seines Lebens gemeint, sondern so, daß ein bestimmter Anspruch in bezug auf Erfüllung eines nur-eigen-individuellen Lebens, der nicht die Verantwortung für das größere Ganze im Auge behält, für immer vorbei war.

Die Frage nach dem Recht auf ein eigenes Leben bekam eine besondere Bedeutung für die größere Gruppe der von uns Untersuchten - alle die, die schon vor dem Krieg den Anspruch auf das eigene Leben um eines Größeren willen geopfert hatten und jetzt keinen eigenen, individuellen Weg für sich fanden, aber auch nicht verzichten wollten. Sie "investierten" in ihre Kinder. Sie mußten die ganze Not der nicht gelebten Individualität aushalten und taten dies, indem sie sich auf das Materielle des Wiederaufbaus konzentrierten mit jener Unbeirrbarkeit und Organisationswut, die das deutsche Nachkriegsleben aus- und kennzeichnete. Wie sich dies auf die Bewältigungsfähigkeiten der Kinder auswirkte, war etwas, was uns im Anschluß an unser Projekt interessierte, worauf ich gegen Schluß meiner Ausführungen noch einmal zurückkommen möchte.

7. Bemerkungen zur Auswertung des Interviewmaterials

Vorerst möchte ich noch einen Augenblick - etwas wissenschaftlich - bei unserem Vorgehen, der Auswertung und einigen Ergebnissen der von uns mit 60 Probanden durchgeführten Interviews bleiben. Zu unserem Vorgehen: Eine halbstandardisierte Einleitung diente der Information für alle Teilnehmer, wobei die Ausführlichkeit der Erläuterungen der Ziele und der Untersuchung in der Aufwärm- und Annäherungsphase unterschiedlich ausfiel. Es gab einen für uns beide gültigen Themenkatalog, der einen fiktiven Ablauf des Gespräches simulierte und bestimmte Abschnitte vorgab, die zwar inhaltlich verbindlich waren, nicht aber den Ablauf des Gespräches vorwegnehmen sollten. Besonders auffällige Augenblicke, z.B. affektiver Beteiligung (Weinen, Ausweichen, Verwirrungen, Ärger), wurden notiert. Ebenso die zahlreichen, oft sehr merkwürdigen szenischen Ereignisse - auch mit hinzukommenden Angehörigen, die sich äußerten oder sonstwie in das Gespräch einschalteten. Vor allem beachteten wir auch in diesem Zusammenhang unsere eigenen Einfälle, die, ausgesprochen oder unausgesprochen, als eine Art Interpretation dem Selbstverständnis des Interviewten hinzugespeist wurden und den Prozeß mitsteuernd am Laufen hielten. Alles zusammen ging am Schluß in unsere Auswertung ein, unseren "Kommentar", den wir nach folgenden, sehr weit gefaßten Gesichtspunkten ordneten: 1. Gesamteindruck vom Interviewpartner und der Interviewsituation. 2. Besondere Interviewinhalte (umfassend: Merkmale der Interaktion und inhaltliche Besonderheiten). 3. Verständnis der Lebensgeschichte. 4. Formen und Motive der Teilhabe am Nationalsozialismus. Und 5. Brucherleben und Wandlung nach dem Krieg. - Diese Kommentare, wie wir sie zu 20 Interviews detailliert ausgearbeitet haben, machen das Hauptergebnis unserer Arbeit aus. Unserem methodischen Verständnis entsprechend sind sie jedoch unvollständig, denn sie müßten in allen Einzelheiten mit den Menschen selbst diskutiert werden, um im Prozeß der Beförderung ihres eigenen Selbstverständnisses eine Art dialogischer Bestätigung zu erhalten. Einsichten dieser Art haben u.E. nicht den Status eines Wissens "über" etwas oder jemanden; nur der Betreffende selbst kann ihre Tauglichkeit einschätzen, indem er sie in sein Erleben fruchtbar einbezieht. Er müßte sich dazu äußern, ob die Form, wie wir ihn verstehen, für ihn zutrifft, wir würden dann wiederum seinen Kommentar versuchen zu verstehen usf.

8. Ergebnisse

Da wir einen solchen Prozeß der dialogischen Validierung unserer, in Auseinandersetzung mit den einzelnen Interviews gewonnenen Erkenntnisse in den Rahmen unserer Arbeit nicht einbeziehen konnten, wie wünschenswert, aber schwierig es auch wäre - und sicher stellt sich hier einer qualitativen Sozialforschung ein großes Problem -, möchte ich Ihnen, über alle Probanden hinweg, zwei Ergebnisse berichten:

Das erste habe ich bereits angedeutet. Wir fanden zwei herkunftsspezifische Zugangswege zur nationalsozialistischen Bewegung, die unterschiedliche Teilnahmeformen nach sich zogen. Die eine, häufiger vorkommende, könnte man Teilnahme aus narzißtischen Defiziten im weitesten Sinne nennen. Die damals angebotenen, immer in Gruppen realisierten Werte stellten eine Auffüllung narzißtischer Bedürfnisse von außen für Menschen dar, die aus materiell ungesicherten familiären Verhältnissen kamen (Krankheit, Arbeitslosigkeit) und für die die Ideale des Aufbaus des Volkes und das Versprechen, an Höherem mitwirken zu dürfen, einen Ausweg aus einem kränkenden, beschädigenden Milieu boten - einen Ausweg, der zwar Anpassung und Verleugnung forderte, aber auch Sicherheit bei Unterwerfung unter die vorgegebenen Ideale garantierte. Das Selbstwertgefühl wurde durch die Gruppe gestiftet, ohne daß dabei eine wirklich tragende Integration, Kohäsion im einzelnen entstanden wäre. Dem gegenüber gab es eine zweite kleinere Gruppe von Jugendlichen aus gesicherten Verhältnissen - wenn sie wollen: ohne nennenswerte narzißtische Defizite -, z.B. Kinder aus adligen Familien, aus oft streng hierarchisch, autoritär vatergebundenen Familien, oder auch aus Offiziersfamilien mit strenger Tradition. Diesen Jugendlichen also, gelang es - aus ödipal-pubertärem Protest in Rivalität mit dem Führer gegen den Vater, aber auch in Ablösung von ihm durch persönliche Wertebündnisse -, ein Eigenleben zu entwickeln. Sie hatten eine größere Möglichkeit der individuellen Bewertung. Viele dieser Gesprächspartner sagten, sie ahnten die Katastrophe, ohne sie vielfach jedoch wirklich wahrzunehmen. Sie reagierten auf ihre Ahnungen mit Zuständen schwerster seelischer Versagensgefühle, Leidenszuständen mit destruktiver Tönung wie chronischer Suizidalität, mit schweren Erkrankungen oder Verletzungen z.B. im Krieg. Ihre Erschütterung beim Zusammenbruch war nicht so massiv, weil von längerer Hand im Inneren vorbereitet. Auch fehlte ihnen nach dem Krieg meist nicht ein soziales und oft auch materielles Netz in dem krassen Ausmaß wie bei den Angehörigen der Gruppe 1. So waren sie in der Lage, das Ende des Zusammenbruchs in eine Art Vorwärtsverteidigung, in eine Wiedergutmachungsaktion nach außen und zugunsten anderer umzumünzen. Sie konnten vielfach studieren, fanden geistige Nahrung und Gespräche. So verstanden sich etwa viele der in der Nachkriegszeit verdienten Pädagogen und auch Politiker, die von christlicher Wandlung sprachen, obwohl es vielfach das war, was man "alten Wein in neue Schläuche gießen" nennen könnte. Gerade weil die alten Werte im Kontext der Realpolitik enttäuscht hatten, führten sie zur um so festeren Behauptung im neuen politischen Rahmen. Will man hier von "Wandlung" sprechen, so handelt es sich weniger um eine Wandlung der Werte, als um eine aktive und bewußte Besinnung auf sie, die nun eine persönliche Beziehung zu ihnen ermöglicht, zumindest dem Verständnis zufolge, das vorgetragen wird.

Im Übergang zwischen den Gruppen und letztlich stärker zutreffend für Mitglieder der Gruppe 1 fanden wir statt Verwandlung, die immer ein "zu sich selbst in Beziehung setzen" voraussetzt, um einen wirklichen Neuanfang von innen heraus zu bedeuten, eher das, was man als "Coping" bezeichnen könnte, Bewältigung im Verhalten statt innerer Wandlung. Copingmechanismen bewältigen das Trauma nicht, führen also nicht zu einem tiefergreifenden Wandel. Sie sind aber darauf angelegt, die Auswirkungen der traumatischen Situation vorübergehend in Schach zu halten. Sie sind eine Art Notfallreaktion, Instrumente, auf die der Mensch in Krisensituationen instinktiv zurückgreift. Sie ermöglichen die oberflächliche Weiterführung des eigenen Lebens. Einige dieser Verarbeitungsmuster seien im folgenden kurz charakterisiert.

Bei einer dieser Verarbeitungsformen, die wir beobachteten, steht z.B. der Rückzug im Mittelpunkt. Hier sahen wir ehemalige Frontsoldaten, die, wie sie sagen, niemand mehr versteht. "Wer den Krieg nicht selber mitgemacht hat, kann das nicht verstehen, kann auch nicht darüber schreiben oder berichten". Diese Menschen finden ihren Erlebnisschwerpunkt wie durch eine Kluft von der Gegenwart getrennt. Sie verwandeln sich, während sie vom Frontgeschehen berichten, wieder zu dem Mann, der sie einst waren. Ohne den verordneten Mord zu verherrlichen, leben sie in ihren Schilderungen wahrhaft auf. Sie haben im Krieg die außergewöhnlichen großen Momente erlebt, in denen das Leben in Frage steht und die Person sich entsprechend überhöht erlebt. Ein solches Erleben des Gefordertseins in Todesgefahr ist für sie an die nächste Generation nicht vermittelbar. Sie reagieren auf dieses Unverständnis mit massiven Ressentiments. Dies hindert sie, sich auf ein neues Umfeld einzulassen. Sie behalten offenbar ihr in der Extremsituation bewährtes Orientierungssystem um den Preis der Abkoppelung vom gesellschaftlichen Konsens bei.

Eine andere Verarbeitungsform ist bestimmt von dem Bedürfnis, ungebrochen zu überdauern, eine Steigerung der soeben geschilderten ersten Erlebnisform. Ob auch Siegfrieds Welt neben ihnen untergeht, sie bleiben, wie der Hagen des Nibelungenliedes, standhaft und unverletzlich. Ihnen hat die Erfahrung von Krieg und Niederlage eine charakterliche Uneinnehmbarkeit verschafft, mit der sie das Leben meistern: strategisch und unter Nützlichkeitsaspekten, ökonomisch klug, ohne unnötige Empathiereibungen, aber auch ohne tiefergehende Beziehungen. Von außen anstürmende Verunsicherung wird abgewehrt, die psychische Struktur um Überflüssiges erleichtert und der Kern festungsartig zusammengeschlossen. Dieser Modus kann vor sich selbst nur in der Nähe spiritueller Dimension aufrechterhalten werden, die bei den Interviewpartnern, an die wir denken, gerade im Alter und angesichts des herannahenden eigenen Todes ihre unumstößliche Qualität, auch mit einem gewissen Pathos, erhält.

Eine weitere Verarbeitungsform der Krise sehen wir in der Hinwendung zu einer ausgeprägt skeptischen Haltung, die sich gegen die eigenen Wurzeln richtet und eine Anpassung an neue Verhältnisse vortäuscht. Hier finden sich vornehmlich empfindsame, introvertierte Intellektuelle. "Nach diesem Bruch ist nichts mehr haltbar", scheint ihr Fazit zu sein. Der Skeptiker wendet sich von Autoritäten und Instanzen der äußeren Welt ab, seinem Selbstbewußtsein zu, für das er jedoch keine ausreichende Basis auszuweisen vermag. So bleibt ihm nichts, als sich zweifelnd aus allen Positionen wieder kritisch zurückzunehmen und seine einmal erworbene Kohärenz immer wieder in der Schwebe zu halten.

Eine weitere Bewältigung besteht in der Suche nach Kontinuität um jeden Preis. Diese Menschen überbrücken ein Brucherleben, in dem sie, für anderes schier blind, im fortgesetzten Organisieren gewohnter Lebensumstände, oft befestigt in Äußerlichkeiten, weitermachen. Dieser Modus findet sich naheliegenderweise oft bei Frauen, die nach dem Krieg die Familie wieder zusammenführten und den äußeren Rahmen für ein Weitermachen herstellten. Wie angemessen dieses Verhalten oft erscheint und ist, in vielen Fällen weist ein Zuviel, eine Überaktivität auf die Notwendigkeit hin, tieferliegende Verzweiflung, Nichtverstandenes dadurch weg vom hellen Bewußtsein und in Schach zu halten. Über diese Verhaltensstrategien hinaus geschieht bei den meisten nicht sehr viel mehr. Die Mehrzahl dieser Menschen erlebt gelegentlich Perioden, in denen die Erinnerung vage als Unlustgefühl auftaucht, gespeist aus überdauerndem untergründigen Verletztsein, aus Reminiszenzen der Niederlage und des Verlorenen. Es sind bleibende Schmerzgefühle, Empfindlichkeiten und das Bewußtsein, niemals wieder in bezug auf das damals Erlebte eine Nähe zu anderen herstellen zu können, was äußerlich als Sprachlosigkeit auftritt. Genannt wurde schon, daß viele dieser Menschen den Kontakt zu ihren Kindern vermissen und sich wundern, nie gefragt worden zu sein über die damalige Zeit. Sie möchten sprechen, haben aber nicht den Weg dahin gebahnt. Überhaupt sind die verschütteten Wege zum Nächsten ein gemeinsames Gesprächsthema vieler Partner dieser Gruppe, sie leben mit dem Gefühl, isoliert zu sein, mit Gefühlen der Stagnation und der Verweigerung, aber so, als käme diese von außen. Einsamkeit und Sprachlosigkeit erleben sie besonders nachdrücklich, weil sie einmal in einer für sie schöneren Zeit dazugehörten und Gemeinschaft empfanden. Sie bedauern die jüngere Generation, die Ähnliches nicht erleben durfte und denen sie oft Egozentrik vorwerfen. Für unser aller Zukunft stellen sie eine eher düstere Prognose.

Zum Schluß möchte ich Ihnen, von der therapeutischen Arbeit herkommend, etwas über Wege sagen, wie Narben als Wunden der Verzweiflung weiterwirken können. Wir haben uns im Anschluß an unsere Untersuchung besonders mit den Töchtern eben dieser Mitläufer beschäftigt, die kurz nach dem Krieg geboren sind und ihre ersten 15 Jahre in der sogenannten Wiederaufbauzeit in der Bundesrepublik miterlebt haben. Ich nenne sie "Töchter", weil sie es immer noch sind, obwohl sie mittlerweile 40-50 Jahre alt geworden sind. Sie kamen, weil ihre Therapien nach vielen Jahren intensiven persönlichen Einsatzes in Sackgassen steckengeblieben waren, mit einem Gefühl, als hätten sie versagt, mit tiefen Bindungen an die Ursprungsfamilie, die - wie eine Patientin sagte - quälende Unlösbarkeiten in ihr zurückließ. Die Gespräche mit diesen Patientinnen zeigen aus der Sicht der Kinder nochmal etwas über die unmittelbare Zeit nach dem Krieg, die uns 50 Jahre später aus klinischer Sicht dazu zwingt, uns erneut in die damalige Zeit zurückzuversetzen.

Money Kyrle (1978), Vogt (1995) u.a. haben uns auf die weitreichenden Konsequenzen solcher Zusammenhänge zwischen der ersten und zweiten Generation - und ich denke auch der dritten hingewiesen, auf die wir aus psychopathologischer Sicht eigentlich auch vorbereitet sein sollten. Dennoch hat mich die Wucht des Niederschlags frühkindlicher häuslicher Atmosphäre auf die weitere Entwicklung der Kinder sehr erschüttert. Nur soviel: Wir fanden, daß die Töchter der zweiten Generation der Mitläufer in ihrem Leben unter einem nie zur Ruhe kommenden tiefsitzenden Gefühl der Lebensverzweiflung leiden und an der Schwierigkeit, Befriedigung über das im Sinne der Leistungsmotivation ihrer Eltern oft hervorragend und beruflich erfolgreich Hervorgebrachte zu empfinden. Sie klagen über Zustände von einer Art "Depression" bis hin zur Suizidalität, wie fremd erlebt. Sie können sich am Erreichten nicht freuen. Sie leben, als seien sie gegen das Leben immunisiert wie durch eine unsichtbare Wand, Beziehungsstörungen, die z.B. von Marlene Haushofer oder Elke Heidenreich in ihren Romanen beschrieben wurden. Immer wieder werden im Leben Neuanfänge versucht, ohne den anderen Menschen z.B. in der Liebe wirklich zu erreichen und sich geliebt zu fühlen. Es sind Beziehungen, in denen es keine Bindung, aber auch keine Trennung gibt. Sie führen dies auf das häusliche Elend zurück, das sie in der Kindheit nach dem Krieg und in den Jahren erfahren haben, als der angestrengte Wiederaufbauwille, kombiniert mit dem "Laß mich in Ruhe" alles andere dominierte. Bei ihnen kommt das Elend der Väter zur Sprache, die versagt hatten und als besiegte Helden, verwundet und sprachlos, aus dem Krieg zurückgekommen waren. Der Leidensweg der Töchter beginnt hier ganz früh, in der - entwicklungsnotwendigen - Identifikation mit ihren frustrierten Müttern und deren Bewältigungsanstrengungen. Diese Mütter, die keine Pannen mehr ertragen können, Katastrophen sowohl sehen als auch bagatellisieren und sie dadurch gleichzeitig auch produzieren und dann wieder besänftigen, um Mütterlichkeit unter Beweis zu stellen. Sie erwecken ständig Schuldgefühle in den Kindern, nutzen sie aber auch als Delegierte ihrer eigenen Wünsche, Nöte und Gefühle. Mit der Devise "Ihr sollt es einmal besser haben als wir" werden diese Kinder, genährt mit dem Unglück der Eltern, für diese zum Sinnbild des Wachstums und der Lebenserwartungen gestempelt, ohne eigene Ideale entwickeln zu können. Auch die Väter sind für diese Töchter traumatisierend (vielleicht wiederholt sich hier in ähnlicher Weise eine Vaterproblematik, wie sie viele ihrer Mütter, als sie jung waren, im Dritten Reich, dann auch zusätzlich auf Hitler verschoben, erlebt hatten). Die Sehnsucht strebt von der streitenden Mutter weg und richtet sich auf die Väter, die aber ihrerseits Opfer mütterlicher Wut über das häusliche Elend und wirtschaftliche Aufstiegspannen sind. Diese "kaputten" Väter können ihre Töchter nicht schützen. Sie selber sind es, die Schutz suchen und nicht finden, Schutz und zugleich Befreiung aus der familiären Enge. Sie hoffen dabei auf Verständnis und Unterstützung bei den heranwachsenden sensiblen Töchtern, gehen aber nicht auf sie zu, ducken sich, trauen sich nicht. Der Schmerz über das Nichtgefördertwordensein durch die Väter, das Nichtverstandensein in ihrer Situation, führt bei den Töchtern zum Rückgriff auf die Bewältigungsmuster der Mütter, zum bleibenden Lebenskampf und dazu, daß sie - erschütternd - immer wieder versuchen, die Familie zu "heilen", wiedergutzumachen an ihren Eltern, was - so empfinden sie es - diesen durch die Niederlage zugefügt wurde. So kommt es zum frühen Erwachsenwerden, zum Ausweichen in Verhältnisse außerhalb der Familie oder in die psychosomatische Krankheit.

Unumgänglich müssen solche Befunde in den Therapien im Zusammenhang der Folgen des Dritten Reiches und seines Zusammenbruchs bei Kriegsende gesehen werden, mit allem, was dieses Scheitern für die Kultur unserer abendländischen Tradition impliziert, und insbesondere dem Werteverlust. Auch von hier aus, also im Umkreis von Phänomenen, die in gewisser Weise innerhalb der Grenzen der "Normalität" anzusiedeln sind - und nicht nur im Umkreis der unbeschreiblichen Geschehnisse des Dritten Reiches, in denen der Zivilisationsbruch krass zutage tritt -, zeigt sich die Schwierigkeit eines Neuanfangs, der über das durch das Kriegsende markierte "totale Scheitern" wirklich hinausführt, in ihrem ganzen Ausmaß und ihrer abgründigen Tiefe. Ich habe, je länger ich mit diesen Menschen arbeite, dann immer öfter das Gefühl gehabt: Hätte ich mehr erkannt, hätte ich früher hilfreicher Entwicklungen beeinflussen können (meine Mitläuferthematik?). Aber ich glaube auch, daß es einfach Zeit brauchte, daß für uns alle die Jahrzehnte nötig waren, um solche Folgen und

Auswirkungen zu erkennen und wenigstens präventiv für die nächstfolgende Generation eindämmen zu können. Wie auch wäre es möglich, ein solch "totales Scheitern" in nur *einem* großen Anlauf zu überwinden. Wir alle sind bestenfalls dabei, uns den komplexen Erfordernissen eines Neuanfangs, der das Vergangene und seine Folgen schließlich vielleicht einmal überwindet und verwandelt, zu stellen - auf einer breiteren Basis, die so viele Aspekte der Lebensrealität wie möglich umfaßt. Das erfordert, sich das u.U. Fadenscheinige voreiliger Fortschritte des Weitermachens immer wieder einzugestehen, um nach Ansätzen und Schritten zu suchen, die selbst wieder nur eine bessere, weil jetzt weiterführende Not-Lösung und ein Zwischenschritt im Übergang zu denen, die noch erfolgen werden, bedeuten. Ein langer Weg der Wandlung also, in kleinen Schritten, kein großer Durchbruch zu erwarten?

Welche Schritte kann nun eine Therapie in den geschilderten Fällen anbieten? Kann es sein, daß wir unsere Behandlungen mit diesen Menschen politisieren? Ich kenne Kollegen, die ihre Patienten auffordern, nach den politischen Dossiers ihrer Eltern zu stöbern, um sich mit den Fragen der auftauchenden Schuld in der Therapie auseinanderzusetzen. Mein Eindruck ist vielmehr, daß diese Kinder viel zu lange Zeit mit dem Scheitern ihrer eigenen Eltern beschäftigt, daß sie unfruchtbar, weil einseitig darauf fixiert waren. Und, daß sie - die Töchter der zweiten Generation jedenfalls - meistens politisch so ausreichend informiert sind, daß weitere informative Details die bei ihnen anstehende innere Entwicklung nicht wirklich befördern würden. Es würde wohl eher im Gegenteil zu einer Isolation der Betroffenheit in der Therapie kommen. Unsere Aufgabe als Therapeuten sollte es vielmehr sein, eine Beziehung anzubieten, die tragfähig ist, aber offen, das heißt z.B. mit denselben Voraussetzungen in bezug auf die Schuldproblematik, wie wir sie oben für die Interviews geschildert haben. Es ist leider nicht möglich, hier mehr ins Detail zu gehen. Nur soviel sei gesagt, daß, obwohl es von therapeutischer Seite her sehr schwierig ist und lange Zeit braucht - auch wegen der entstehenden besonderen Probleme im Therapeuten -, dennoch aber für die Patienten offenbar sehr viel bedeutet und eine Chance darstellt auf dem Wege, die eigenen Schritte zu versuchen. Gerade weil sie nach dem "Aus" von 1945 allzusehr in das Wiederaufbauprogramm ihrer Eltern eingespannt waren.

Literatur

Arendt, H. (1993 [1950]) Besuch in Deutschland. Berlin: Rotbuch

Müller-Hohagen, J. (Hrsg.) (1996): Stacheldraht und heile Welt. Tübingen: edition diskord

Sellschopp, A; Vogel, B. (1994): Auf-Brüche. Werte und Wertewandel im Rückblick auf die nationalsozialistische Zeit. Hamburg: Kovacs Verlag

Innere Welten und äußere Realitäten

Ergebnisse einer ethnopsychoanalytischen Studie in einem Pflegeheim

Ursula Koch-Straube

In diesem Artikel werde ich versuchen, Einblicke in meine ethnopsychoanalytische Studie "Fremde Welt Pflegeheim" zu geben. Es werden nur Einblicke möglich sein, denn während der 15 Monate, die ich regelmäßig das Pflegeheim besuchte, bot sich mir ein überaus komplexes und mich zum Teil erschütterndes Bild vom Alltag der MitarbeiterInnen und der BewohnerInnen in einem Pflegeheim.

1. Anlaß der Studie

Der Anlaß für die Studie war meine jahrelange Tätigkeit in der Supervision und bei Aus-, Fort und Weiterbildung für MitarbeiterInnen in der Altenarbeit sowie meine Auseinandersetzung mit der gerontologischen Literatur. Beides brachte mich zu der Erkenntnis, daß wir nur unzureichend darüber informiert sind, was sich hinter den Mauern von Pflegeheimen wirklich abspielt. Das gilt selbst für diejenigen, die in den Heimen arbeiten und leben, denn der Grad ihrer Involviertheit ist zu groß, um erkennen zu können.

Ich wählte für meinen Erkenntnisprozeß die Position der zugewandten Distanz – war teilnehmende Beobachterin. Zu Hilfe kam mir die Ethnomethodologie und besonders die Ethnopsychoanalyse, mit der ich mich seit Jahren beschäftigte.

Ich betrat die fremde Welt "Pflegeheim" als Feldforscherin. Die zugewandte Distanz aus der Position von Fremdheit erlaubt die Entdeckung der inneren Logik von Phänomenen, Arbeitsabläufen, Regelungen, die einerseits dem flüchtigen Blick des Außenstehenden zwangsläufig entgehen müssen und andererseits den im Feld agierenden Personen als gewohnt, als selbstverständlich, nicht mehr bedenkenswert erscheinen und aus diesem Grunde sich ihrer Aufmerksamkeit entziehen.

Ich wählte, wie schon erwähnt, zwei Erkenntnisinstrumente: einerseits die Ethnomethodologie. Sie stellt die Frage nach den Regeln und Verfahren alltäglicher Arbeitsvollzüge. Sie forscht nach den sich im Alltag herauskristallisierenden, weitgehend vom Einverständnis des Kollektivs getragenen, sinnstiftenden Bedeutungsmustern der sozialen Wirklichkeit.

Dieses Vorgehen wird durch Ethnopsychoanalyse ergänzt und erweitert, die sich vorrangig auf die Rekonstruktion der "deutungs- und handlungsgenerierenden Tiefenstrukturen konzentriert" (Bonß 1991, S. 38). Hier richtet sich die Aufmerksamkeit auf den Forschenden, der in der "Pendelbewegung zwischen dem Eigenen und dem Fremden" (Erdheim 1993, S. 75) und mit Hilfe des Einfühlens – als Versuch, das "Unähnliche im Ähnlichen aufzufinden" (Pohlmann 1993, S. 244) – die Konstruktion sozialer Wirklichkeit nachvollzieht und die Beweggründe des Handelns erkennt. Erkenntnisinstrument ist die Selbstreflexion der unbewußten Reaktionen des Forschers auf das fremde Forschungsfeld. Es genügt also nicht, sich der grundsätzlichen Andersartigkeit des zu erforschenden Feldes, seines Eigensinns bewußt zu sein und eine kritische Position gegenüber den eigenen Erkenntnissen einzunehmen. Es geht vielmehr darum – das sei noch einmal betont – sich dem zu erforschenden Feld und seinem Alltag wie ein ethnologischer Feldforscher auszuliefern, sich den in der Gegenübertragung auftretenden affektiven Reaktionen auf die wahrgenommenen Phänomene zu stellen, alle Sicherheiten aus den bisher gewohnten Erklärungsmustern und Rollenzuschreibungen hinter sich zu lassen und auftauchende Ängste nicht zu verdrängen. Das "Einlassen auf das Unvertraute, Ängstigende, quer zu den eigenen Erwartungen Stehende" hilft, das Eigene im Fremden zu entdecken, denn die "besseren Möglichkeiten erschließen sich nur dem, der durch diese Erfahrung hindurchgegangen ist" (Müller 1986, S. 430).

Der ethnopsychoanalytische Weg der Erforschung führt nicht allein dazu, das Fremde zu verstehen, sondern auch zu existentiellen Fragen über die eigenen Lebensentwürfe.

Diese Studie ist also der Versuch, sich der phänomenalen Vielfalt sozialen Lebens und Arbeitens zu nähern, sie systematisch zu erforschen, und damit die Lebenswelt Pflegeheim, die Wirklichkeit der darin Agierenden (Pflegende und Gepflegte), so wie sie von ihnen erfahren wird, sichtbar werden zu lassen. Sie basiert auf einer erkundenden und nachspürenden Forschungshaltung, die mit den Augen des Anderen wahrnimmt, die sich auf den Anderen einläßt, die zwar verstehen, aber nicht besser wissen will (Geer 1964, S. 372-398). Ziel ist, die Weltsicht der Menschen im Pflegeheim zu erfassen und die Sinnhaftigkeit konkreter Phänomene, Prozesse und Ereignisse zu verstehen.

2. Die äußeren Realitäten (in Stichworten)

Ein Pflegeheim, gelegen in einer Satellitenstadt einer kleinen Großstadt. Das Pflegeheim ist Teil einer in einem kleinen Hochhaus untergebrachten Wohnanlage eines Wohlfahrtsverbandes. Im Pflegeheim leben 30 BewohnerInnen. Sie werden von insgesamt 30 MitarbeiterInnen versorgt. Neubau, helle Räume, freundliche Einrichtung, Grünpflanzen und andere Dekorationen, ordentliches Mobiliar – ein ganz normales Pflegeheim also.

Das Pflegeheim hat einen guten Ruf in der Stadt. Die MitarbeiterInnen bemühen sich nach bestem Wissen und mit großer Kraft um eine qualifizierte Arbeit. Sie haben hohe Ansprüche an die Art und Weise ihrer Arbeit. Sie erleben viele Enttäuschungen. Erfolge sind für sie eher selten zu beobachten. Die Belastungen empfinden sie als zu groß, dennoch versuchen sie Ausgleiche zu schaffen innerhalb der Arbeit und außerhalb, so daß sie von ihrer Freude an der Arbeit sprechen können. Sie bemühen sich sehr um die möglichst situationsgerechte Gestaltung der Gegenwart. Sie stemmen sich gegen das alltägliche Chaos, das durch die Vielfalt der Anforderungen und die Unberechenbarkeit der alten Menschen entsteht. Sie versuchen, die BewohnerInnen an die Gegebenheiten und die Ordnungen des Heimalltags mit möglichst sanften Mitteln anzupassen. Das Vergangene, z.B. die Biographie der alten Menschen und ihre Zukunftsperspektiven spielen dagegen eine untergeordnete Rolle. Aufgrund der vielen Krankheiten und Behinderungen dominiert das Körperliche im Alltag. Schamgrenzen werden häufig überschritten. Die Dominanz von Krankheit und Behinderung führt auch zu extremer Abhängigkeit und zum Kontrollverlust seitens der alten Menschen. Die MitarbeiterInnen tragen konzeptionell ein Bild von Gemeinschaft der alten Menschen im Heim vor sich her. Sie versuchen dies nach Kräften zu realisieren. Sie ernten jedoch geringe Gegenliebe bei den alten Menschen. Die MitarbeiterInnen ziehen sich angesichts der unermeßlichen und niemals stillbaren individuellen Wünsche der BewohnerInnen und angesichts ihrer hohen Bedürftigkeit nach Zuwendung sehr häufig aus dem Kontakt zu ihnen zurück. Sie verwenden dafür unterschiedliche Strategien.

Das ist, grob skizziert, die äußere Realität des Heimes.

3. Die psychische Realität der BewohnerInnen: der Rückzug in imaginäre Lebenswelten

Im starken Gegensatz zu den Bemühungen der MitarbeiterInnen, die BewohnerInnen zu aktivieren, sie in die Gegenwart zu ziehen, sie Gemeinschaft erleben und leben zu lassen, erscheint das Verhalten der BewohnerInnen.

Stimmungen

Aufenthaltsraum. Der vorherrschende Eindruck ist der der Ruhe, von Stille und Bewegungslosigkeit. Die meiste Zeit des Tages sitzen die BewohnerInnen verteilt an den einzelnen Tischgruppen, stumm, in sich gekehrt, viele mit hängendem Kopf, dösend oder schlafend. Nur selten nehmen sie Kontakt zueinander auf, weder mit Blicken noch mit Berührungen. Vereinzelt flackert eine knappe Anmerkung, ein kurzes Gespräch auf. Manchmal murmelt ein einzelner Bewohner vor sich hin, ohne Gehör zu finden. Oder Rufe nach der Schwester durchbrechen die Stille.

Woher rührt diese Stille? Es sind doch so viele Menschen in einem Raum versammelt. Sie halten sich im Zentrum des Hauses auf. Haben sie sich nichts zu sagen? Haben sie nichts mitzuteilen?

Tagebuch:

> "Einige der BewohnerInnen wirken auf mich, als wären sie nicht mehr von dieser Welt, sie sind ganz in sich versunken, kaum noch berührbar von dem, was um sie herum vorgeht. Leben sie in Trance, in inneren Bildern, zu denen uns der Zugang gänzlich versperrt ist? Eine friedvolle Stimmung geht von manchen aus. So daß mir immer wieder Assoziationen wie Askese, Meditation und der Aufenthaltsraum, das Heim als Wartehalle zum Tod in den Sinn kommen."

Im scheinbaren Gegensatz dazu steht die Ruhelosigkeit, mit der manche der BewohnerInnen ihren Tag verbringen.

Herr Holz hält es oft nicht lange an seinem Platz, trotz der Mühe zu gehen, trotz seines Schwindels steht er, kaum daß eine Mitarbeiterin ihn zum Stuhl begleitet hat, wieder auf und versucht, in sein Zimmer zu gelangen. Das "Spiel" wiederholt sich immer wieder. Andere machen Anstalten aufzustehen, schaffen es jedoch nicht ohne Hilfe, nichtsdestotrotz versuchen sie es beständig. Viele nesteln an ihrem Körper, an ihren Kleidern. Andere laufen unermüdlich den Gang auf und ab. Doch all diese Betriebsamkeit ordnet sich der allgemeinen Gedämpftheit unter.

Die Atmosphäre ist deprimierend und faszinierend zugleich. Mein Erleben schwankt zwischen Last und Erleichterung, zwischen Versinken und dem Wunsch die Flucht ergreifen zu wollen, zwischen Resignation und Lebensdurst. Füllt das auch die alten Menschen aus, die beständig in dieser Lebenssituation verharren? Geben meine eigenen Reaktionen Hinweise auf das Erleben der BewohnerInnen? Das Verstummen der BewohnerInnen erscheint mir als eine Flucht in einen inneren Raum, in dem die BewohnerInnen sich vor den Zugriffen, Einblicken und Manipulationen der anderen, der MitarbeiterInnen und der BewohnerInnen schützen können. Denn die BewohnerInnen leben in einer Situation, in der sie sich weitgehend – verglichen mit dem Leben selbständig lebender Erwachsener – physisch und psychisch entblößen müssen. Der Kontrolle der anderen, besonders der MitarbeiterInnen, können sie sich kaum entziehen.
Aber was bewegt die Menschen bei ihren inneren Wanderungen?

Sehnsüchte

> "Nach der Heimat möcht' ich wieder" (Der Vers eines Liedes, das die BewohnerInnen häufig singen oder hören).

Aufenthaltsraum. Frau Kistner löst sich aus der Runde. Sie möchte ihren Mantel holen: "Es ist kalt hier und dann kann ich ja gleich nach Hause gehen." Als ich gehen will und schon meine Jacke angezogen habe, ruft mich Frau Müller mit eindeutigen Gesten an den Tisch.

Frau Müller: "Ja, es ist gar nicht so einfach hier."

U.: "Ich geh jetzt nach Hause."

Frau Müller: "Ja, das muß auch mal sein. (Pause) Schlimm, ich kann nicht mehr nach Hause gehen. Es ist schlimm, wenn man nichts mehr hat. Hier wird einem alles weggenommen".

Die beiden Szenen erscheinen mir beispielhaft für viele andere, die ich erlebt habe. Drei Elemente will ich herausgreifen.

- Es ist kalt hier (und das in einem objektiv eher überheizten Raum).
- Es ist gar nicht so einfach hier.
- Ich gehe jetzt (gleich) nach Hause.

Die beiden Frauen geben ein allgemeines Urteil über ihren Aufenthaltsort ab ("Es ist kalt hier"). Es könnte auch heißen: Hier ist keine Wärme, keine Geborgenheit. Mir ist's kalt ums Herz, meine Seele friert. Mir läuft es kalt den Rücken herunter. Es sind Formulierungen, die über die Körpersprache Empfindungen ausdrücken und auf diese Weise entschlüsselbare Verbindungen zu unserem inneren Leben herstellen. Frau Müller weist darüber hinaus auf die Schwierigkeiten hin, die sie im Heim erlebt. Wesentliche Dinge kommen ihr abhanden. Sie verliert die Kontrolle über die Dinge, über ihren Alltag, über ihr Leben.

Und schließlich ziehen beide Frauen die persönliche Konsequenz. Sie wollen diesen Ort verlassen, sie gehen nach Hause.

In vielen und sehr prägnanten Äußerungen geben die BewohnerInnen zu verstehen, daß sie zurück zu ihrer Familie wollen, dahin, "wo noch alle zusammen waren" (wie es eine andere Bewohnerin ausdrückt), wo sie gebraucht werden, wo das Leben pulsiert. Sie möchten sich entfernen aus dieser Realität, in der es kalt ist, die schon längst bekannt und wo das Essen höchstens als Mittagstisch zu akzeptieren ist. Sie haben eine Ahnung von dem, was sie verloren, hinter sich gelassen haben.

Ängste

"Hier wird einem alles weggenommen."

Frau Müller äußert in dem kurzen Gespräch mit mir nicht nur den Wunsch, nach Hause gehen zu wollen, sondern darin verwoben auch die Klage, daß ihr etwas abhanden gekommen ist.

Es ist möglich, die Ängste und Vorwürfe des Bestohlenwerdens als Folge von demenziellen Erkrankungen zu interpretieren. Aber warum entwickelt Frau Müller gerade dieses Symptom? Welche Sprache spricht es, welchen Sinn vermittelt es uns?

Die Gegenstände, die Frau Müller vermißt, können als Symbole für andere Verluste im Leben verstanden werden. Sie vermißt die Kette, etwas Wertvolles ging ihr verloren, Erinnerungen, die mit der Kette verbunden sind, oder Dimensionen ihres Lebens, die ihr ein Leben lang verwehrt waren oder die ihr im Laufe des Lebens abhanden kamen. Sie verliert allmählich das Bewußtsein über ihre eigene Persönlichkeit, ihre eigene Identität.

"Hier wird einem alles weggenommen." Diese Aussage weist auf Zeit und Ort des Verlustes hin, denn der Einzug ins Heim ist vermutlich auch für Frau Müller ein gravierender Einschnitt in ihrem Lebenslauf, der mit starken Erschütterungen im eigenen Identitätserleben einher geht. Frau Müller sucht ihre Uhr, die Zeit geht ihr verloren, die Chronologie, die Kontinuität ihres Lebens. Frau Müller spricht ziemlich viel, aber sie weiß nicht, wie alt sie ist, ob sie gerade Kind, junge oder alte Frau ist. Ihre Erzählungen durchstreifen unkontrolliert alle Lebenszeiten.

Aber die Dinge verschwinden nicht einfach, sie werden ihr gestohlen. Sie muß Angst haben, immer mehr zu verlieren, ihre körperliche Unversehrtheit zum Beispiel. In zwei Handtaschen versucht sie krampfhaft, das Wenige noch zusammenzuhalten und vor dem Zugriff der anderen zu schützen. Die anderen: die Mitarbeiter-Innen, die sie durch den Tag dirigieren, sich an ihren Sachen und ihrem Körper zu schaffen machen; die MitbewohnerInnen, mit denen sie Raum, Essen, Aufmerksamkeit der MitarbeiterInnen teilen muß, wie früher vielleicht mit den Geschwistern. Doch fremd sind ihr diese Menschen und bedrohlich (Was wollen sie eigentlich von mir? Was habe ich mit ihnen zu schaffen?).

Noch viele andere, z.T. verborgene Ängste, scheinen die BewohnerInnen zu beschäftigen. Manche werden sichtbar: daß die Angehörigen nicht mehr zu Besuch kommen, daß das Geld nicht reichen könnte, daß ins Heim eingebrochen werden könnte (...).

Quälende Fragen

> "Ich habe doch nichts verbrochen, daß ich jetzt hier sein muß."

Frau Kistner sitzt mit bitterböser Miene im Rollstuhl am Tisch. Sie ruft mit eindringlicher Stimme nach einer Pflegekraft und beschimpft sie mit klagendem Unterton.

Frau K.: "Ich will in meine Wohnung, ich habe doch nichts getan. Warum bin ich hier im Zuchthaus? (...) Ich will nach Hause, ich wohne doch in der (unverständlich). Wo sind meine Kleider? Ich kann doch nicht hier im Nachthemd sitzen. Warum habe ich keine Kleider?"

Am Abend. Die BewohnerInnen werden in ihre Zimmer begleitet bzw. ins Bett gebracht.

Frau Groß wird im Flur "aufgegriffen". An diesem Abend geht das Ins-Bett-Bringen reibungslos. Nach einer Weile: Frau Groß liegt kerzengerade, wie aufgebahrt, im Bett. Plötzlich schaut sie auf und sagt zu mir: "Sie grinsen mich auch so an." Ich gehe näher zu ihr und beginne, mich mit ihr zu unterhalten.

Frau Groß: "Warum bin ich hier eingesperrt? Wenn das mein Mann wüßte, der würde mich hier herausholen. Der wollte immer, daß wir alle zusammen sind. Warum muß ich hier sein? (...) Ich habe doch niemanden was getan, warum bin ich dann hier? Ich habe doch keine Schuld."

Beide Frauen interpretieren und empfinden ihren Aufenthalt im Pflegeheim als Strafe. Sie fühlen sich eingesperrt und fragen abwehrend nach ihrer Schuldhaftigkeit. Welche Schuld plagt diese Menschen? Welche Versäumnisse verspüren sie? Welche "offenen Rechnungen" sind noch nicht ausgeglichen? Welche Erlebnisse können nicht in den Lebenslauf integriert werden, rumoren weiter?

Die massive Wut, die starken Angriffe der beiden Frauen deuten darauf hin, unter welch großem Druck sie stehen. Oberflächliche Erklärungen und Beschwichtigungen, die den Kern der Fragen in keiner Weise berühren, erreichen die Frauen nicht.

In Erwartung des Todes

Aufenthaltsraum. Musik von der elektrischen Orgel im Hintergrund. Am Ende eines Gespräches mit Herrn Dupois sagt er: "Ich gehe die Straße entlang, bis zum Ende dort, so weit muß ich noch gehen. Kommen Sie mit? Ich gehe nach Hause."

Der Wunsch nach Hause zu gehen, trägt neben den bereits herausgearbeiteten Dimensionen noch eine weitere, eine religiös- transzendente in sich. Die Worte des Herrn Dupois können eine Metapher dafür sein: „Bis dorthin reicht mein Lebensweg noch, dann kehre ich heim – 'in die ewige Ruhe', 'zum himmlischen Vater'."

Herr Dupois kann nicht schlafen. In seiner Ruhelosigkeit wiederholt er immer wieder vor sich hinmurmelnd die Frage: "Warum darf ich nicht sterben? Warum holt mich der Herrgott nicht?"

So klar äußern sich die BewohnerInnen selten und doch drückt sich der Abschied vom Leben in dem beschriebenen Rückzug, in der gedämpften Atmosphäre, in der Schweigsamkeit der BewohnerInnen und auch in der Melancholie ihrer Gesänge aus. ("Meine Lebenszeit ist aus, ich muß aus dem Haus", das ist ein Fragment eines Liedes, das ich in Erinnerung behalte.) Ich erlebe mich als Augenzeugin von Menschen, die - meist geduldig - auf das Ende ihres Lebens warten, auf ein Ereignis, das mit Gewißheit eintreten wird. Andere BewohnerInnen wollen diesem Leben noch etwas abgewinnen, entwickeln Perspektiven für die nächste Zukunft.

4. Reflektierende Zusammenfassung

Von der Mauer, die die alten Menschen zwischen sich und ihrer Umwelt aufrichten, vom Rückzug ins Schweigen, in Erinnerungen, in Phantasien sind die Beobachtungen vorrangig geprägt.

Die BewohnerInnen fühlen sich den Anforderungen und der Komplexität der Situation nicht mehr gewachsen, sie ziehen sich in sich zurück, sie regredieren: Sie phantasieren sich in frühere Lebensphasen, sie verhalten sich teilweise, als ob sie das Erwachsensein weit hinter sich gelassen hätten. Sie kehren "in frühere Entwicklungsformen des Denkens, der Objektbeziehungen und der Strukturierung des Verhaltens" zurück (Laplanche & Pontalis 1973, S. 436). Es sind durchgehend Phantasien der Geborgenheit und des Schutzes, die sie aufsuchen, Familie, Mutter, Vater, eine Flucht aus der Wirklichkeit, der sie sich nicht stellen. Die Realität des Heimes taucht bei manchen der BewohnerInnen nur ab und an hinter dem Nebel auf.

Welche Zusammenhänge zwischen der Lebenssituation der alten Menschen und ihrem Weg in die Verwirrung sind denkbar und nachempfindbar? Was ist der Sinn der regressiven Tendenzen im Alter?

- Die gegenwärtige Lebenssituation, das Leben im Heim ist für sie unerträglich. Mit dem Eintritt ins Pflegeheim haben sie ihre gewohnte Umgebung, ihre eingeübten und lieb gewordenen Tätigkeiten und ihre vertrauten Menschen (von einem Tag auf den anderen) verloren. Der Ersatz sind neue und von außen bestimmte Tagesabläufe, die Anwesenheit vieler fremder Menschen, eine ungewohnte Atmosphäre. Die Verluste können durch noch so großes Bemühen des Pflegepersonals oder des guten Standards räumlicher Ausstattung nicht ausgeglichen werden. Die neuen Verhaltensanforderungen überfordern. Die Kraft zur Gegenwehr reicht (nicht mehr) aus. Die Übermacht der (wohlwollenden) MitarbeiterInnen, Ärzte, Angehörigen ist zu groß.

  Der Einzug ins Heim reiht sich in eine Abfolge von vielen Verlusten ein, zu viele, um auch noch diesen integrieren zu können.
- Das Nachlassen der Kräfte, die Krankheiten, die zunehmende Hinfälligkeit ("sie spürt jetzt den inneren Zerfall"), die Todesnähe verletzen das eigene Selbstwertgefühl. Sie lösen narzißtische Kränkungen aus. Sie widersprechen dem narzißtischen Mythos von der Unversehrbarkeit des Körpers und dem der Unvergänglichkeit des Lebens. In der Verkennung der Realität, auch der Realität der personenbezogenen Veränderungen, in der Verleugnung der abgelau-

fenen Lebenszeit liegt die Chance, die kränkenden Gefühle abzuwehren. Und Phantasien und Wünsche, in den Armen der Mutter geschützt und geborgen zu sein, mildern die Verletzungen der Gegenwart.

Der drohende Verlust des Bewußtseins über die eigene Existenz erfordert die Konzentration auf das eigene Selbst und den Körper und das Ausblenden der umgebenden Ereignisse. Der alte Mensch zieht sich in sich zusammen, rollt sich in seinem Körper ein, um dem Auseinanderfallen, der Auflösung des eigenen Selbst zu entgehen, um sich seiner selbst gewiß zu bleiben.

– Die beständige Anwesenheit von Alter und Hinfälligkeit im Pflegeheim, das eigene hohe Alter und seine Beschwernisse führen dem einzelnen mehr oder weniger bewußt vor Augen, daß das Ende des Lebens nahe herangerückt ist.

  Diese Grenze läßt den Blick bilanzierend zurück schweifen.

  In den Gesprächen, den kurzen Dialogen mit den BewohnerInnen gewinne ich den Eindruck, daß sie viele Geheimnisse mit ins Grab nehmen und daß die Verwirrung ihnen hilft, einige der Ereignisse, Handlungen, Gefühle, die mit der Lebensbilanz auftauchen (könnten), vor sich und anderen verborgen zu halten. Sie verlieren ihr Gedächtnis, sie brechen weitgehend eine für uns handhabbare Kommunikation ab und nur noch Bruchstücke des vergangenen Lebens – oft in penetranter Wiederholung – tauchen an der Oberfläche auf.

Die fortdauernden Wiederholungen einer Geschichte, eines Gedankens einerseits und die häufig abstrus wirkenden Äußerungen und Verhaltensweisen andererseits weisen auf unbewältigte Ereignisse hin, die die Menschen aber weiterhin beschäftigen oder quälen. Sie sind meist von hoher Emotionalität begleitet, Veränderungen des Gesichtsausdrucks, Weinen, Unruhe, Zittern.

Wir können uns den verborgenen Geschichten auf dem Wege des szenischen und einfühlenden Verstehens und der Intuition nähern und auf diese Weise den Grad der Abstrusität der Geschichten für uns vermindern oder auflösen.

Der Versuch, die Regression der alten Menschen zu interpretieren, einschließlich ihrer Ruhelosigkeit, ihrer Ängste, bestohlen zu werden, aber auch ihrer Vorstellung, mit dem erzwungenen Heimaufenthalt bestraft zu werden, führen die Aufmerksamkeit vom individuell- privaten Raum auch zu den historischen Ereignissen dieses Jahrhunderts, in dem die Pflegebewohner ihr Leben verbracht haben und die ihre individuelle Biographie entscheidend geprägt haben. Die alten Menschen gehören einer "schwer traumatisierten Generation" an (T. Moser), und es fällt nicht schwer, die Belege dafür zu finden: zwei Weltkriege, Wirtschaftskrisen, Hunger, Tod, Vertreibung, Flucht, die Schreckensherrschaft und Ideologie des Nationalsozialismus, Holocaust – Erinnerungen an Bedrohungen, Krisen, Nöte und Verirrungen.

Noch eine andere Perspektive ist mir wichtig.

Die alten Frauen und Männer, die sich in ihre Welt, in ihren Körper zurückgezogen haben, sind nicht alle erkennbar und nicht dauerhaft von Ängsten und Schmerzen geplagt. Sie wirken auch entspannt, in sich ruhend, meditativ, sie leben zeitweise oder kontinuierlich in einem tranceähnlichen Zustand, in dem die inneren Wanderungen weniger beunruhigend, angstbesetzt, (ver-)zweifelnd, resignativ erscheinen. Sie wirken ausgeglichen und zufrieden.

Von solchen Menschen sagt man landläufig – auch die MitarbeiterInnen im Heim –, daß sie ihren Frieden gefunden haben. Sie verabschieden sich vom Leben – manchmal über einen langen Zeitraum –, sie bereiten sich auf ihren Tod vor, sie leben in einem Zustand des akzeptierten Übergangs.

Unter dem Blickwinkel des Abschiednehmens bekommt die Melancholie, die sich so häufig im Aufenthaltsraum ausbreitet, ein anderes Gesicht.

Neben den vielen Belastungen, die das Leben im Pflegeheim für viele mit sich bringt, finden die BewohnerInnen dort jedoch auch einen Raum, in dem ihre Trauer akzeptiert und aufgehoben ist.

Sie sind mit sich selbst beschäftigt, verfolgen ihre eigenen Erinnerungen, Gedanken und Gefühle, nehmen nur wenig Notiz voneinander und begeben sich doch in eine Art kollektive Trauer. Die Lieder, die sie gemeinsam hören oder singen, zeigen am deutlichsten diese Verbundenheit. Die Trauer um Verluste ist jedoch nicht nur überwältigender Schmerz, sondern zwangsläufig auch Erinnerungen an Wertvolles und Schönes, an das, was eben verlorenging.
Und die jeden Besucher zunächst nur dumpf und depressiv anmutende Atmosphäre offenbart im Laufe der Zeit auch eine beruhigende und tröstende Seite.

So betrachtet, muß auch das Nichtstun, das Warten – ohne erkennbares, greifbares Ziel – nicht quälende Langeweile, nicht Stumpfsinn bedeuten, sondern verwandelt sich in eine Zeit der Meditation und der Besinnung.

Schließlich lassen sich die Symptome der geschwächten Orientierung zur Zeit, zum Raum und zur Person auch als eine Form des Abschieds vom Leben im Leben verstehen. Das allmähliche Schwinden dieser Fähigkeiten kann ausdrücken: Ich löse mich von meiner eigenen Person, ich löse mich von meiner Umwelt (ich verweigere es, meine mir nahestehendsten Menschen zu erkennen).

Zeit und Raum verflüchtigen sich im Nichts oder in der Ewigkeit. Könnte es sein, daß ein solcher Abschied in erster Linie den Zurückbleibenden zu einer großen Belastung wird, da ihnen eine lange Trauerphase aufgebürdet wird, während die Menschen unbeirrbar und gelassen die Schritte bis zu ihrem Ende gehen?

Tagebuch.

"Ich sitze im Aufenthaltsraum. Es herrscht Stille. Wie meistens. Ich versuche meine Unruhe abzuschütteln, meine Gedanken um die Pflegeheimstudie, um das,

was mich außerhalb des Heimes aktuell beschäftigt, Planung für die Woche, Erledigungen (...)
Nach und nach fängt mich die Ruhe um mich herum ein und ganz andere Gedanken tauchen auf. Gemächliche. Was wird sein, wenn ich alt bin und Hilfe brauche? Was sind eigentlich die Wichtigkeiten in meinem Leben? Welche Ziele verfolge ich? Welche Linien zeichnen sich ab? Wie wird mein Leben weitergehen?
Ein Stöhnen holt mich zurück ins Heim."

Literatur

Bonß, W. (1991): Soziologie. In: Flick, U., Kardorff, E. v., Keupp, H. (Hrsg.): Handbuch Qualitative Sozialforschung. München: Psychologie Verlags Union

Erdheim, M. (1993): Therapie und Kultur. Zur gesellschaftlichen Produktion von Gesundheits- und Krankheitsvorstellungen. In: Ethnopsychoanalyse. Band 3: Körper, Krankheit und Kultur. Frankfurt a. M.: Brandes & Apsel, 75-89

Geer, B. (1964): First days in the field. In: Hammond, P. E.: Sociologists at Work. New York: Basic Books, 372-398

Laplanche, J.; Pontalis, J. B. (1973): Das Vokabular der Psychoanalyse. Frankfurt a. M.: Suhrkamp

Müller, B. (1986): Der eigene und der fremde Alltag. Zur sozialpädagogischen Relevanz der Ethnopsychoanalyse. Neue Praxis 5, 430-441

Pohlmann, W. (1993): Der Andere und das Fremde in uns. Zum Begriff der Einfühlung. In: Streeck, U. (Hrsg.): Das Fremde in der Psychoanalyse. Bonn: Pfeiffer, 235-246

Folgen biographischer Belastung und Traumatisierung im Alter*

Gudrun Schneider, Gereon Heuft, Robin Lohmann

1. Einführung

In der Diskussion um Zusammenhänge zwischen Biographie und psychischer Gesundheit bzw. Krankheit konnte die Mannheimer Kohortenstudie (Schepank 1987) die Bedeutung biographischer Bedingungen in der frühen Kindheit empirisch eindrucksvoll belegen. Im klinischen Bereich wurden Zusammenhänge zwischen belastenden Kindheitsfaktoren und psychogenen Schmerzsyndromen aufgezeigt (Egle, Kissinger und Schwab 1991).

Daß auch schwere biographische Traumatisierungen, die im späteren Leben auftreten, deletäre Auswirkungen auf die psychische Gesundheit des Individuums haben können, wurde vor allem durch Untersuchungen von Holocaust-Opfern ins Blickfeld der Öffentlichkeit gerückt (v. Baeyer, Häfner und Kisker 1964; Matussek 1971). Krankheitsbilder, die in Folge solcher Traumatisierungen auftraten, wurden als Posttraumatische Belastungsstörung operationalisiert (ICD-10, WHO 1993). Dabei wurde der Begriff „Trauma" als eine Erfahrung definiert, die außerhalb der üblichen menschlichen Erfahrung liegt und bei fast jedem psychisches Leiden zur Folge haben würde. Auswirkungen dieser traumatisierenden Erfahrungen bis ins hohe Alter bei einem Teil der Betroffenen, verbunden mit erhöhter Depressivität und sozialem Rückzug, wiesen Kruse und Schmitt (1994) bei einer Untersuchung ehemaliger jüdischer Lagerhäftlinge nach.

*mit Unterstützung der Deutschen Forschungsgemeinschaft (DFG)

Auch die psychoanalytische Entwicklungspsychologie erweiterte ihr Theoriegebäude von dem bis dahin geltenden Fokus „Kindheit und Adoleszenz“ auf die Entwicklung in späteren Lebensphasen (Erikson 1982). Die Life-event-Forschung richtete ihr Augenmerk auf Zusammenhänge zwischen bestimmten umschriebenen Lebensereignissen und dem Auftreten körperlicher und psychischer Krankheiten, ohne jedoch das subjektive Erleben des Individuums zu berücksichtigen (Cooper 1980; Katschnig 1980; Siegrist 1980).

In den letzten Jahren rückten innerhalb der Psychotherapie insbesondere auch die spezifischen Entwicklungsaufgaben und Belastungen des Alternsprozesses selber zunehmend ins Blickfeld (Heuft, Kruse, Nehen und Radebold 1994; Radebold 1997). Epidemiologische und klinische Beobachtungen bezüglich der Häufigkeit psychosomatischer bzw. funktioneller Erkrankungen und depressiver Verstimmungen bei älteren Patienten (Blazer 1980; Cooper & Sosna 1983; Dilling 1984; Heuft 1994) sowie bezüglich des exponentiell ansteigenden Verbrauches von Schmerz- und Beruhigungsmitteln in dieser Altersgruppe (Heuft 1994) erforderten Theoriebildungen bezüglich der Genese psychischer Störungen im Alter. Im Hinblick auf eine differentielle Therapieindikation unterschied Heuft (1993) Patienten mit einem persistierenden neurotischen Konflikt, der in der zweiten Hälfte des Erwachsenenlebens erstmals symptomatisch wird, von Patienten mit Reaktivierungen von Traumata und Patienten mit Aktualkonflikten (Enttäuschungskonflikten) im Alter.

Daß die individuelle Erfahrung des Alterns im biographischen Kontext der bis dato gemachten Erfahrungen betrachtet werden muß, ist unmittelbar einleuchtend und konnte durch die gerontologische Forschung auch belegt werden (Lehr 1987; Krampen, Fähse und Gross 1993; Süttemann & Thomae 1987).

In diesem Diskussionskontext werden Teilergebnisse der von der DFG geförderten ELDERMEN- Studie vorgestellt, die zur Klärung der Frage von Zusammenhängen zwischen subjektiv als *belastend* bzw. *fördernd* empfundenen Faktoren in der Biographie mit der psychischen Gesundheit und dem Selbstkonzept über 60jähriger beitragen.

2. Der methodische Ansatz

Die Untersuchung wird am Haus Berge-Krankenhaus, Akademisches Lehrkrankenhaus der Universität Essen, einem internistischen Akutkrankenhaus mit geriatrischem Schwerpunkt und einer durchschnittlichen Verweildauer von 19,2 Tagen durchgeführt. In die Untersuchung eingeschlossen wurden in einer konsekutiven Stichprobe alle stationär aufgenommenen über 60jährigen Patienten, die ihr Einverständnis gaben. Ausschlußkriterien waren: Dementielle Prozesse, Psychosen, schwerste körperliche Erkrankungen (z.B. schwere Herzinsuffizienz mit Ruhedyspnoe, nicht kurativ behandelte Malignomerkrankungen) sowie Suchterkrankungen mit manifestem Substanzgebrauch. Bei diesen Erkrankungen schien entweder die Konzentration auf die Untersuchung oder die Zuverlässigkeit der Angaben nicht gewährleistet. Die Probanden hatten die Klinik aufgrund einer körperlichen Symptomatik aufgesucht und hatten die dort übliche internistisch-geriatrische Diagnostik und Therapie erhalten. Die Untersuchung erfolgte im letzten Drittel des stationären Aufenthaltes, wenn die körperliche Akutsymptomatik weitgehend abgeklungen bzw. eine Stabilisierung eingetreten war, und die Entlassung geplant werden konnte. Auf diese Weise sollten die psychischen Einflüsse der akuten Krankheitsverarbeitung möglichst geringgehalten werden.

Ausführlich untersucht wurden bisher 120 Patienten: 39 Männer (32,5 %) und 81 Frauen (67,5 %). Die männlichen Probanden waren im Mittel 71,5 Jahre alt (SD 7,4; range 60-87 Jahre), die weiblichen Probanden im Mittel 76,6 Jahre alt (SD 8,0;

range 60-94 Jahre). Die Altersverteilung entspricht somit demographischen Gegebenheiten mit einem Überwiegen der Frauen in höheren Altersgruppen.

64,1 % der Männer hatten eine abgeschlossene Lehre, 10,3 % waren Meister, 10,3 % hatten einen Fach- oder Hochschulabschluß, 15,4 % keine Ausbildung. 41,9 % der Frauen waren ohne Berufsabschluß, 55,6 % hatten eine Lehre abgeschlossen, je eine Frau (0,7 %) war Meisterin oder hatte einen Hochschulabschluß. Dies sind typische Zahlen für die Geburtsjahrgänge 1900-1935 in dem von Montanindustrie geprägten Essener Stadtteil, in dem die Untersuchung durchgeführt wurde. Die Probanden zeigten die für diese Generation typische traditionelle Rollenverteilung: Alle Männer waren berufstätig gewesen, unter den Frauen waren 33 % „nur" Hausfrauen, bei 51 % hatten sich Erwerbstätigkeit und Hausfrauenengagement abgewechselt.

Die biographischen Faktoren wurden durch ein ausführliches semi-strukturiertes biographisches Interview von durchschnittlich 2,5 h Dauer erhoben, das auf Tonband mitgeschnitten und anschließend von zwei Ratern unabhängig voneinander ausgewertet wurde. Die Biographien wurden in sechs Phasen unterteilt, die sich nicht an starren Altersgrenzen, sondern soziologisch-dynamisch an inhaltlichen Veränderungen der Lebenssituation und Wechsel der sozialen Rolle orientierten. Auf die (1) „Kindheit" folgt mit der Einschulung die (2) „Schulzeit". Der (3) „Start in das Berufsleben" endet mit Beginn der Erwerbstätigkeit oder Beginn der Kindererziehung, die das (4) „Erwachsenenalter" einleitet. Mit Loslösung des letzten Kindes (z.B. im 50. LJ) oder Berentung (60.-65. LJ) beginnt die fünfte Lebensphase, definiert bis ein Jahr vor der Untersuchung. Das letzte Jahr vor der Untersuchung wurde als (6) „aktuelle Situation" definiert, erweitert um eine „Zukunftsperspektive". Für die einzelnen Lebensabschnitte wurden jeweils die gleichen Themenbereiche erfaßt (wichtige Bezugspersonen, schulische bzw. berufliche Erfahrungen, Körpererleben und gesundheitliche Faktoren etc.). Gestützt auf Ankerbeispiele wurde auf einer fünfstufigen Skala das Ausmaß der von den Probanden in den beschriebenen einzelnen Lebensphasen subjektiv erlebten Belastung zwischen 0 („gar nicht belastet“) und 4 („sehr stark belastet“) eingeschätzt. Analog wurde die subjektiv erlebte Förderung auf einer fünfstufigen Skala zwischen 0 („gar nicht gefördert“) bis 4 („sehr stark gefördert“) eingeschätzt.

In Tabelle 1 sind typische von den Probanden berichtete Belastungen und Traumata, gesondert für Kindheit und Erwachsenenalter, aufgelistet. Bei Erwachsenen waren Traumata im engeren Sinne (im Sinne eines „belastenden Ereignisses) oder einer Situation außergewöhnlicher Bedrohung oder katastrophalen Ausmaßes (kurz- oder langanhaltend), die bei fast jedem eine tiefe Verzweiflung hervorrufen würde“ (WHO, ICD-10, S. 169) recht gut von schweren Lebensbelastungen abgrenzbar, während diese Unterscheidung in der Biographie während der Kindheitsabschnitte nicht immer deutlich zu treffen war.

Kindheit und Jugend **Schwere Belastungen und Traumata** **(Beispiele – Kasuistiken)**
- Vernachlässigung, Liebesentzug, „unerwünschtes“ Kind
- Schwere körperliche oder / und seelische Mißhandlungen über Jahre
- Armut, schwere Arbeit, keine Freizeit, vorzeitige und übermäßige Verantwortung
- Ausgeprägte gesundheitliche Einschränkungen bzw. Behinderungen
- Bombenangriffe / Flucht / andere belastende Kriegserlebnisse
- Schwere oder anhaltende Erkrankungen, Verlust oder Tod der Bezugspersonen
- Sexueller Mißbrauch oder Vergewaltigung

Erwachsenenalter **Schwere Belastungen vs. Traumata** **(Beispiele – Kasuistiken)**	
Belastung	**Trauma**
> Schwere und anhaltende Armut > Unerfüllte Berufswünsche > Schwere Arbeit, schlechte Arbeitsbedingungen > Anhaltende Partnerschaftskonflikte; anhaltende Konflikte mit nahen Angehörigen; Mißhandlung durch Partner / Angehörige > Jahrelange Pflege von Angehörigen > Gehäufte Todesfälle / Verlust nahestehender Personen, von Partnern oder Kindern > Behinderung der Kinder > Schwere und anhaltende Erkrankungen; gesundheitliche Einschränkungen > Schwere Belastungen durch Kriegserfahrungen und politische Verfolgung (insbesondere Häufung / Persistenz mehrerer Faktoren)	> Vergewaltigung, Massenvergewaltigung im Krieg, jahrelange wiederholte Vergewaltigung in der Ehe > Suizid eines Kindes > Traumatische Kriegserlebnisse: - Schwerste, lange nicht versorgte Kriegsverletzung mit Amputation beider Unterschenkel - Erzwungene Teilnahme an Erschießungskommando; Einkesselung bei Stalingrad - Jahrelange sowjetische Kriegsgefangenschaft unter schwierigsten Bedingungen mit Unterernährung Und Zwangsarbeit - Miterleben schwerster Bombenangriffe mit Tod / Verwundung vieler Menschen - Durch Bomben im Keller eingeschlossen - Ermordung eines behinderten Kindes im Nationalsozialismus

Tabelle 1: Belastungen und Traumata in Kindheit und Erwachsenenalter

Zur Charakterisierung der aktuellen gesundheitlichen und allgemein-körperlichen Situation der Untersuchungsteilnehmer wurden folgende 5 „organischen Variablen" erfaßt: (1) das *Alter*; (2) die *klinischen ICD-9- und ICD-10-Diagnosen*; (3) die *Anzahl der Diagnosen.* (4) Der *Grad Objektiver Gesundheitlicher Belastung (OGB)* wurde als Expertenrating von der Arbeitsgruppe für die Studie entwickelt. Er erfaßt als fünfstufiges Maß den Grad der durch die somatischen Krankheiten bedingten und dauerhaft vorhandenen körperlichen Beeinträchtigungen unter Berücksichtigung des Alters, um bei der Vielzahl somatischer Diagnosen alter Menschen eine Vergleichbarkeit zu ermöglichen. Der OGB wurde von zwei geriatrisch erfahrenen Ärzten unabhängig voneinander und anschließend im Konsensusrating eingeschätzt. Um die tatsächliche Behinderung im Alltag zu erfassen, wurde (5) die von Olbrich, Kruse, Halsig, Roether und Pöhlmann (1994) revidierte Version der klassischen *„Activities of Daily Living-Scale" (ADL)* (Lawton & Brody 1969) eingesetzt. Diese erfaßt, welche alltäglichen Verrichtungen, z.B. waschen, sich kämmen, Nahrung zu sich nehmen, nur noch mit Schwierigkeiten oder gar nicht mehr selbständig möglich sind. Der erreichbare Maximalwert von 46 Punkten wäre einer Schwerstpflegebedürftigkeit gleichzusetzen.

Die Einschätzung des Ausmaßes psychogener und psychosomatischer Beeinträchtigung erfolgte mit dem Beeinträchtigungs-Schwere-Score (BSS) (Schepank 1995), der die Beeinträchtigung durch eine psychogene Erkrankung auf den drei Dimensionen „körperlich", „psychisch" und „sozialkommunikativ" erfaßt. Der BSS war zunächst in Kooperation mit der Mannheimer Arbeitsgruppe für ≥60jährige Menschen adaptiert worden (Schneider, Heuft, Senf und Schepank 1997). Im Sinne einer Punktprävalenz wurde die psychogene Beeinträchtigungs-Schwere für die letzten sieben Tage von zwei Ratern unabhängig voneinander mit anschließendem Konsensusrating bestimmt. Wenn die Diagnosekriterien für eine psychische Störung erfüllt waren, wurde zusätzlich eine ICD-10-Diagnose (Kapitel F) gestellt. Die Kriterien zur Identifikation eines „Falles psychogener Erkrankung" orientierten sich an den im Handbuch beschriebenen mit einem cut-off-point bei einem Summenscore von ≥ 5 (Schepank 1995).

Zur Erfassung des subjektiven Befindens und des Selbstbildes wurden in der gerontologischen Forschung erprobte Selbstauskunfts-Skalen eingesetzt:

Die *Philadelphia Geriatric Center Morale Scale (PGC)* erfaßt anhand von 17 Items die „Aktuelle Lebenszufriedenheit“ mit den Unterskalen „Innere Ruhe“, „Einstellung zum Alter“, „Zufriedenheit mit Beziehungen und Lebensrückblick“ (Lawton 1975), während die *Skalen von Riegel und Riegel* (1960) in ihrer Adaptation von Kruse und Schmitt (1994) anhand von 13 Items die Einstellung zu Gegenwart und Zukunft erfassen. Die *Nürnberger Selbsteinschätzungsliste (NSL)* erfaßt selbstbeurteilte Veränderungen in den Bereichen allgemeine und soziale Aktivitäten, kognitive Leistungen und Befindlichkeit anhand von 20 Items (Oswald & Fleischmann 1986).

Die statistischen Auswertungen erfolgten mit dem Programmpaket „SPSS for Windows“.

3. Zusammenhänge zwischen psychologischen, „organischen“ und biographischen Variablen

Je nach Ausmaß der subjektiv erlebten Belastung und Förderung in den einzelnen Lebensphasen ließen sich drei biographische „Muster“ identifizieren: (1) Probanden, die *nie* mehr Belastung als Förderung erlebt hatten; (2) Probanden, die in *einer* Lebensphase und (3) Probanden, die in mindestens *zwei* oder mehr Lebensphasen mehr Belastung als Förderung erlebt hatten. Diese drei Gruppen unterschieden sich nicht signifikant im Ausmaß der gesundheitlichen Belastung (OGB), wobei aber die am stärksten belastete Gruppe 3 die im Altersdurchschnitt signifikant jüngste und tendenziell funktional am wenigsten behindert war (ADL-Skala). Eine mögliche Erklärung wäre, daß stärker belastete Personen früher sterben und damit unter den Hochbetagten i.S. eines „selektiven Überlebens“ unterrepräsentiert sind.

Die Probanden der Gruppe 3, die über mehrere Lebensabschnitte hinweg stärker belastet als gefördert waren, zeigten das negativste Selbstbild, abgebildet in den Selbstauskunftskalen: Sie zeigten die geringste Lebenszufriedenheit, die geringste selbsteingeschätzte Kompetenz und die negativste Einstellung zu Gegenwart und Zukunft. Interessanterweise hatten jedoch nicht die Probanden, die lebenslang mindestens genau soviel Förderung wie Belastung angaben (Gruppe 1) auch das günstigste Bild von sich und ihrer Situation. Die höchste Lebenszufriedenheit, Alltagskompetenz und die positivste Einstellung zu Gegenwart und Zukunft gab vielmehr die Gruppe von Probanden an, die in *einer* Lebensphase mehr Belastung als Förderung erlebt hatten (Gruppe 2). Diesen Befund könnte man im Sinne einer positiven Lernerfahrung interpretieren: Möglicherweise haben diese Probanden die Erfahrung gemacht, Belastungen überwinden zu können, und können dies auch im Bezug auf die Belastungen des Alterns nutzen.

Außer zwischen Biographie und Selbstbild fand sich auch ein enger Zusammenhang zwischen biographischen Erfahrungen und psychogener Beeinträchtigung (BSS) im Alter. Mit steigender Anzahl von Lebensphasen, für die die Probanden hohe Belastungen und wenig erlebte supportive Faktoren angaben, wuchs die Wahrscheinlichkeit, im Alter zum „Fall einer psychogenen Erkrankung" zu werden, wobei depressive Störungen überwogen. Während nur 10-12 % der Probanden, die für *keine* oder nur für *eine* Lebensphase mehr subjektive Belastung als Förderung angaben, Fallkriterien erfüllten, stieg der Anteil der „Fälle" bei den in drei bis vier Lebensphasen subjektiv stärker belasteten als geförderten Patienten auf 60-67 %. Und alle drei Probanden, die für ihr ganzes Leben mehr Belastung als Förderung angaben, erfüllten die Kriterien eines „Falles" psychogener Erkrankung.

Die Probanden, die für das Erwachsenenalter Traumata i. e. S. erinnerten (Beispiele in Tabelle 1), unterschieden sich bezüglich der psychogenen Beeinträchtigung nicht generell von den restlichen Patienten. Erst wenn supportive Faktoren fehlten, und / oder schwere Belastungen in anderen Lebensphasen hinzukamen, zeigte sich ein BSS-Anstieg im Alter. Dies spricht dafür, daß auch Traumata i. e. S. je nach lebensgeschichtlichen Erfahrungen und aktuellem sozialen Kontext unterschiedlich pathogen wirken können. Allerdings befand sich unter den von uns Untersuchten kein Überlebender des Holocaust. Untersuchungen ehemaliger Konzentrationslagerhäftlinge sprechen dafür, daß die dort erlittenen Traumata in Art, Ausmaß und Auswirkungen über die in Tabelle 1 dargestellten Beispiele hinausgehen und einer gesonderten Betrachtung bedürfen (Eissler 1963; De Wind 1968; Hoppe 1968; Gubrich-Simitis 1979). Eissler sprach von dem „spezifischen Konzentrationslager-Trauma" als dem quantitativ und qualitativ intensivsten, das vorstellbar ist, „weil das Trauma des Konzentrationslagers jenseits des Vergleichbaren und Erfahrbaren steht" (Eissler 1963, S.286).

Insgesamt fanden sich in dem hier vorgestellten internistisch-geriatrischen Krankenhausklientel ≥60jähriger 24,1 % „Fälle" psychogener Erkrankung mit einem aktuellen BSS von ≥5. Rechnet man noch die Patienten hinzu, die mit einem BSS-Score von 3 bis 4 schon eine leichte bis deutliche psychogene Störung (BSS-Handbuch, Schepank 1995) aufweisen, kommt man auf psychogene Störungen in einer Größenordnung von 47,5 %, vergleichbar mit von anderen Autoren angegebenen Zahlen. So schätzten Internisten den Anteil an psychosomatischen Problemstellungen ihrer Patienten auf 20-25 % (Schleberger-Dein, Stuhr und Haag 1994), während die wahren Prävalenzraten psychogener Störungen je nach Fachabteilung auf mindestens 20-40 % geschätzt werden (Herrmann 1997). In einer Bevölkerungsstichprobe 25-, 35- und 45jähriger Probanden, untersucht im Rahmen der Mannheimer Kohortenstudie (Schepank 1987), fanden sich 26 % „Fälle" psychogener Erkrankung.

Das Expertenrating psychogener Beeinträchtigung korrelierte nicht signifikant mit den „organischen“ Variablen Alter, funktionale Kapazität (erfaßt mit den ADL-Skalen) und Grad Objektiver Gesundheitlicher Belastung (OGB). Alter, Behinderung oder schwere körperliche Erkrankung führten somit nicht per se zu psychischer Dekompensation und psychogener Symptombildung.

Die aktuelle gesundheitliche Situation zeigte hingegen einen signifikanten Zusammenhang zu den Selbstauskunftsskalen (Tabelle 2).

	Alter	**OGB Objektive Gesundheitliche Belastung**	**ADL Funktionale Kapazität**
PGC Lebenszufriedenheit	-.26 $p \leq 0{,}006$	-.22 $p \leq 0{,}018$	-.40 $p \leq 0{,}000$
NSL Erlebte Alltagskompetenz	-.33 $p \leq 0{,}000$	n.s.	-.28 $p \leq 0{,}002$.
Riegel-Skalen Einstellung zu Gegenwart und Zukunft	-.37 $p \leq 0{,}000$	n.s.	-.46 $p \leq 0{,}000$

Tabelle 2: Korrelationen zwischen den "organischen" Variablen und den Selbstauskunftdaten

Die Lebenszufriedenheit (erfaßt mit PGC) sank signifikant mit steigendem Alter, gesundheitlicher Beeinträchtigung (OGB) und insbesondere zunehmender funktionaler Behinderung (ADL). Auch die selbst erlebte Kompetenz (NSL) wurde mit steigendem Alter und zunehmender funktionaler Behinderung geringer eingeschätzt und die Einstellung zu Gegenwart und Zukunft wurde negativer (Riegel-Skalen).

Dabei wirkte sich am deutlichsten das Ausmaß der Behinderung auf das Selbstbild aus. Mit steigender Anzahl an Tätigkeiten, die die Probanden nicht mehr selbständig ausführen konnten und somit steigender Abhängigkeit von der Hilfe anderer, wuchs die Unzufriedenheit mit der jetzigen Situation, die Probanden erlebten sich als wenig kompetent und blickten pessimistisch in die Zukunft.

Wie unsere Ergebnisse zeigen, wirkt sich auf das Selbstbild im Alter zum einen die aktuelle gesundheitliche Situation, stärker jedoch noch das Ausmaß funktionaler Behinderung im Alltag aus. Von großer Bedeutung für die Bewältigung der altersspezifischen Entwicklungsaufgaben und Belastungen erwies sich aber auch die subjektive Einschätzung lebensgeschichtlicher Faktoren, insbesondere der Relation von belastenden zu supportiven Faktoren. Ein Überwiegen von Belastungen in nur *einer* Lebensphase, die überwunden werden konnten, waren mit einem positiven Selbstbild assoziiert, während schwere und anhaltende Belastungen über mehrere Lebensabschnitte in Relation mit wenig supportiven Faktoren mit einem negativen Selbstbild und einer erhöhten Wahrscheinlichkeit, im Alter psychogen zu erkranken, einhergingen.

Von praktischer Bedeutung erscheint die Beobachtung, daß im Allgemeinkrankenhaus eine Risikogruppe ≥ 60jähriger identifizierbar ist, die vor dem Hintergrund schwerer und anhaltender biographischer Belastungen unter den spezifischen Entwicklungsaufgaben, die das Altern mit sich bringt, für psychische Dekompensation und psychogene Symptombildung gefährdet erscheint und bei der präventive psychotherapeutische Interventionen zu diskutieren wären.

Literatur

Baeyer, W. v.; Häfner, H.; Kisker, H. P. (1964): Psychiatrie der Verfolgten. Heidelberg: Springer

Blazer, D. G. (1980): The epidemiology of mental illness in late life. In: Busse, E. W.; Blazer, D. G. (Hrsg.): Handbook of geriatric psychiatry

Cooper, B.; Sosna, U. (1983): Psychische Erkrankungen in der Altenbevölkerung. Nervenarzt 54, 239-249

Cooper, B. (1980): Die Rolle von Lebensereignissen bei der Entstehung von psychischen Erkrankungen. Nervenarzt 51, 321-331

De Wind, E. (1968): Begegnung mit dem Tod. Psyche 6, 423-463

Dilling, H. (1984): Psychische Erkrankungen in der Bevölkerung. Stuttgart: Enke

Egle, U. T.; Kissinger, D.; Schwab, R. (1991): Eltern-Kind-Beziehung als Prädisposition für ein psychogenes Schmerzsyndrom im Erwachsenenalter. Psychother. Psychosom. Med. Psychol. 41, 247-256

Eissler, K. R. (1963): Die Ermordung von wievielen seiner Kinder muß ein Mensch symptomfrei ertragen können, um eine normale Konstitution zu haben? Psyche 17, 241-291

Erikson, H. E. (1982): The life cycle completed. New York London: Norton WW&Co.

Gubrich-Simitis, I. (1979): Extremtraumatisierung als kumulatives Trauma. Psyche 33, 991-1023

Herrmann, C. (1997): International Experiences With the Hospital Anxiety and Depression Scale - a Review of Validation Data and Clinical Results. J. Psychosom. Res. 42, 17-41

Heuft, G. (1993): Psychoanalytische Gerontopsychosomatik - Zur Genese und differentiellen Therapieindikation akuter funktioneller Somatisierung im Alter. Psychother. Psychosom. Med. Psychol. 43, 46-53

Heuft, G. (1994): Der Zusammenhang zwischen lebenslanger Entwicklung und Ausbildung akuter funktioneller Körpersymptome im Alter. In: Heuft, G.; Kruse, A.; Nehen, H. G.; Radebold, H. (Hrsg.): Interdisziplinäre Gerontopsychosomatik. München: MMV, 20-30

Heuft, G.; Kruse, A.; Nehen, H. G.; Radebold, H. (Hrsg.) (1994): Interdisziplinäre Gerontopsychosomatik. München: MMV

Hoppe, K. D. (1968): Psychosomatische Reaktionen und Erkrankungen bei Überlebenden schwerer Verfolgung. Psyche 22, 464-477

Katschnig, H. (1980): Methodische Probleme der Life-Event-Forschung. Nervenarzt 51, 332-343

Krampen, G.; Fähse, D.; Gross, S. (1993): Biographische Rekonstruktion und Wohlbefinden im höheren Lebensalter. Z. Gerontopsychologie und -psychiatrie 6, 229-240

Kruse, A.; Schmitt E. (1994): Wurden die in der Lagerhaft erlittenen Traumatisierungen wirklich verarbeitet? In: Heuft, G.; Kruse, A.; Nehen, H.-G.; Radebold, H. (Hrsg.): Interdisziplinäre Gerontopsychosomatik. München: MMV, 31-42

Lawton, M. P.; Brody, E. M. (1969): Assessment of Older People: Self-Maintaining and Instrumental Activities of Daily Living. Gerontologist 9, 179-186

Lawton, M. P. (1975): The Philadelphia Geriatric Center Morale Scale: A Revision. Journal of Gerontology 30, 85-89

Lehr, U. (1987): Erträgnisse biographischer Forschung in der Entwicklungspsychologie. In: Süttemann, G.; Thomae, H. (Hrsg.): Biographie und Psychologie. Berlin: Springer, 217-248

Matussek, P. (1971): Die Konzentrationslagerhaft und ihre Folgen. Heidelberg: Springer

Olbrich, E.; Kruse, A.; Halsig, N.; Roether, D.; Pöhlmann, D. (Hrsg.) (1994): Möglichkeiten und Grenzen selbstständiger Lebensführung im Alter. Bonn: Bundesmininisterium für Familie und Senioren

Oswald W. D.; Fleischmann, U. M. (1995): Nürnberger-Selbsteinschätzungs-Liste NSL. In: Nürnberger-Alters-Inventar (NAI). Göttingen Bern Toronto Seattle: Hogrefe, 266-276

Radebold, H. (Hrsg.) (1997): Altern und Psychoanalyse. Göttingen: Vandenhoek & Ruprecht

Riegel, K. F.; Riegel, R. M. (1960): A study on changes of attitudes and interests during later years of life. Vita Humana 3, 177-206

Schepank, H. (1987): Psychogene Erkrankungen der Stadtbevölkerung. Eine epidemiologisch-tiefenpsychologische Feldstudie in Mannheim. Berlin: Springer

Schepank, H. (1995): Der Beeinträchtigungs-Schwere-Score (BSS). Ein Instrument zur Bestimmung der Schwere einer psychogenen Erkrankung. Göttingen: Beltz Test

Schleberger-Dein, U; Stuhr, U.; Haag, A. (1994): Die psychosomatisch-psychosoziale Versorgungssituation im Akutkrankenhaus - Ergebnisse einer Befragung internistischer Stationsärzte und -ärztinnen. Psychother. Psychosom. Med. Psychol. 44, 99-107

Schneider, G.; Heuft, G.; Senf, W.; Schepank, H. (1997): Die Adaptation des Beeinträchtigungs-Schwere-Score (BSS) für die Gerontopsychosomatik und Alterspsychotherapie. Z. psychosom. Med. 43 (3) (im Druck)

Siegrist, J. (1980): Die Bedeutung von Lebensereignissen für die Entstehung körperlicher und psychosomatischer Erkrankungen. Nervenarzt 51, 313-320

Süttemann, G.; Thomae, H. (1987): Biographie und Psychologie. Berlin: Springer

Weltgesundheitsorganisation (1993): Internationale Klassifikation psychischer Störungen. ICD-10 Kapitel V (F).

Das Altern der Brüder Jacob und Wilhelm Grimm

Klaus Müller

Dem Thema „äußere und psychische Realität im Alter" folgend, gehe ich zunächst von dem Umfeld aus, dem sich die Brüder Grimm im Alter gegenübersahen - um dann ihre sich verändernde psychische Situation zu beleuchten.

Nach dem Protest der sieben Göttinger Professoren und nach ihrer Entlassung im Jahre 1837 zogen sich Jacob und Wilhelm Grimm ins vertraute Kassel zurück, wo sie von ihrem jüngsten Bruder, Ludwig, aufgenommen wurden; sie richteten sich dort auf ein bescheidenes Leben als Privatgelehrte ein. Im Jahre 1840 erhielten Jacob und Wilhelm Grimm gemeinsam einen Ruf nach Berlin, wo sie bis zu ihrem Tode lebten. Dieser Ruf war ihrer Reputation zu danken sowie dem unermüdlichen Einsatz Bettina von Arnims für die beiden Brüder. Erstaunlich ist diese Doppel-Berufung zum einen, weil sie ihrer „Unzertrennlichkeit" Rechnung trug - und zum anderen, weil es eigentlich keine freie Professorenstelle in Berlin gab. Aber in jener Zeit (spätestens seit der „fraternité" der Französischen Revolution) hatte „Brüderlichkeit" einen tieferen Klang. Bei ihrer Umsiedlung nach Berlin waren die beiden Brüder 54 und 55 Jahre alt. Die Phase des Alterns und des Alters verbrachten die beiden in Berlin, und dort sind sie begraben: Wilhelm starb 1859 und Jacob 1863; er lebte bis zu seinem Tode in der Familie Wilhelms.

1. Die Brüder in ihrem Berliner Umfeld

Schon zur Zeit des Biedermeier war Berlin eine Stadt im Umbruch - ähnlich wie heute auch. Jacob hatte 1841 für die Familie Wilhelms und für sich eine ruhige Wohnung am Rande des Tiergartens gefunden. Aber es zeigte sich: Damals wie heute fanden heftige Veränderungen statt. Und so schrieb Wilhelm an seinen Bruder Ludwig (am 14.2.57): „In unserer Nähe wird immerzu gebaut, an dem neuen Kanal, den du noch nicht kennst (...) wächst ein Haus nach dem anderen hervor, und es gibt da eine neue Stadt (...) (Schoof 1964, S. 23) - oder: „Als ich nach der Krankheit zuerst wieder ausging, war ein neuer Platz und zwei neue Straßen entstanden, so wächst sie immerzu." So wohnten die sogenannten „Märchenbrüder" aus dem Hessischen in Berlin einer beschleunigten Veränderung der Lebensverhältnisse bei, die wir zu Unrecht nur unserer Zeit zuschreiben möchten und nicht im Biedermeier vermuten.

In Berlin sahen sich die beiden einer Vielzahl von beruflichen sowie gesellschaftlichen Verpflichtungen gegenüber; zu diesen gehörten auch Einladungen zu Gesellschaften am Hofe Friedrich Wilhelms IV oder von Savigny, ihrem Professor aus der Marburger Zeit, nunmehr preußischer Minister, oder die häufigen Besuche von Bettina von Arnim sowie vieler anderer. Besorgt schrieb ihr Bruder Ludwig, als er Jacob und Wilhelm besuchte, einem Freund nach Kassel: „ (...) es ist hier oft wie in einem Taubenschlag, wo die Leute ein- und ausfliegen. Soviel weiß ich, daß ich hier nicht leben könnte. Jacob sieht noch sehr angegriffen aus (...) Wenn er nur nicht zu viel arbeitete." Tatsächlich kam manche Arbeit langsamer voran als erwartet. So hatten die Brüder mit den umfangreichen Vorarbeiten für das Deutsche Wörterbuch schon 1838 begonnen, aber erst 1852 konnte der erste Band vollständig erscheinen. Zu ihren Aufgaben gehörten immer wieder Vorträge in der Akademie, die sie selbst hielten bzw. zu besuchen hatten. Hinzu kamen bald ihre Vorlesungen an der Universität: Insgesamt blieb also wenig Muße zum ungestörten Arbeiten, worüber besonders Jacob klagte, denn aus inneren Gründen (d.h. aufgrund seiner präödipalen Problematik, vergl. Müller, 1996) brauchte er die Arbeit ebenso wie den sicheren Hintergrund, den Wilhelm und seine Familie ihm boten. 1846 und 1847 hatte Jacob den Vorsitz des 1. und des 2. Germanistentages inne: Er war zu einer Autorität in der Rechts-, Geschichts- und Sprachwissenschaft geworden. Diese drei Disziplinen hatte er in einer Reihe von Arbeiten behandelt und zu integrieren gesucht - und tatsächlich waren auf diesen Germanistentagen Vertreter aller drei Disziplinen versammelt.

Das Jahr 1848 brachte die Märzrevolution und Vor-Wahlen in Berlin. Ich möchte Ihnen den Eindruck nicht vorenthalten, den Jacob hier auf Fontane machte. „Und dann schritt der alte Jacob Grimm auf das Podium zu, der wundervolle Charakterkopf - ähnlich wie der Kopf Mommsens sich dem Gedächtnis einprägend - von langem, schneeweißem Haar umleuchtet, und sprach irgendwas von Deutschland, etwas ganz allgemeines, das ihm, in jeder richtigen politischen Versammlung, den Ruf „zur Sache" eingetragen haben würde. Dieser Ruf unterblieb aber, denn jeder war betroffen und gerührt von dem Anblick und fühlte, wie weit ab das auch liegen mochte, daß man ihm folgen müsse, wollend oder nicht" (Schoof 1964, S.56). Dies Zitat läßt erkennen, daß der scharfsichtige Fontane bei Jacob wichtige Züge des Alters verkörpert sah: die Neigung, sich abzulösen vom Konkreten, von der Enge des aktuell Sachlichen, vom Sachstand, wie es heute heißt - und Fontane weiß auch um die eigenartige Aggressions- und Kritikhemmung, die der ehrfurchtgebietende und zugleich rührende Alte auslöste (...) Hier streife ich schon die innere Realität - möchte aber kurz noch bei der äußeren Situation bleiben: Im Jahr 1848 wurde Jacob Grimm zum Abgeordneten in der Frankfurter Paulskirche, dem ersten deutschen Parlament gewählt. Die Anträge, die Jacob Grimm im Parlament einbrachte, waren nicht sehr erfolgreich und nach einem halben Jahr gab er sein Mandat auf und ging zurück nach Berlin. Mit dem Beginn der fünfziger Jahre zogen sich die Brüder aus dem gesellschaftlichen Leben zurück. Universitätsvorlesungen hielt Jacob ab 1848 nicht mehr, Wilhelm gab sie 1853 auf - mit 67 Jahren. Die Arbeit an der Akademie wurde jedoch auch nach ihrem Rückzug von der Lehre und dem gesellschaftlichen Leben fortgesetzt, und weitere Arbeiten beider Brüder erschienen auch in der Folgezeit. Die meiste Zeit aber beanspruchte das Deutsche Wörterbuch; und so sind eine Reihe von Altersprojekten schließlich liegengeblieben.

2. Gemeinsamkeiten und Unterschiede

Trotz ihrer weitgehend gemeinsam verbrachten Vita nahm im Verlauf der Jahre die Gemeinsamkeit zwischen Jacob und Wilhelm nicht zu; man kann sogar sagen, daß die beiden einander eher unähnlicher wurden.

Spät zwar, d.h. mit 39 Jahren, hatte Wilhelm geheiratet; eine Frau, die beiden Brüdern lange vertraut war - als eine der Märchenzuträgerinnen aus der Kasseler Jugendzeit. Mit ihr hatte er drei Kinder. Interessant ist, daß die Lebensgemeinschaft der Brüder auch im weiteren erhalten blieb, die Arbeitsgemeinschaft jedoch nicht: Hier gingen sie zunehmend getrennte Wege. Genaugenommen war ihre berühmte Arbeitsgemeinschaft bereits seit 1815 sehr vermindert, als nämlich eine deutliche Veränderung in Jacobs Interessen und Arbeitsweise eintrat. Jacob Grimm hat es sichtlich nie gelegen, Vorlesungen zu halten. Immer mehr hatte er sich zum Forscher entwickelt. Erstaunlich ist, daß es ihm gelang, in seinem ganzen Forscher-Leben keine einzige Prüfung abzulegen. Auch hier war er ein Meister lebenskluger Arrangements. Wilhelm hingegen hatte sein Jura-Studium brav mit einem Abschluß beendet, sich später aber im Unterschied zu Jacob nie mit juristischen Themen befaßt. Er blieb in seiner Arbeit den Märchen und Heldensagen und ihren Bearbeitungen verbunden und war dem Systematischen ferner. Wilhelm hatte innerlich das väterliche Erbe dauerhaft ausgeschlagen - anders als Jacob. Jacobs Vorlesungen konnte man nur mühsam folgen; Wilhelm wurde im Unterschied zu Jacob von den Studenten gern gefeiert. Wilhelm war in der Arbeit wie im Leben weniger bedacht, sich abzugrenzen; Jacob war vor anderen eher befangen, er konnte jedoch scharf und auch polemisch in seinem kritischen Urteil sein und im Alter andere befangen machen. Jacob unternahm im Alter eine Reihe von Reisen ins Ausland - Wilhelm hingegen hat Deutschland nie verlassen. Politisch kann man Jacob im Alter eher zu den damaligen Liberalen rechnen, Wilhelm hingegen zu den Konservativen. In fortgeschrittenem Alter wurde Jacob Grimm stark schwerhörig, was ihn am wenigsten zu stören schien. Wilhelm kränkelte wie eh; teils handelte es sich dabei um psychosomatische Beschwerden. Wilhelm war der Musischere der beiden - und auch der Geselligere. Dies wird auch in ihren Briefen deutlich. Wilhem konnte dort auch persönliche Themen ansprechen. Jacobs brieflicher Austausch reichte über ganz Europa - seine Briefe waren jedoch ganz überwiegend fachlich- sachlicher Natur und mieden das Persönliche. Eine Ausnahme bilden die Jugendbriefe an Wilhelm.

3. Zur Verarbeitung von Kritik

Bisher wurde die Darstellung auf die äußere Realität beschränkt, in der die beiden lebten, und es wurde ihre Verschiedenartigkeit herausgestellt, die in Biographien im allgemeinen harmonisierend übergangen und eingeebnet wird. Im folgenden möchte ich die Frage untersuchen, ob die beiden Brüder, die fast ihr ganzes Leben zusammen verbracht hatten, *auf unterschiedliche Art alterten.* Ich möchte hierzu von Jacob Grimms Rede „Über das Alter“ ausgehen, die er kurz nach dem Tod seines Bruders in der preußischen Akademie der Wissenschaften hielt. Der Ton dieses originellen Essays ist im wesentlichen ein gelassen-heiterer. Dies spricht dafür, daß er größtenteils - bis auf einen Einschub - *vor* dem Tod des Bruders geschrieben wurde. Hier soll keine Textinterpretation versucht werden; ich möchte aus dieser Rede nur wenige Punkte herausgreifen. Inhaltlich möchte ich zunächst auf die geistreiche Passage über Habsucht und Geiz eingehen:

> „ (...) gleich altem Wein nehmen Greise auch Säure an, doch wird nicht jeder alternde Wein sauer. Altfränkisch, an Bräuchen und Gewohnheiten seines früheren Lebens festhangend, erklärt sich von selbst und ist auch nicht ohne guten, wahren Sinn, denn welchem Menschen erschienen nicht Erinnerungen aus seiner Jugend wert und höher beleuchtet?“
> „Während fast alle Leidenschaften im Alter erblassen und sich abstumpfen, wächst die Habsucht und nimmt mit den Jahren zu, sie ist gerichtet auf einen Gegenstand, der sich im Liegen mehrt, d.h., durch unablässige Wachsamkeit verdoppelt oder verzehnfacht werden kann, woraus ein zwar ängstliches aber behagendes Gefühl der Sicherheit in allen noch bevorstehenden Lebensverhältnissen entspringt. Der Geizige liegt auf seinem Golde, einem hütenden Drachen gleich, wie der nordischen Sage zufolge Attila auf dem Nibelungenhort eingesperrt hungers starb“ (zit. nach Wyss 1984, S. 227-228).

Und Jacob Grimm zieht hier eine für ihn typische Parallele: Er erinnert daran, „daß die Heiden in ihre Grabhügel Knechte, Rossen, Waffen, Ringe mitbestatten ließen, deren sie, im andern Leben angelangt, sich alsogleich wieder bedienen könnten“. So spricht er die Neigung der Alten aus, *an Besitz und Geld - und - im übertragenen Sinne: an Bekanntem festzuhalten* und damit immer *konservativer* zu werden. In diesem Zusammenhang - und im Kontrast hierzu erscheint die folgende Passage überraschend und bemerkenswert, in der er schreibt (Wyss 1984, S.231):

„Zu also ungetilgter Arbeitsfähigkeit und ungetrübter Forschungslust gesellt sich aber ein anderer und höherer Vorzug (des Alters nämlich - K.M.), der zusamt mit dem Alter wachsenden und gefestigten freien Gesinnung (...) Je näher wir dem Rande des Grabes treten, desto ferner weichen von uns sollten Scheu und Bedenken, die wir früher hatten, die erkannte Wahrheit, da wo es an uns kommt, auch kühn zu bekennen. Auf ihrem Verleugnen beruht der Fortbestand und die Verbreitung schädlicher und großer Irrtümer."

Im folgenden spricht Jacob von der wünschenswerten Verfassung für das Land. Dies machte mich neugierig darauf, welche Entsprechung diese Bemerkungen im Leben Jacob Grimms hatten - wie weit Jacob selbst diesem Bild entsprochen hat - und wie weit sein Bruder Wilhelm? Zur Beantwortung dieser Frage muß ich einen kurzen Rückblick auf das Leben der Brüder einschieben. Mit etwa 30 Jahren hatten Jacob und Wilhelm, nachdem sie ihre Märchen herausgebracht hatten, eine Zeitschrift herausgegeben, die sich „Altdeutsche Wälder" nannte. Ihre Bemühungen um altdeutsches, volkstümliches Brauch- und Schrifttum, das sie in in dieser Zeitschrift darstellten, hatte 1815 eine vernichtende Kritik von seiten eines Intellektuellen, eines mit der klassischen Philologie Vertrauten, nämlich von August Wilhelm Schlegel, hinnehmen müssen. Dieser mokierte sich scheinbar wohlmeinend über die Begeisterung der beiden autodidaktischen Brüder für altdeutsches Volksgut. Während sich Wilhelm dieser z.T. fundierten, scharfsinnigen und mindestens erwägenswerten Kritik innerlich verschloß - und seine Sammlungen unbeirrt fortsetzte, hatte dieser Verriß auf Jacob einschneidende Wirkung: Er muß sich bei seinen wenig fundierten Sprachspekulationen ertappt gefühlt haben. Bemerkenswert ist nun, daß Jacob Grimm im folgenden diese Kritik offenbar sorgfältig durcharbeitete und daß er in sicherlich mühsamer und schmerzlicher Arbeit das Verletzende vom Berechtigten zu trennen wußte. Diese psychische und sachlich-inhaltliche Arbeit ist um so höher zu bewerten, als Jacob eine kränkbare Persönlichkeit war, wie viele Quellen deutlich machen. Ein Ergebnis des Durcharbeitens dieses kritischen Angriffs war, daß es Jacob nun möglich wurde, eine mehrbändige, historisch konzipierte Deutsche Grammatik zu entwerfen und in erstaunlich knapper Zeit den ersten, umfangreichen Band vorzulegen. Dies kann am ehesten verständlich werden, wenn man annimmt, daß Jacobs Hinwendung zur Sprachforschung, die er zunächst in der "Deutschen Grammatik" realisiert, weitgehend der Integration eines männlich-kritischen Elements zu danken ist, das er sich über die Kritik Schlegels angeeignet hatte. Daß es sich hierbei nicht nur um eine Identifizierung mit dem Aggressor (Schlegel) handelte, dafür spricht eindeutig die Originalität und Fruchtbarkeit der folgenden Arbeitsperiode. Nach dem Aufgeben seiner spekulativen "etymologischen Sündenversuche" und dem weiteren Abrücken von Arnim und Brentano wurde Jacob zu dem großen "Einzelgänger," als den ihn Denecke (1971) trotz der brüderlichen Schicksalsgemeinschaft bezeichnete. Nun konnte er neben seine Sammlungen, die er in enger Gemeinsamkeit mit dem Bruder realisiert hatte, ein systematischeres, analytisches Arbeiten stellen, indem er die kritisch-historische Methode seines juristischen Lehrers Savigny mit der seiner eigenen Sprachforschung verband und das spekulative, wunschgeleitete Denken zu zügeln suchte.

Diese anerkennende Umwandlung bedeutet zugleich eine Wiedergutmachung an dem Juristen Savigny, den er mit seiner Abkehr von den Rechtswissenschaften "verlassen" hatte. Auch inhaltlich widmete Jacob Grimm sich, z.B. mit dem Aufsatz: "Von der Poesie im Recht" oder mit "Deutsche Rechtsaltertümer" immer wieder juristischen Themen auf die ihm eigene Art - und suchte so sicherlich auch den inneren, gleichfalls von ihm verlassenen Vater zu versöhnen und das väterliche Prinzip anzuerkennen. Dies zeigt sich auch darin, daß er Savigny den 1. Band der deutschen Grammatik widmete (und obwohl dieser nicht antwortete, wurde die - von beiden Seiten ambivalente - Beziehung aufrechterhalten). Mit dem Durcharbeiten von Schlegels Kritik konnte sich Jacob im folgenden in seinen Werken zur deutschen Sprache, Mythologie und Rechtskunde neue Objekte erschaffen, die ihm das Gefühl geben konnten, gut zu sein - ein Gefühl, das er nicht aus befriedigenden intimen Erfahrungen beziehen konnte, und das er sich mit einem Fleiß erarbeitete, der seinen Zeitgenossen unheimlich war. Der Zugang zu unbewußtem Material erschloß sich ihm im folgenden nicht mehr nur durch die Arbeit an den Märchen und ähnlichen Stoffen. Die Sprache selbst wurde, insbesondere in ihren alten Texten, für Jacob Grimm zu einem Ideal-Objekt (wie es zuvor die Märchen und Sagen gewesen waren), zu einer Quelle, aus der ihm beim Wieder- und Wiederlesen von Texten Einfälle aufstiegen, die er im folgenden bearbeitete (vergl. Maler 1987). Mit der Arbeit an der Grammatik wandelte sich auch Jacobs Arbeitsstil. Ein mehrbändiges Werk verlangte einen langen Atem und viel Überblick - handelte es sich doch um eine Darstellung der germanischen Sprachen, ihrer gewachsenen Zusammenhänge und der Lautverschiebungen, deren Gesetzmäßigkeit sich nun erst aufzeigen ließ. In diesem Werk erfolgte das, was Elliot Jaques (1991) eine „gestaltete Kreativität“ nennt: das Ausgestalten und Durcharbeiten einer (ursprünglichen) Idee - eine Art der Kreativität, die für die zweite Lebenshälfte charakteristisch ist. Jacob beschritt im folgenden diesen Weg in zahllosen anderen Schriften, vor allen in seiner „Geschichte der deutschen Sprache“.

Die Unterschiede zwischen den Brüdern traten deutlicher erst *nach* dem Durcharbeiten von Schlegels Kritik zutage. Seit dieser Zeit erschienen kaum noch gemeinsame Arbeiten - und nach der Heirat Wilhelms keine mehr: Jacob hatte Wilhelm die Arbeit an den Märchen überlassen, Wilhelm hatte seinerseits Jacob andere Stoffe übertragen. Die spätere Wörterbuch Arbeit erfolgte parallel, nicht eigentlich gemeinsam. Wilhelm hingegen verfolgte weiter die unsystematische, die „wilde Philologie“ und verwahrte sich um seiner andersartigen Lebendigkeit willen gegen Jacobs Wunsch nach strengerer etymologischer Ableitung der zu bearbeitenden Wörter (vergl. Henne, 1986). Diese Auffassung ermöglicht es, Jacobs Durcharbeiten der Kritik Schlegels zu verstehen als ein Erringen der *depressiven Position*;

zweifellos war auch für Jacob die Versuchung groß, eine solche Kritik wie sein Bruder Wilhelm als feindlich und ungerecht abzuwehren - und sich so einen äußeren Feind zu erschaffen und einen inneren Verfolger zu bewahren.

4. Versöhnungsarbeit und Altern

Wenn nun Jacob Grimm diese psychische Arbeit, anders als der Bruder Wilhelm, nachhaltiger geleistet hat, dann müßte sich dies auch in anderer Hinsicht zeigen. Daß Jacob sich weitere Arbeitsfelder als Forscher erschließen konnte, mag man zunächst seiner größeren Begabung zuschreiben. Wir können aber vermuten, daß eine Persönlichkeit, die sich nicht nur in diesem Falle einer solchen inneren Integrationsarbeit unterzogen hat, auch im weiteren zu einer *Versöhnungsarbeit* fähig ist, die ihn vom Bruder unterscheiden müßte. Ließen nun die beiden Brüder eine solche Differenz erkennen? Im Rahmen der Familie war Jacob als der Älteste ein strenges Oberhaupt für seine Geschwister; die Briefe der beiden lassen jedoch erkennen, daß Wilhelm der Unversöhnlichere der beiden war (z.B. dem Bruder Ferdinand gegenüber). Ähnliches läßt sich viel später an folgendem Ereignis aufzeigen: Hoffmann von Fallersleben brachte 1844 die Brüder in Bedrängnis, nachdem er wegen seiner „unpolitischen Lieder" vom preußischen König seiner Professur enthoben worden war (1842). Er erschien bei einer Geburtstagsfeier bei den Brüdern Grimm und ließ sich vor deren Haus von den Studenten feiern. Die Brüder hatten sich (nach ihren Göttinger Erfahrungen) politischer Stellungnahmen in Berlin enthalten. Die Loyalität gegenüber dem preußischen König, der sie aus dem Kasseler Exil nach Berlin berufen hatte, schien ihnen dies zu verbieten: Nun schien ihnen plötzlich mit der Nähe zu Hoffmann eine weitere Vertreibung möglich; und

Hoffmann von Fallersleben wurde tatsächlich zwei Tage später ausgewiesen. Die Brüder Grimm distanzierten sich öffentlich von ihm und seinem Auftritt, was ihnen wiederum von manchem verübelt wurde. Charakteristisch ist nun, daß Wilhelm sich - anders als Jacob - nie mehr mit Hoffmann versöhnte; und dem entspricht auch, daß sicherlich eine Versöhnung mit der langjährigen Freundin Bettina von Arnim, die die Partei Hoffmanns ergriffen hatte, von Wilhelms Seite wohl unterblieben wäre, wenn nicht beider Kinder, d.h., die Tochter Bettinas und der Sohn Wilhelms, die Initiative ergriffen und sich verlobt hätten. In diesem Kontext erst wurde eine Versöhnung Wilhelms mit Bettina möglich (erst kurz nach dem Tod Wilhelms, 1859 heirateten „die Kinder"); dieser Unterschied der Versöhnungsbereitschaft und -fähigkeit zwischen den beiden Brüdern läßt sich auch mit anderen Beispielen belegen.

Man kann sich nun fragen, ob der geringeren Versöhnungsbereitschaft Wilhelms eine politisch am Alten hängende, *konservativere Einstellung* entspricht. Ich möchte hier erinnern an Jacobs politische Bemerkungen in seiner Rede über das Alter. Im Leben war *er* die treibende Kraft für den empörten Abgang aus Kassel gewesen - *er* hatte sich besonders brüskiert gefühlt in Göttingen durch die Anmaßung des neuen Königs und hatte wesentlich den Göttinger Protest der sieben Professoren mitgestaltet, und folglich war er es (und nicht Wilhelm), der das Land sofort verlassen mußte. Und 1848, als Abgeordneter in der Frankfurter Paulskirche, stellte Jacob Grimm folgenden Antrag auf eine Präambel zu den gerade formulierten Grundrechten: „Alle Deutschen sind frei und deutscher Boden duldet keine Knechtschaft. Fremde, Unfreie, die auf ihm verweilen, macht er frei (...)" Mit diesem Antrag fand er (wie mit seinen übrigen) keine Mehrheit. Aber noch heute muten diese Gedanken modern an; Jacob Grimm war kein enger Deutschtümler; er suchte zu integrieren, ohne Differenzen zu leugnen. 1849 schrieb Jacob in einem Brief (an Waitz): „Je älter ich werde, desto demokratischer werde ich. Säße ich nochmals in der Paulskirche, ich würde viel mehr mit Uhland (und Schoder) stimmen, denn die Verfassung in die Geleise der bestehenden Verhältnisse zu zwängen, kann zu keinem Heil führen (...)“ (Schoof 1964, S.57). Seine psychische Integrationsarbeit und seine politische Tätigkeit hatten ihn auch späterhin flexibler, auf Veränderung drängender, liberaler und demokratischer werden lassen und hatten insgesamt seinem geistigen Schaffen einen weiteren Horizont eröffnet. Seine Korrespondenz reichte in alle Winkel Europas, und oft ist sie in der jeweiligen Landessprache verfaßt.

Ich bin der Auffassung, daß die größere Flexibilität Jacobs, die er im Alter zeigt, im wesentlichen Folge einer psychischen Arbeit ist, die zu leisten für ihn noch nötiger war als für Wilhelm - hatte doch dieser im persönlichen und intimen Kontakt die Möglichkeit gefunden, sich aufgehoben, zugehörig und letztlich gut zu fühlen; dies suchte Jacob sich jeweils zu erarbeiten - mitunter im Rahmen einer intellektuellen Auseinandersetzung und Wahrheitssuche, oft aber im Rahmen einer einsamen psychischen Integrations- und Wiedergutmachungsarbeit, die Züge einer Selbstanalyse hat; so nutzte er regelmäßig seine Spaziergänge und das Wiederlesen von Texten, um Einfälle aufsteigen zu lassen (Maler 1987, S. 101). Und dieser fortwährenden psychischen Arbeit ist wohl auch der gelassen-heitere Ton seiner „Rede über das Alter“ zu verdanken. Am Ende dieser Rede schreibt er: „Ich glaube, manches zur Stütze der Ansicht vorgebracht zu haben, daß *das Alter* nicht einen bloßen Niederfall der Virilität, vielmehr *eine eigene Macht* darstelle, die sich nach ihren besonderen Gesetzen und Bedingungen entfalte (...)“ Mir scheint, daß dieser Gedanke von einer eigenen Qualität dieses Lebensabschnittes, den Jacob hier äußert und teilweise bereits ausführt, auch heute noch längst nicht ausgeschöpft, ja oft kaum rezipiert worden ist.

Die von mir herausgestellten Unterschiede zwischen diesen beiden Grimm-Brüdern sollte man jedoch nicht im Sinne eines Gegensatzes auffassen: So blieben beide im Alter bei aller Verschiedenheit psychisch weitgehend gesund, arbeitsfähig und in gewissem Sinne heiter - sie kamen aber auf verschiedene Weise dazu. „Seine (Wilhelms) Art war es, das Mögliche beharrlich zu erstreben, nicht das Unabsehbare rücksichtslos anzustreben", wie es sich Jacob so oft zur Aufgabe machte; vergl. Denecke (1971, S. 185). Beide Brüder hielten - jeder für sich - lebendigen Kontakt zu Bereichen, deren Dynamik eine nur teilweise bewußte war; Wilhelm bewahrte ihn zum Märchen und Jacob zur Muttersprache sowie zu den verwandten Sprachen (vergl. Müller 1996).

Die Lebensklugheit dieses lebenslang Einsamen hatte, neben seiner Versöhnungs- und Wiedergutmachungsarbeit, darin bestanden, daß er seine Rückzugsneigung und Depressionsbereitschaft und die damit verbundenen (weitgehend präödipalen) Konflikte nicht mit Hilfe mehr oder weniger deformierender Abwehr zu erledigen suchte, sondern daß er sich zeitlebens ein ausgewogenes Anpassungssystem schuf, das seiner Problematik Rechnung trug und seine Intimitäts- und Trennungsängste linderte. So hatte er mit Hilfe Wilhelms, der um die Bedrohtheit des großen Bruders wußte, in dessen Familie ein Beziehungsnetz gesucht und mit geschaffen, das ihn auch nach Wilhelms Tod mittragen konnte - und Jacob Grimm hatte andererseits mit seiner ungeheuer umfangreichen wissenschaftlichen Korrespondenz seine Beziehungswünsche auf eine indirekte, seinen Intimitätsängsten entsprechende Weise zu realisieren vermocht.

Dementsprechend kann man wohl gerade für *ältere* Patienten in einer Behandlung mitunter nicht mehr tun als zu helfen, die immer neu sich verschiebenden Grenzen ihrer Möglichkeiten zu erkennen, zu akzeptieren und mitzuwirken, ein lebenskluges Arrangement zu schaffen, das auch gewisse Vermeidungen enthalten mag. Dieses Tun ist geprägt vom Wissen um Narben, die eine oft frühe Störung und ein langes Leben hinterlassen haben; und so gilt es oft genug für beide - für den therapeutisch Tätigen i.w.S. und den alten Menschen andererseits, ähnlich wie für

Analytiker und seinen (älteren) Analysanden - ohne Resignation einzugestehen, daß die zugrunde liegende, weit zurückreichende Problematik einer Veränderung nur teilweise zugänglich war.

Literatur

Agger, E. M. (1988): Psychoanalytic Perspectives on Sibling Relationships. Psa. Inquiry 8, 3-30

Bank, S. P.; Kahn, M. D. (1994): Geschwister-Bindung. München: dtv

Colonna, A. B.; Newman, L. M. (1983): The Psychoanalytic Literature on Siblings. Psa. Study of the Child 38, 285-310

Denecke, L. (1971): Jacob Grimm und sein Bruder Wilhelm. Stuttgart: Metzlersche Verlagsbuchhandlung

Denecke, L. (1991): Erinnerungen an Wilhelm Grimm, (Rede auf Wilhelm Grimm, 1860), Hannoversch Münden: Privatdruck

Greve, G. (1994): Zur Methodik und Problematik der psychoanalytischen Literaturinterpretation. Psa Info, Nr. 42.

Neumann, W.; Schmidt, H. (Hrsg.) (1984): Jacob Grimm: Reden in der Akademie. Berlin: Akademie-Verlag

Hansen, W. (1963): Die Brüder Grimm in Berlin. In: Denecke, L. (Hrsg.): Brüder Grimm Gedenken

Henne, H. (1986): "Mein bruder ist in einigen dingen ... abgewichen". In: Denecke, L.: Brüder Grimm Gedenken. Marburg: Elwert.

Hennig, D.; Lauer, B. (Hrsg.) (1986): 200 Jahre Brüder Grimm. 4 Bände. Kassel: Weber und Weidemeyer

Hildebrandt, I. (1984): Es waren ihrer Fünf. Köln: Eugen Diederichs

Jaques, E. (1991): Tod und Krise der Lebensmitte. In: Bott Spillius, E. (Hrsg.): Melanie Klein heute. Bd 2. Stuttgart: Verlag Internationale Psychoanalyse

Maler, A. (1987): Gelehrte Lektüre - zum Ethos des Lesens bei den Brüdern Grimm. In: Denecke, L. (Hrsg.): Brüder Grimm Gedenken. Marburg: Elwert

Müller, K. (1996): Ein psychoanalytischer Beitrag zu einer künftigen Biographie Jacob Grimms. In: Greve, G. (Hrsg.): Kunstbefragung. Tübingen: edition discord

Schoof, W. (Hrsg.) (1961): Jacob Grimm - aus seinem Leben. Bonn: Dümmler

Schoof, W. (1964): Die Brüder Grimm in Berlin. Berlin: Haude und Spener

Scurla, H. (1985): Die Brüder Grimm. Berlin: Verlag der Nation

Wyss, U. (Hrsg.) (1984): Jacob Grimm - Selbstbiographie, ausgewählte Schriften, Reden und Abhandlungen. München: dtv Klassik

II. Der alternde Körper: Äußere und innere Realität des Alterns

Körperliche Realität und innere Wirklichkeit im Alter[1]

Martin Teising

Einleitung

Die Differenz zwischen inneren, narzißtischen Phantasien und körperlicher Realität stellt ein charakteristisches oft sehr schwer wiegendes Konfliktpotential des Alters dar. Dieser Konflikt soll von zwei Seiten beleuchtet werden. Erstens: Wie gehen wir mit der äußeren Realität des alternden Körpers heute um ? Und zweitens: Wie ist der älter werdende Körper psychisch repräsentiert ?

1. Alt werden in der westlichen Zivilisation

Nach Ende der pubertären körperlichen Ausreifung werden mit dem weiteren Alter auftretende körperliche Veränderungen zum allergrößten Teil und von den allermeisten Menschen als unerwünschte Phänomene erlebt, von Schwangerschaften einmal abgesehen. Angesichts unseres unaufhaltsamen körperlichen Abbaus haben wir Menschen von alters her große Anstrengungen unternommen, das Altern zu verzögern, Krankheit und Tod zu bekämpfen und vom Jungbrunnen geträumt. Wir wollen alt werden, aber nicht alt aussehen. Der Konflikt zwischen psychischer

---

[1] Dieser Beitrag ist eine überarbeitete Fassung eines Vortrages bei der 9. Arbeitstagung Psychotherapie im Alter in Bonn-Bad Godesberg, gehalten am 29.5.1997

Realität und von der Psyche her gesehen äußerer körperlicher Realität soll mit Hilfe des Jungbrunnens, der den körperlichen Abbau rückgängig macht und ewiges Leben verspricht, gelöst werden. Die Wissenschaft soll helfen, unseren Wunsch zu erfüllen.

Das gesellschaftliche Echo konfrontiert mit der äußeren Realität. Unerbittlich spiegelt es die physiognomischen Veränderungen und die Abnahme körperlicher Leistungsfähigkeit. Das Bedürfnis, nicht nur gespiegelt, sondern auch idealisiert zu werden, wird unter unseren kulturellen Bedingungen alten Menschen zunehmend weniger befriedigt. Sie verbergen und retuschieren körperliche Altersmerkmale. Sicher heißt alt werden nicht nur körperliche Verluste und Defizite zu ertragen. Die Gerontologie hat uns beeindruckende Befunde über die Kompetenz alter Menschen geliefert. Die altersbedingten körperlichen Veränderungen aber sind so gut wie nie erwünscht. Das liegt nicht zuletzt auch an den Reaktionen der Umgebung.

Alte erzeugen, anders als Kleinkinder, in der Regel nicht mehr so leicht den Glanz in unseren Augen. Fehlt das idealisierende Echo der Umwelt, kann das Gefühl von Verzweiflung oder Leere aufkommen, das unerträglich werden kann. Versuche, die Konfrontation mit dieser Realität zu meiden, sind häufig narzißtische Phantasien, die z.B. dem Glauben an ein ewiges Leben im Paradies zugrunde liegen, aber auch suizidalen Absichten und Handlungen.

In den letzten Jahrzehnten ist die statistische Lebenserwartung in den westlichen Ländern deutlich gestiegen. In vielen Bereichen wurde eine bisher nicht gekannte individuelle Unabhängigkeit entwickelt, die mit dem Begriff "Individualisierung" beschrieben wird, eine Unabhängigkeit, die bis heute hinsichtlich der Möglichkeit den Körper jung erhalten zu können und nicht sterben, d. h. den Körper zerfallen lassen zu müssen, eine Illusion bleibt.

Der *Spiegel* diagnostiziert im Februar 1997 „einen flächendeckend synthetischen Jugendwahn der ganzen Gesellschaft (...)“, bei dem sich die überlieferten kulturellen Abgrenzungen zwischen den Generationen verwischt haben: 8jährige knacken Computersysteme von Staatsbehörden, 17jährige Gymnasiasten spekulieren an der Börse, während hochmobile Frührentner in Nike-Turnschuhen und mit aufgestülptem Walkman bei McDonald sitzen und haufenweise Chicken Mc Nuggets in sich hineinstopfen (...). Diese Tyrannei der sabbernden Infantilität verbindet sich mit einem grassierenden Narzißmus, der die äußere Realität der Welt vorwiegend als Spiegelung des eigenen Selbst wahrnimmt. Statt die konfliktreiche Auseinandersetzung mit der komplexen Wirklichkeit zu riskieren, geraten immer mehr Menschen in die narzißtische Falle einer Scheinwelt, in der sich diffuse Ängste und entgrenzte Potenz- und Allmachtsphantasien abwechseln (*Spiegel* Nr. 9 vom 24.02.1997, S. 223-226).

Das größte narzißtische Bedürfnis der Menschheit - das nach Unsterblichkeit - hat in der westlichen Zivilisation relativ erfolgreich auf die Religion des 20. Jahrhunderts, die rationale Naturwissenschaft, gesetzt. Der amerikanische *Spiegel*, die *Time*, verkündete im Dezember 1996, daß es für die heute Erwachsenen realistische Aussichten gebe, 120 Jahre alt zu werden, gemessen an narzißtischen Unendlichkeitswünschen erscheint auch das aber immer noch als viel zu kurz.

2. Empirische Befunde zum Körpererleben alter Menschen

Die Arbeitsgruppe um Brähler in Leipzig fand mit dem Gießener Beschwerdebogen heraus, daß psychosomatische Beschwerden mit zunehmendem Alter häufiger werden, sie aber nicht die Zufriedenheit mit der eigenen Person beeinträchtigen. Ein weiteres Untersuchungsergebnis besagt, daß diejenigen sich von körperlichen Beschwerden stärker belastet fühlen, die eine gering ausgeprägte Kontrollmöglichkeit in bezug auf die eigene Gesundheit empfinden. Entscheidend scheint also das subjektive Gefühl zu sein, ob man sich als Herr im eigenen Hause, im eigenen Körper fühlt (Gunzelmann u.a. 1996).

In der Eldermen-Studie fragte Heuft: „Woran merken Sie, daß die Zeit vergeht?“ 79 % beantworteten diese Frage mit einem Hinweis auf den körperlichen Alternsprozeß. Das Erleben von Entwicklung in der Zeit, schlußfolgert Heuft, hat also vor allem eine körperliche Dimension. In Anlehnung an die Terminologie von René Spitz formuliert er, daß in der zweiten Hälfte des Erwachsenenalters der Körper zum Organisator der psychosozialen Entwicklung wird. „Die berichteten Studienergebnisse sprechen für eine veränderte Wahrnehmung des Körpers und seiner Funktionen in der Weise, daß die leibliche Existenz und die körperliche Funktion nicht mehr als ausschließlich selbstverständlich gegeben wahrgenommen wird“ (Heuft 1997, S. 50), wie es im jungen Alter die Regel ist.

Die Berliner Altersstudie zeigt, daß die 70-100 jährigen auf die Frage: „Wie schätzen Sie zur Zeit Ihre körperliche Gesundheit ein?“ mit zunehmendem Alter nicht etwa zu schlechteren Beurteilungen gelangen, obwohl körperlich- organische Befunde naturgemäß an Anzahl und Schwere zunehmen. Auch die Hochbetagten über 90jährigen mit objektiv hoher Krankheitsrate beurteilen sich nicht als kränker als die 70-jährigen. Die somatische Realität unterscheidet sich von der psychischen Empfindung des Körpers. Die Befunde belegen also die eingangs beschriebene Differenz zwischen subjektiver und objektiver Körperrealität (Mayer, Baltes 1996).

3. Die Differenz zwischen subjektivem und objektivem Gesundheitszustand aus psychoanalytischer Sicht

Wie die beschriebene Differenz psychoanalytisch zu verstehen ist, soll anhand von zwei Begriffen untersucht werden, und zwar dem des Narzißmus und dem der Körperrepräsentanz.

Diese Aspekte sind mit dem Erleben des alternden Körpers verbunden. Das narzißtische Bedürfnis nach Bestätigung und das Selbstwertgefühl hängen häufig von körperlichen Merkmalen und Funktionen ab. Bestimmte Körperteile oder -funktionen, genauer ihre Repräsentanz, sind autoerotisch, narzißtisch hoch besetzt. Der Verlust solcher Attribute kann das Selbstwertgefühl wesentlich beeinträchtigen. Es gibt nach triebtheoretischer Vorstellung eine Balance zwischen der libidinösen Besetzung von Objektrepräsentanzen und Körperrepräsentanzen, die sich im Alter zugunsten der letzteren verschieben. Der Körper rückt verstärkt ins Zentrum der Aufmerksamkeit. Libidinös besetzt werden nicht die realen Objekte und der reale Körper, sondern die Repräsentanz des Objektes bzw. des Körpers.

Zunächst soll der Repräsentanzbegriff näher bestimmt werden. Freud (1915) benutzte ihn zur Beschreibung eines psychosomatischen Zusammenhangs. Er verstand unter Repräsentanz die psychische Erscheinungsform des Triebes. Sandler und Rosenblatt (1962) definieren Repräsentanzen als affektiv-kognitive Vorstellungskomplexe. Sie bilden eine Vorstellungswelt, eben auch vom eigenen Körper, die von Sinneswahrnehmungen ebenso geformt wird wie von Triebimpulsen, Affekten, Denk- und Abwehrprozessen. Repräsentanzen werden frühkindlich strukturiert und bilden die Kerne der Persönlichkeit. Die Bühne der psychischen Realität wird von Selbst- und Objektrepräsentanzen und ihren Interaktionen bevölkert.

Lorenzer (1974) spricht von symbolisierten Interaktionserfahrungen. Interaktionserfahrungen werden mit Hilfe des Gedächtnisses unter dem Einfluß von Affekten fixiert und sind reproduzierbar. Es werden Bilder vom Selbst und Bilder von Objekten sowie Bilder ihrer Beziehung zueinander erstellt. D. Stern (1985) geht von „generalisierten Interaktionsrepräsentanzen“ aus.

Repräsentanzen entstehen durch Internalisierungen von Aspekten äußerer Realität. Der Entstehung von symbolischen Abbildern geht nach dem Verständnis insbesondere kleinianischer Autoren die Bildung innerer Objekte voraus. Der Säugling ordnet eine angenehme Körperempfindung als eine gute Erfahrung mit einem Objekt ein. Das Gefühl, über gute Objekte im eigenen Inneren zu verfügen, wird zum Kern einer stabilen Persönlichkeit. Eine

> „unangenehme körperliche Empfindung dagegen wird als Beziehung zu einem ‘bösen’ Objekt empfunden, das das Subjekt verletzen und ihm Schaden zufügen will. Zum Beispiel empfindet ein Säugling, unangenehme Gefühle im Magen, so als befände sich ein böses Objekt ganz konkret in seinem Bauch“ (Hinshelwood 1996, S.526).

Innere Objekte werden als etwas Substanzielles wahrgenommen, als die Substanz, aus dem Körper und Psyche bestehen. Hinter den inneren Objekten, die wie handelnde Instanzen mit eigenen Motivationen erscheinen, verbirgt sich das Ich, aus dem alle guten und bösen Objekt-Anteile ihre Dynamik beziehen.

> „Die inneren Ich- und Objektinstanzen sind wie Masken, die sich das Ich aufsetzt. Die Gestalt dieser Maske stammt von einem Objekt, ursprünglich sogar vom äußeren Objekt. Aber das Leben hinter dieser Form ist in jedem Falle das Ich selber. Es ist also eine Beziehung im Ich, die die innere Objektbeziehung ausmacht“ (Ogden 1990, zitiert nach Raguse 1995, S.75).

Im Laufe der Entwicklung verändert sich die Welt der inneren Objekte, eine Qualität des Psychischen trennt sich von einer Qualität des Physischen. Nun können

Objekte in symbolisierter Form als „bloße“ Vorstellung wahrgenommen, als Repräsentanzen gespeichert und auch bei physischer Abwesenheit in der Erinnerung gehalten werden.

Besonders die Repräsentanzen des eigenen Körpers unterliegen einer permanenten lebenslangen Umgestaltung, wie eben im Alter, die zum Beispiel erforderlich wird, wenn Veränderungen bemerkt oder eine Krankheit diagnostiziert werden bzw. neue Symptome auftreten. Zentrum der Selbstrepräsentanz ist die Körperrepräsentanz. Nur ein ausreichendes Maß an libidinöser Besetzung des eigenen Körperselbst schafft die Voraussetzung, um auch Objektrepräsentanzen lieben zu können. Körperrepräsentanzen beeinflussen während des ganzen Lebens in entscheidendem Maße das Selbstgefühl des Menschen und sein narzißtisches Gleichgewicht. Körperliche Integrität und narzißtische Stabilität hängen untrennbar zusammen. Die Beeinträchtigung des Körpergefühls zieht zwangsläufig eine Verletzung des Selbstgefühls, eine narzißtische Kränkung, nach sich. Ein integriertes Bild vom eigenen Körper ist elementar wichtig, es wird versucht, dies zeitlebens, und das heißt während des körperlichen Alterns, aufrechtzuerhalten. Wir leben und altern mit dieser inneren, unser Selbstwertgefühl stabilisierenden, im Kern jung bleibenden und permanent zu übermalenden, der äußeren Realität anzupassenden Körperrepräsentanz. Psychotische Desintegration drückt sich nicht selten auch in einer Desintegration der Körperrepräsentanz aus.

Ein häufiger Versuch, mit dem alternden Körper umzugehen, besteht in der Abspaltung des alternden oder des kranken Körpers vom Selbst. „Warum kann ich nicht meine Augen, meine Ohren, meine Nieren zum Doktor schicken und ruhig zu Hause bleiben, ohne Schmerzen zu haben und die verbleibende Lebenszeit genießen“, überlegte ein Patient. Die Körperrepräsentanz könnte unverändert stabil bleiben, aber der äußeren Realität unangepaßt.

Dieser Mechanismus funktioniert häufig recht gut, weil die Körperrepräsentanz einerseits zum Selbst gehört, ihr Kern ist, und gleichzeitig immer auch als Objekt repräsentiert ist. Wir sind Körper und wir haben einen Körper.

Die psychoanalytische Profession scheint in besonderer Weise die Möglichkeiten zu bieten, den unaufhaltsamen Altersprozeß hinauszuschieben. Es gibt keine geregelte Altersgrenze psychoanalytischer Berufstätigkeit. Es gibt Berichte von Psychoanalytikern, die, körperlich schwer krank und gezeichnet, bis ans Ende ihrer Tage behandeln. Als im Psychoanalytischen Institut von Michigan über die Frage diskutiert wurde, wie lange Lehranalytiker tätig sein sollten, stellte ein Teilnehmer die Frage, ob denn überhaupt bewiesen sei, daß die Sterblichkeit mit dem Alter ansteige.

Psychische Verarbeitung körperlichen Alterns erfordert das Ertragen der Spannung zwischen der fortschreitenden Entfernung von narzißtischen Größenvorstellungen mit harmonisch-ozeanischen Körpergefühlen einerseits und der permanenten lebenslangen Suche nach einem auch körperlich empfundenen paradiesischen Gefühlszustand andererseits.

> „Unser gesamter Lebenslauf ist gekennzeichnet von ständiger und kontinuierlicher Distanzierung von der Phantasie einer symbiotischen Mutterbeziehung, die auch Beziehung zum Körper ist, die unser Verlangen nach dem repräsentiert, was wir als einen ursprünglichen, seligen Zustand des Einsseins phantasieren" (Mahler 1975, zitiert nach Pines 1993, S.171),

und Dinora Pines schlägt eine Brücke zum Tode:

> „Viele alte Menschen stellen sich den Tod wohl auch als seelische Wiedervereinigung mit der Mutter und Rückkehr in die Geborgenheit ihres Schoßes vor. ((...) Von dieser Sehnsucht nach einer allmächtigen, schützenden und liebevollen Gestalt kommen

> wir niemals los und suchen sie unbewußt auch in unseren reiferen Beziehungen. (...) Im Unbewußten sind Geburt und Tod eng verknüpft, weil wir die Vorstellung vom Nichtssein mit dem Verstand nicht erfassen können. Tod bedeutet zugleich endgültigen Verlust der Körperhülle und damit auch der Mutter" (Pines 1993, S. 171).

Ein Zusammenhang, der auch deutlich wird, wenn wir uns klarmachen, daß die Realisierung der Sehnsucht nach verschmelzender Einheit für das Individuum tödlich wäre.

Mit diesen Überlegungen wird der Einfluß der Objektbeziehungen auf das Körpererleben deutlich.

> „Narzißtische Probleme waren für mich besonders stark, zumal ich das einzige Kind meiner Mutter war, die zuvor Schwangerschaften nicht austragen konnte, und als sie endlich ein Kind, einen Sohn, hatte, war es, wie man sich vorstellen kann, so, daß sie große narzißtische Bewunderung und Anerkennung auf mich lud. Meine narzißtischen Probleme behinderten mich aber nicht, meine Fähigkeiten zu entwickeln. Aber die Regression, die meiner Berentung folgte, bedingt durch meine Krankheiten, reaktivierten all meine narzißtischen Probleme in einem Ausmaß, daß sie mich psychisch und auch körperlich krank machten. Das war besonders bemerkbar nach der Herzattacke und der Herzoperation und der Entscheidung zur Berentung. Das lag daran, daß es für meine Mutter immer ein besonderer Stolz war, einen Arzt als Sohn zu haben und dieses Arztsein gab ich jetzt auf. Deshalb wurde die Entscheidung zur Berentung übrigens auch lange herausgeschoben.
>
> Als ich zur Kenntnis nehmen mußte, daß ich eine maligne Erkrankung und dann den Herzinfarkt hatte, kam meine kindliche Grandiosität mehr und mehr an die Oberfläche. Sie schützte mich davor, mich voll mit meiner Sterblichkeit zu konfrontieren. Auch vor der schrecklichen Entdeckung meiner Defekte. Es ließ sich aber nicht verleugnen, daß ich verletzbar war und diese narzißtische Wunde machte mich rasend, was sich auch in therapeutischen Beziehungen auswirkte. Ich mußte mit meiner Verletzbarkeit leben,

wovor ich mich ein Leben lang gehütet hatte. Ich war wütend auf das Schicksal, das mich so ernst getroffen hatte, wütend auf meine Mutter, die mich nicht beschützte und auf alle Mütter, die unzureichend Schutz gewähren (!)“ (Hurwitz 1992, S. 106 f., Übersetzung M.T.).

Hurwitz beschreibt also die libidinöse Besetzung des eigenen Körpers in Abhängigkeit von seinen primären Beziehungserfahrungen. Die libidinöse Besetzung des Körpers geht oft einher mit einem Abzug der libidinösen Besetzung von Objektrepräsentanzen, deren reale Äquivalente, nämlich Objektbeziehungen in der Außenwelt, mit zunehmendem Alter eingeschränkter zur Verfügung stehen. Was Fenichel „eine Übertragung der Libido von Objektrepräsentanzen auf Organrepräsentanzen“ (Fenichel 1975, zitiert nach Porsch 1997, S. 53) nannte, ist eine Entwicklung im Altersprozeß, angesichts des näher rückenden Todes. Der verstärkte Körpernarzißmus kann als eine spezifische altersgemäße Abwehrleistung gesehen werden, die der Verzweiflung, der Wut, der Depression und der Verleugnung vorzuziehen ist.

> „Meine Zeremonie des Insbettgehens hat sich verändert. Ich brauche zwei Sorten Augentropfen, neue Rituale der Zahnpflege, eine steigende Sammlung von Lotionen, Ölen und Pillen (...) Ich denke jetzt amüsiert an die Zeit zurück, an der ich mit Stolz und Freude älter wurde. (Sie meint die Adoleszenz) Damals gehörte mein Körper mir, er wurde physische Manifestation meiner psychischen Repräsentanz meines Selbst. Jetzt sehe ich, wie mein Körper seinen eigenen Willen hat“ (Kirkpatrick 1992, S. 142, Übersetzung M.T.).

In der Adoleszenz eilt die körperliche Entwicklung der psychischen voraus. Im Alter hingegen hinkt die Körperrepräsentanz der Körperrealität hinterher. Sie paßt sich der Körperrealität nur teilweise, sozusagen in den äußeren Schichten an und bleibt im Kern stabil. Sie trägt auf diese Weise zur Erhaltung des Selbstwertgefühls bei.

Ein dementer Patient äußerte im Angesicht seines Spiegelbildes: „Dieser alte Kerl da soll ich sein? Nee!" Mit dem blühenden jungen Mann auf seinem Hochzeitsfoto aber identifizierte er sich sehr wohl. Mit Recht kann eingewendet werden, daß diese Fehlleistung auf dem eingeschränkten Gedächtnis und der eingeschränkten Erkenntnisfähigkeit bei dieser tragischen Krankheit beruht. In weniger drastischer Form kennen wir aber alle diese unvermeidlichen Spiegelungen, die uns wie Zerrbilder erscheinen, weil sie nicht unserer Körperrepräsentanz entsprechen. Immer wieder blicken wir in den Spiegel in der Hoffnung auf Bestätigung unserer narzißtischen Vorstellung.

Kohut (1976) beschrieb das narzißtische Grundbedürfnis nach Selbstbestätigung. Winnicott (1958) sprach vom Glanz im Auge der Mutter, der die Entwicklung des Säuglings fördert. Der Glanz im Auge der Mutter spiegelt allerdings eine innere Realität. Äußerlich ist der Säugling ganz gewöhnlich, wie tausend andere auch, der Glanz erwächst aus der Beziehung zwischen Säugling und Mutter. Ein Spiegel reflektiert, anders als das bestechliche mütterliche Auge, unbarmherzig die äußere Realität.

Schneewittchen traf die Wut einer alternden Stiefmutter, deren Spiegel unerbittlich ihre Illusion einzigartiger Schönheit zerstörte.

> „Die Realität des Alterns ist für mich nur im Spiegelbild wahrzunehmen, das ergrauende Haar, die Beschaffenheit der Haut, ihre Schlaffheit, ihre abnehmende Elastizität und die Altersflecken, im Altern meiner Zeitgenossen und das Wissen um mein Alter. Als ich in den Spiegel in meinem Badezimmer schaute und mein Gesicht erblickte, die Kaskaden der losen Haut, die mir unvertraut waren, habe ich eine Liftingoperation überlegt. Das Körperbild, einschließlich des Gesichtes, spielt eine wichtige Rolle bei der Stabilisierung der Identität und hat eine lange Entwicklungsgeschichte. Der innere Blick

scheint unverändert weiterzubestehen trotz der Irrungen und Wirrungen der Zeit. Ein gesunder Narzißmus erlaubt uns, die Veränderungen zu bemerken, zu akzeptieren und zu beantworten, aber nicht, sich ihnen zu fügen. So machte ich was ich konnte, ich ließ mein Gesicht operieren, obwohl ich mir dabei ein wenig blöd vorkam. Das hängende Äußere hatte seine innere Korrespondenz" (Horney-Eckardt 1992, S.86, Übersetzung M.T.).

Eine 70jährige Patientin sprach voller Zorn von ihrem runzeligen Gesicht und ihren hängenden Brüsten. Sie erzählte, daß sie angesichts ihre Spiegelbildes in einem Schaufenster das Gefühl bekam, in ihrem Körper habe sich eine alte Frau breitgemacht, die ihr völlig fremd war. Trotz ihrer Wut fühlte sie sich ohnmächtig und unfähig, sie zu vertreiben. Daß sie wie ihre Mutter im gleichen Alter aussah, bedeutete keinen Trost für sie, da sie von eben dieser narzißtischen Mutter als Kind nie die Zuwendung erhalten hatte, die sie gebraucht hätte.

Die Wirkung einer *positiv* getönten Mutter-Erfahrung für das Körperbild im Alter schildert Dinora Pines am Beispiel eines Dokumentarfilmes, in dem Überlebende des Gulag über ihre Erfahrungen sprachen. Eine alte, jahrzehntelang nach Sibirien verbannte Frau, hatte zum ersten Mal seit 20 Jahren gemeinsam mit anderen Menschen Gelegenheit in einen Spiegel zu schauen. Sie

„konnte aber ihr Spiegelbild nicht entdecken, bis sie auf einmal das ihrer Mutter sah. Da wurde ihr klar: Sie war es selbst, und sie war alt. Doch empfand sie dies regelrecht als tröstlich, weil ihr Gesicht nun ein Bindeglied zu einer glücklicheren Vergangenheit und ihrer guten Mutter darstellte, die sie und ihre Kinder geliebt hatte. Sie wußte, daß ihre Mutter mittlerweile gestorben sein mußte, doch verlieh ihr die wiedergefundene Erinnerung an bessere Zeiten Kraft für ihr grauenvolles Leben" (Pines 1993, S. 167).

Ihr steht ein gutes inneres mütterliches Objekt zur Verfügung, das angesichts des Spiegelbildes psychisch wiederbelebt wird. Mit einer ausschließlich autoerotischen, libidinösen Besetzung, ohne libidinöse Objektbesetzung, und damit auch ohne gutes inneres Objekt, kann man nicht alt werden. Der Narzißmythos erzählt von einem Knaben, dem geweissagt wurde, daß er nur dann alt werden könne, wenn er sich nicht selbst erkennt. Sein Körper ist makellos und von unerhörter, nie gesehener Schönheit. Er geht aber keine Beziehungen ein, um sich nicht zu erkennen. Mit 16 Jahren spiegelt er sich im Wasser und erkennt sein Schicksal, das der Beziehungslosigkeit. Er nimmt sich das Leben.

Das schönste, mir bekannte literarische Beispiel, das äußere Körperrealität, innere Körperrepräsentanz und Liebesbeziehung miteinander verbindet, fand ich in der Geschichte „Unverhofftes Wiedersehen" von J. P. Hebel im *Schatzkästlein*: Der Bräutigam einer mittlerweile zur Greisin gewordenen Frau war seinerzeit durch ein Grubenunglück ums Leben gekommen. 50 Jahre später wird sein konservierter Leichnam, unverwest und unverändert, gefunden, kein Dorfbewohner erkannte ihn mehr.

> „Grau und zusammengeschrumpft kam sie an einer Krücke an den Platz und erkannte ihren Bräutigam (...) Da wurden die Gemüter aller Umstehenden von Wehmut und Tränen ergriffen, als sie sahen die ehemalige Braut jetzt in der Gestalt des hingewelkten kraftlosen Alters und den Bräutigam noch in seiner jugendlichen Schöne, und wie in ihrer Brust nach fünfzig Jahren die Flamme der jugendlichen Liebe noch einmal erwachte" (Hebel 1945, S. 137).

Ich habe die Beziehung der Greisin zum jugendlichen Leichnam als Ausdruck ihres inneren Lebens verstanden. Sie behält das Bild und den Kontakt zum Körper des Jünglings, der immer noch Teil ihres Herzens ist. Sie zeigt uns eine Möglichkeit, das Älterwerden des Körpers zu ertragen. Sie hielt die Jugend in ihrem Inneren, als Erinnerung, lebendig.

Es scheint eine „paleo-psychische Körperrepräsentanz" (Atkin 1992) zu geben, die unantastbar bleibt. Im Konfliktpotential das Alters, der Differenz zwischen narzißtischen Phantasien und körperlicher Realität, wird der eine Pol dieses Spannungsfeldes von einer unverletzbaren paleopsychischen Körperrepräsentanz, dem Kern der Körperrepräsentanz, dargestellt. Er ist essentiell, um den gegenüberliegenden Pol, die äußere Realität, den wie es bei Hebel heißt „dahinwelkenden zusammenschrumpfenden Körper", zu ertragen. Gespannt und vielleicht auch beunruhigt erwarten wir, wie dieser Pol von der weiteren wissenschaftlichen Entwicklung beeinflußt wird.

Literatur

Atkin, S.; Atkin, A. (1992): On being old (a psychoanalyst's new world). In: Pollock, G. H. (ed.): How psychiatrist's look at aging. Madison: International Universities Press, 1-24

Gunzelmann, T.; Schumacher, J.; Braehler, E. (1996): Körperbeschwerden im Alter: Standardisierung des Gießener Beschwerdebogens. GBB-24 bei über 60jährigen. Z. Gerontol. 29, 110-118

Hebel, J. P. (1945): Schatzkästlein des rheinischen Hausfreundes (Erstausgabe 1811). In: Ders.: Werke. Ausgewählt und mit einem Nachwort versehen von Paul Alverdes. München: Carl Hanser

Heuft, G. (1997): Auf dem Weg zu einem empirisch gestützten psychoanalytischen Entwicklungsmodell der zweiten Hälfte des Erwachsenenlebens. In: Radebold, H. (Hrsg.): Altern und Psychoanalyse. Göttingen: Vandenhoeck & Ruprecht, 41-53

Hinshelwood, R. D. (1993 [1989]): Wörterbuch der Kleinianischen Psychoanalyse. Stuttgart: Verlag Internationale Psychoanalyse

Hinshelwood, R. D. (1996): Das schwierige Konzept der „Inneren Objekte“ (1934-1943). Seine Bedeutung für die kleinianische Gruppe. Psyche 50, 523-547

Horney-Eckhardt, E. (1992): Viewing My Own Aging: A Personel Journey of Contemplation. In: Pollock, G. H. (ed.): How psychiatrist's look at aging. Madison: International Universities Press, 85-96

Hurwitz, M. (1992): A Psychoanalyst Retires. In: Pollock, G. H. (ed.): How psychiatrist's look at aging. Madison: International Universities Press, 97-108

Kohut, H. (1976): Narzißmus. Frankfurt a. M.: Suhrkamp

Kirkpatrick, M. (1992): Aging, Like a Woman. In: Pollock, G. H. (ed.): How psychiatrist's look at aging. Madison: International Universities Press, 141-148

Maier, K. U.; Baltes, P. B. (1996): Die Berliner Altersstudie. Berlin: Akademie-Verlag

Pines, D. (1997 [1993]): Der weibliche Körper. Stuttgart: Klett-Cotta

Porsch, U. (1997): Der Körper als Selbst und Objekt. Göttingen: Vandenhoeck & Ruprecht

Sandler, J.; Rosenblatt, B. (1962): The concept of the representational world. Psycho-Analytic Study of the child 17, 128-145

Der Spiegel (1997), Nr. 9 vom 24.02., 223-226

Winnicott, D. W. (1985 [1958]): Übertragungsliebe und Übertragungsphänomene. In: ders.: Von der Kinderheilkunde zur Psychoanalyse. Frankfurt a. M.: Fischer

Körperliche Krankheiten Alternder und ihre innerpsychische Bedeutung

Hartmut Radebold

Die Thematik "Äußere und psychische Realität" legt eine Zweiteilung nahe, die jedoch so nicht für den Körper (natürlich auch des Alternden) besteht: Der Mensch hat die Aufgabe, sich selbst in seinem Körper zu spüren, d.h. "wir sind unser Körper (als Subjekt) und haben ihn zugleich (als Objekt)" (Plessner 1976). Unsere Aufgabe als Behandler besteht darin, die normalen physiologischen Veränderungen des alternden Körpers sowie die zunehmende Multimorbidität einschließlich der nachfolgenden Funktionsstörungen und Einschränkungen zu kennen und zu erfassen sowie nach der jeweils spezifischen innerpsychischen Besetzung zu fragen. Dazu befindet sich dieser Körper der jetzt Alternden für uns in einem ahistorischen Zustand, d.h. wir kennen nicht ausreichend die besonderen historischen und sozialen Bedingungen, unter denen dieser Körper alterte (nach meiner Kenntnis wurden bisher Veränderungen des Körpers im historischen Kontext kaum erforscht, so z.B. die Auswirkungen der HJ- und BDM-Zeit des Dritten Reiches auf die Körperselbstbilder dieser Generation und ihren Umgang mit denselben).

Ich möchte diese Thematik und damit auch die bestehende Problematik der Wahrnehmung von Krankheiten anhand von acht Thesen diskutieren:

These 1: Die Wahrnehmung des Körpers und die sich ergebenden eigenen Reaktionen hängen entscheidend vom Körperselbstbild, innerpsychischen Besetzungsprozessen und "privaten" Theorien über Gesundheit und Krankheit ab. Die Umgangsweisen mit dem eigenen Körper lassen sich teilweise als Abwehrprozesse interpretieren.

Trotz unserer psychoanalytischen Ausrichtung auf subjektive, also "private" innerpsychische Prozesse und Beurteilungen hängen wir - zumindestens diejenigen mit einer ärztlichen Vorbildung - an dem "offiziellen Körpermodell der Medizin" (Uexküll 1992, Uexküll et al. 1994). Ein sich in der Körpermedizin abzeichnender Paradigmenwechsel stützt sich auf die Begriffe "Salutogenese" (s. Antonowski 1987) und "Subjektive Anatomie" (Uexküll et al. 1994).
Erstere fragt nicht mehr: Was macht uns krank, sondern fragt: Was macht uns gesund? Dabei kommt subjektiven Empfindungen und insbesondere der individuellen Lebensqualität wichtige Bedeutung zu. Letztere fragt nach dem "inoffiziellen", häufig nicht einmal bewußten und daher auch kaum näher beschreibbaren Modell des eigenen Körpers. "Dieses vage Modell des eigenen Körpers ist sogar Voraussetzung, um Gefühle und Beschwerden eines Kranken verstehen zu können. Dem Körper, den die Medizin definiert, fehlt im Grunde das Entscheidende: "Er kann sich nicht fühlen. Er hat kein "Selbst"; er lebt nicht (Uexküll 1992).

Der Mensch hat von Geburt an die Aufgabe, seinen Körper "zu spüren", d.h. seine Sensationen, seine Reaktionen und die damit verbundenen Empfindungen wahrzunehmen. Einige dieser Reaktionen sind wohlvertraut:

- Der Körper wird als zu reglementierender, zu disziplinierender, aber insbesondere zu trainierender Begleiter gewünscht, der durch geeignete Maßnahmen (z.B. durch Triathlon oder extreme Meditationstechniken) dauerhafte Höchstleistungen erbringen soll.
- Der Körper wird in Folge als "Hochleistungsmaschine" angesehen, die lebenslang ohne Störungen funktionieren soll und im Bedarfsfall in kurzer Zeit - durch neue Ersatzteile oder mit Hilfe neuer Treibstoffe (Medikamente, Drogen) - wieder repariert werden kann und muß.

- Der Körper wird als stummer, sowohl nicht störender als auch vergeßlicher "Diener" gewünscht.
- Reaktionen oder ein angebotener Dialog (z.B. durch Sensationen/Symptome) werden als irritierend und Ablehnung hervorrufend erlebt.
- Der Körper und seine erwünschten Funktionen dienen lange der narzißtischen Bestätigung des Selbst; Abnahme oder Wegfall dieser geschätzten Funktionen führen zu zunehmendem (selbst-) zerstörerischen Haß.
- Der Körper - insbesondere von Frauen - wird von Anfang an als nicht passend, sich anders als gewünscht entwickelnd und durch seine Funktionen beeinträchtigend erlebt und abgelehnt. Mit allen möglichen Mitteln wird versucht, ihn nach einem Idealbild zurechtzuformen oder zu bestimmten Funktionsweisen zu veranlassen.
- Der Körper wird als "hypochondrischer Begleiter" abgestempelt, der immer an unpassender Stelle zu laut oder zu eindeutig reagiert - teilweise schämt man sich auch seiner Reaktionen.
- Hinter einem biologisch-naturwissenschaftlich korrekten Körperbild verbergen sich oft aus der Kindheit erhalten gebliebene magische Vorstellungen über Funktionsweisen, Lage von Körperorganen, Zustandekommen von Krankheiten und ihre Beeinflußbarkeit.
- Der Körper als völlig unbekannt bleibender Begleiter weist auf das innerpsychische Erfordernis einer völligen Verdrängung aller Wahrnehmungen hin - aus welchen Gründen auch immer.
- Der Körper ist ein selbstverständlicher untrennbarer Anteil des Selbst, der lustvoll, aber auch leidvoll (z.B. über Schmerzen und Einschränkungen) erlebt, erfahren und gespürt wird.

Diese Verhaltensweisen spiegeln bestimmte Abwehrstrategien wider wie Verdrängung, Verleugnung, Verschiebung bis hin zur Projektion, aber ebenso auch Ungeschehenmachen oder Rationalisierung. Sie zeigen sich auch im Umgang mit Ernährung, Gewicht, Nikotin-/Alkoholabusus, Tabletteneinnahme, aber auch im Reagieren auf biologische Rhythmen, Wechsel von Aktivität und Passivität, Erholung mit Einbeziehung regressiver Verhaltensweisen etc. Schließlich wirken sich hierbei die erworbenen Selbstbildvorstellungen von Frauen und Männern aus, wobei letztere offenbar besonders einem mechanistischen Körperselbstbild zuneigen.

These 2: Ein Teil der zwischen dem 50. und 60. Lebensjahr sich manifestierenden Erkrankungen verdeutlicht in Form eines Selektionsprozesses die zerstörerischen Folgen des bisherigen Umgangs mit dem eigenen Körper.

Ein Teil der sich in diesem Lebensabschnitt zeigenden Krankheiten beruht auf genetischen Einflüssen (z.B. bestimmte Formen des Brustkrebses) und auf weiteren (noch nicht eindeutig erkundeten) Ursachen. Eine weitere große Gruppe konfrontiert auf bestürzende und erschreckende Weise damit, wie diese Menschen lebenslang mit ihrem Körper in der dargestellten Weise umgegangen sind, insbesondere wie sie ihn dadurch beschädigten oder zerstörten. Eine erste selbstverursachte Selektion - gestatten Sie dieses bewußt gewählte schreckliche Wort - mit zunehmend tödlichem Ausgang erfolgte zwischen dem 15. und 30. Lebensjahr durch riskantes Verhalten im Verkehr und bei vielen Sportarten sowie durch die Einnahme von Drogen/Alkohol - oft in Kombination. In narzißtischer Verblendung wurden die Möglichkeiten des eigenen Körpers überschätzt und seine Signale überhört bzw. geleugnet.

Im Alter von 50 bis 65 zeigt sich eine jetzt zweite Selektion, die die langfristigen Folgen des dargestellten Umgangsstils mit den Bedürfnissen, Reaktionen und Signalen des eigenen Körpers verdeutlicht. Offenbar sind diejenigen, die nur in geringem

Umfang oder im optimalen Falle keine Schädigungszeichen aufweisen, diejenigen, die ihren Körper immer wieder als einen integralen Anteil ihres Selbst wahrnahmen und die auch jetzt im Dialog mit ihm stehen, d.h. einerseits in sich hineinspüren, welche Signale/Sensationen ihr Körper aussendet, als auch umgekehrt wahrnehmen, auf welche psychischen Signale und Informationen aus der Umwelt ihr Körper reagiert und sich entsprechend verhalten.

These 3: Während des Alterns gewinnt der Körper eine immer wichtigere Aufgabe für Lebensqualität und Autonomie.

Bekanntlich geht Altern einher mit der potentiellen Zunahme an Funktionsveränderungen und -störungen, mit Verschlechterungen alternder Krankheiten sowie mit sich jetzt erstmals zeigenden Neuerkrankungen - auch letztere nehmen oft einen chronifizierten Verlauf. Bekannt ist die Fülle vielfältiger Symptome, die bei repräsentativen Untersuchungen angegeben werden (Jansen, Radebold 1989). Zusätzlich wird er aus folgenden Gründen wichtig:

- Im Sinne eines "Organisators" (Heuft 1994) prägt und formt er entscheidend den Alternsprozeß mit; d.h. er ist nicht nur der passive Teilhaber des Alterns.
- Seine Leistungen, insbesondere Aktivität, Beweglichkeit, Hören, Sehen sowie Möglichkeiten der Triebbefriedigung werden mindestens genauso, wenn nicht sogar verstärkt, benötigt.
- Der Körper wird immer wichtiger, weil sich die Objektbeziehungen negativ verändern: Partner und Angehörige verändern sich (z.B. durch dementielle Prozesse), sterben und lassen damit den Alternden verlassen zurück. (Bekanntlich besteht für Hinterbliebene im ersten Jahr danach ein hohes Sterberisiko!) Partner

oder Kinder ziehen sich allmählich im Krankheitsfall zurück (z.B. biographische Berichte in Foke 1995); sie zeigen gleichzeitig weniger Nähe, Wärme und Bestätigung als auch Bewunderung oder veranlassen eine Aufnahme der Alterskranken ins Heim (Koch-Straube 1996). Der imaginäre Rückzug in die Unversehrtheit der Kindheit bietet auf Dauer keinen befriedigenden Ersatz - außerdem war man sich damals seines Körpers, insbesondere in der Pubertät, nicht so sicher (nicht umsonst beziehen sich alle Jungbrunnen-Phantasien auf das junge Erwachsenenalter!). So verbleibt nur der Körper als "letzter Verbündeter" (Radebold 1996).

- Wie die Begriffe "somato-psychosomatische Depression" und "somatogene Depression" belegen, wird der Körper immer mehr dazu benutzt, psychosoziale Einflüsse und Ereignisse (Affekte, Verluste, Kränkungen, Beschämungen und Defizite) auszudrücken.
- Schließlich belegen die in großem Umfang und zunehmend verordneten Tranquilizer, Schmerz- und Schlafmittel, wie mit ärztlicher Hilfe (aber auch durch Selbstmedikation!) versucht wird, gegen störende, beunruhigende und scheinbar unverträgliche Symptome vorzugehen bzw. sie zu unterdrücken.

Bekannt ist, daß Alternde bei bestehenden objektivierbaren Einschränkungen, Funktionsverlusten und Erkrankungen sehr unterschiedlich reagieren, so subjektiv ihren Gesundheitszustand deutlich besser oder schlechter einschätzen und ebenso erheblich weniger über Symptome und Beschwerden oder auffallend intensiv klagen (bei deutlichen Geschlechtsdifferenzen). Aus "organischer Sicht" wird der als zu gut eingestufte Gesundheitszustand häufig mit den sich nur schleichend entwickelnden Krankheiten und eingeschränkter Schmerzfähigkeit begründet - psychodynamisch mit verstärkter Abwehr von Körperwahrnehmungen. Die erhobenen Befunde könnten die Medizin entweder resignieren lassen oder sie auffordern, durch eine noch verbesserte

Reparaturmedizin oder noch umfassender wirkende Medikamente zu reagieren (z.B. eine 24 Stunden lang auswirkende, nach Zeitintervallen unterschiedlich wirksame Kombination von Schmerzmitteln, Schlafmitteln, Tranquilizern und Stimulantien) oder durch weitere Suche nach "Verjüngungsmitteln", um den Körper wieder in seinen früheren Zustand zu bringen.

These 4: Die Reaktion auf jetzt eintretende bzw. sich verstärkende Krankheiten erfolgt analog dem bisherigen Umgang mit dem eigenen Körper; zentrale Bedeutung kommt der Verzweiflung infolge des Wissens um die eigene Endlichkeit zu.

Langfristig bestehende und dazu sich chronifizierende oder sich verschlechternde Erkrankungen können Verzweiflung wachrufen oder steigern sie, da ihr Endzustand als das eigene Sterben vermutet und gefürchtet wird. Diese Furcht zeigt sich insbesondere dann, wenn hochbesetzte individuelle Funktionen betroffen sind - z.B. allgemeine Beweglichkeit, insbesondere Gehen, Sehen, Hören, Potenz und intellektuelle Fähigkeiten (ebenso ist zu erinnern an den Kampf um die "passenden" Zahnprothesen oder die immer wieder "schlecht sitzenden" orthopädischen Schuhe). Die eintretende Verzweiflung führt einerseits zur Resignation, aber andererseits oft zunächst und lange zu schwerem Haß auf den eigenen Körper mit schweren Vorwürfen, unübersehbaren und tiefgreifenden Enttäuschungen sowie Kränkungen über den jetzt als abgespalten gewünschten Anteil des Selbst. Nicht umsonst benutzt man innerlich Begriffe des Krieges gegen die Krankheiten - dabei sind es aber oft welche, die unser Körper als Reaktion auf unseren Umgang mit ihm produziert hat. Oft lassen sich Wünsche beobachten, den Körper zu bestrafen, ihn "auszuwechseln", ihn weiterhin mit allen Maßnahmen zum Funktionieren zu bringen oder ihn schließlich abzutöten (indem man sich selbst tötet!).

These 5: Zusätzlich stützt man sich (mehr vorbewußt bis unbewußt) beim Umgang mit dem eigenen Körper auf das gegebene Vorbild der Älteren (insbesondere der Eltern und anderer wichtiger Bezugspersonen).

Gerade die Eltern der heutigen Generation der über 60jährigen vermittelten einen häufig harten, unnachgiebigen und uneinsichtigen Umgang mit dem eigenen Körper - unterstützt durch das frühere ungenügende, mangelhafte bis sogar falsche Wissen um Körperprozesse und entsprechende "private" Theorien dieser Älteren (geboren um die Jahrhundertwende!). Gerade in bedrohten und damit regressiven Situationen erhalten diese Vorbilder wieder erneute Bedeutung unter Zurücktreten eigener erworbener Erkenntnisse und Erfahrungen. Diese Eltern-Generation kannte z.B. kaum Wechsel zwischen Arbeit und Ruhe/Erholung und kaum Urlaub/Kuren. Die Bedeutung dieser Vorbilder wird in Behandlungen kaum gewürdigt.

These 6: Um die Einschränkungen bzw. den Wegfall von physischen und psychischen Funktionen zu akzeptieren, bedarf es eines Trauerprozesses.

Als zentrale Aufgabe des Alterns wird der "Trauer- und Befreiungsprozeß" (Pollock, 1981) angesehen - sie gilt selbstverständlich auch für die Verluste, insbesondere für die bereits erwähnten, von hochbesetzten Funktionen (Beweglichkeit, Leistungsfähigkeit, Gehen, Sehen, Hören, Potenz, psychische Funktionen wie Merkfähigkeit, Erinnerungsvermögen, Kritikfähigkeit und affektive Stabilität). Nur ein derartiger Trauerprozeß kann zu einem "Loslassen" und damit innerlich akzeptiertem Ablösen von diesen wichtigen Funktionen führen. Akzeptieren heißt nicht, selbstverständlich sich mit dem Verlust auszusöhnen, sondern ihn in das eigene Körperselbstbild zu integrieren - also ihn zu allen anderen früheren Bildern und Erfahrungen mit dieser Funktion hinzufügen. In weitaus geringerem Maße stellt sich die Aufgabe des Trauerprozesses bei den notwendigen Adaptationen an die in der Regel langfristig ablaufenden physiologischen Veränderungen.

These 7: Um spätestens jetzt Alternden einen guten Zugang zu ihrem Körper zu verhelfen, bedarf es der konsequenten Einbeziehung entsprechenden Materials (Phantasien, Träume, private Theorien, Körperselbstvorstellungen etc.) in psychotherapeutische Behandlungen.

Der Körper Alternder erhält in der psychoanalytischen Psychotherapie/Psychoanalyse wenig Beachtung. Einerseits sehen Ältere aufgrund lebenslang bevorzugter Verhaltensweisen bzw. Abwehrstrategien unverändert keinen Grund, bei einer seelischen Behandlung über ihren Körper zu sprechen. Andererseits erwarten wir als Psychotherapeuten, daß sich die "offizielle Körpermedizin" möglichst in Form einer qualitativ hochwertigen geriatrischen - und dazu noch rehabilitativ ausgerichteten - Versorgung mit der gezeigten Multimorbidität und den zahlreichen Funktionseinschränkungen oder -ausfällen befaßt. Wir nehmen dafür auch die Einnahme vielfältiger Medikamente (teilweise als Ausdruck einer hilflosen Polypragmasie) mit ihren unüberschaubaren Nebenwirkungen und die Beziehungen zu den sie verordnenden mehrfachen Behandlern als "medizinischen Objekten" (Hirsch 1994a) in Kauf.

Auch ich habe zunächst entsprechende Hinweise bei meinen alternden Patienten übersehen bzw. nicht genügend gewichtet. So bin ich im letzten Jahrzehnt bei 50- bis 75jährigen (natürlich auch noch früher bei weitaus jüngeren) Träumen begegnet, in denen diese alternden Erwachsenen alte Häuser betraten, deren Räume und Einrichtung ihnen entweder völlig unbekannt waren oder verschwommen vertraut, wobei die Räume meist leer oder bei verstaubten Möbeln unbenutzt erschienen. Ein Teil dieser Patienten deutete das alte Haus als das eigene Selbst mit noch unbekannten bzw. wieder bewohnbar zu machenden "Lebensräumen" oder Lebensmöglichkeiten. Ich habe (zu) lange diese Träume eher auf Triebbedürfnisse, Lebensmöglichkeiten, Interessen oder neue bzw. reaktivierbare Objektbeziehungen bezogen. Zunehmend mehr habe ich sie dann zusätzlich als Ausdruck eines jetzt gewünschten Zugangs zu dem eigenen älter werdenden oder alt gewordenen Körper verstanden, dessen Funktionen, Reaktionen und Erlebnisweisen bisher nicht wahrgenommen werden durften, jetzt aber eines "Besuches" möglich oder würdig erschienen. Dieser Weg, d.h. die Einbeziehung des Körpers und das Hineinspüren in diesen Körper erwies sich dann in der therapeutischen Arbeit als besonders wichtig bis zentral. Ich glaube, daß wir diesen Aspekt bisher zu lange und aufgrund der Resignation vor dem älter werdenden Körper (möglicherweise auch vor dem eigenen) gerade bei alternden Patienten vernachlässigten. Wir sind immer wieder fasziniert, wenn im Rahmen einer Psychotherapie Alternder körperliche Dekompensationen sich stabilisieren, Symptome und Krankheiten verschwinden - ohne reflektierend diesen Prozeß genügend zu verstehen. Wir fragen aber kaum, in welchem Ausmaß neue wichtige Erfahrungen mit dem Körper gemacht werden bzw. berücksichtigen sie zu wenig. Wer einmal erlebt hat, was es für eine Frau heißt, erstmals mit 75 im warmen Wasser schwimmen zu lernen und einen anderen Zugang zum Körper zu erfahren, spürt plötzlich, welche Möglichkeiten bestehen.

Lassen Sie mich diese Möglichkeiten an einer kurzen Episode aus der von mir und Frau Schweizer publizierten Analyse verdeutlichen (die in dem Buch nur kurz erwähnt ist):

Frau S. brach sich bei einem Sturz auf vereister Straße mit 68 Jahren ihr Schultergelenk. Lebenslang hatte sie körperliche Symptome kaum wahrnehmen dürfen, ihren Körper ständig reglementiert, überfordert und wenig berücksichtigt. Erstmals konnte sie jetzt den Krankenhausaufenthalt akzeptieren; die Schmerzen, die Funktionseinschränkung und die medizinisch notwendige Versorgung an sich heranlassen, erleiden und akzeptieren; aber sich gleichzeitig auch den Wunsch nach Verwöhnung und

Versorgung (auch in der Kindheit kaum befriedigt) zugestehen und sich auch nach der Entlassung bei langsamer körperlich gut spürbarer Besserung eine Weile der regressiven Situation überlassen, um dann wieder als Erwachsene - nach abgeklungenen Folgen - ihr Leben fortzusetzen. Ganz eindeutig hatte sie aufgrund ihrer Träume auch ihren Körper selbst entdeckt (Radebold, Schweizer 1996). Sie berichtete mir vor kurzem, jetzt mit fast 78 Jahren, daß die Ärztin bei einem Check-up keinerlei Störungen oder Erkrankungen gefunden habe und sie sich im Gegensatz zu allen anderen ihrer Altersgruppe unverändert wohl fühle und für ihre Ärztin fast "ein Wunder" darstelle.

Ich habe erneut im letzten Jahrzehnt mehrere körperlich schwer kranke oder schwer krank werdende PatientInnen (Krebserkrankungen, Herzinfarkte, Non-Hodgkin-Lymphom, neurologische Systemdegeneration) sehr lange behandelt (zwei sind auch in der Behandlungszeit verstorben). Über sie bekam ich nochmals einen besonderen Zugang zur Situation ihrer älter werdenden und kranken Körper und konnte ihnen besser helfen, diese und ihre Funktionsveränderungen wahrzunehmen und angesichts ihrer Krankheit adäquater zu reagieren. Ich halte derartige begleitende langfristige Erfahrungen mit körperlich Alterskranken für unverzichtbar für die Psychotherapie alternder Erwachsener. Sie stellt m.E. auch eine wichtige Erfahrung für uns selbst dar - wie gehen wir selbst mit unserem älter werdenden Körper um?

These 8: Für die Zielsetzung eines guten Zugangs zum eigenen Körper bedarf es parallel zu der dazu oft nicht ausreichenden, sich auf die Verbalisierung stützenden Behandlung der systematischen Einbeziehung averbaler "spürender" Körpertherapien.

Dieser Vorschlag eines "konservativen" Psychoanalytikers mag irritieren oder sogar befremden. Angesichts der zunehmenden Bedeutung des Körpers und damit der

Verschiebung während des Alterns von der Außenwelt in den "inneren Raum" (Uexküll et al. 1994) erscheint es mir dringend notwendig, bei der Häufigkeit von funktionellen Symptomen/Beschwerden, aber auch sich chronifizierenden Krankheitsbildern Wege zu entdecken, um diesen Menschen - spätestens jetzt - einen brauchbaren bis guten Zugang zu ihrem Körper zu vermitteln. Bisher kennen wir dafür das auch von Alternden gut nutzbare "Basistherapeutikum" (Hirsch 1987, 1994b) des Autogenen Trainings. Weiterhin werden Verfahren, die sich auf Musik, Malen, Imagination und Bewegung stützen, genutzt. Diese vermitteln schon stärker die Möglichkeit des "individuellen Spürens" des eigenen Körpers. Die Publikation "Subjektive Anatomie" (Uexküll et al. 1994) zeigt die Theorie und Praxis körperbezogener Psychotherapie am Beispiel der "Funktionellen Entspannung" auf. Psychoanalytischerseits haben insbesondere Müller-Braunschweig (1989, 1996) und Moser (1989, 1991) in mehreren Publikationen auf die Möglichkeiten körperorientierter Psychotherapie aufmerksam gemacht - diese Möglichkeiten wurden bisher jedoch kaum für die Körper älterer Menschen genutzt.

Wichtig erscheint mir, älteren Menschen ein differenziertes Therapiekonzept anzubieten, welches einerseits eigene individuell nutzbar zu machende Möglichkeiten des "Spürens und Erfahrens" ermöglicht und andererseits in einer parallel laufenden "eher klassischen" psychoanalytischen Therapie entsprechende Reflexions- und Verarbeitungsmöglichkeiten anzubieten, die aber wechselseitig ausgetauscht werden müssen. Kürzlich hat Canzler (1996) "Wahrnehmen, Erleben, Verstehen und Üben" als Grundpfeiler einer "Orthotonie" beispielhaft für eine psychosomatische Behandlungsmethode von Rückenpatienten (leider wiederum nicht für über 60jährige) im Sinne dieses doppelten Ansatzes beschrieben.

Es erscheint mir dringend erforderlich, zusätzliche und als gleichwertig anzuerkennende Wege zu suchen, um den psychosomatisch kranken Älteren, aber auch überhaupt den Älteren Möglichkeiten zu geben, ihren Körper, d.h. seine Sensationen/Empfindungen, aber auch ihre diesbezüglichen Umgangsformen einschließlich der Abwehrprozesse, ihre Besetzungen, ihre Phantasien und magischen Vorstellungen und damit ihr Körperselbstbild kennenzulernen und zu verändern. Wir entgehen den "Behindertenjahren" während des Alterns nicht - wie sie verlaufen, läßt sich durch uns im Sinne einer besseren Lebensqualität beeinflussen!

Literatur

Antonowski, A. (1979): Health, Stress and Coping. San Francisco: Jossey-Bass

Canzler, P. (1996): Wahrnehmen, erleben, verstehen, üben - Grundpfeiler der Orthotonie als psychosomatische Behandlungsmethode von Rückenpatienten. In: Riedel, H., Sandweg, R. (Hrsg.): Die Behandlung der Psychosomatischen Erkrankungen des Bewegungssystems und ihre Ergebnisse. Blieskastel: Selbstverlag der Stiftung "Psychosomatik der Wirbelsäule", 125-138

Focke, W. (Hrsg.) (1995): Unterwegs zu neuen Räumen. Die Veränderung des Selbstbildes im Alter. Düsseldorf: Parerga

Heuft, G. (1994): Persönlichkeitsentwicklung im Alter - ein psychoanalytisches Entwicklungsparadigma. Z. Gerontol. 27, 116-121

Hirsch, R. D. (1987): Das Autogene Training in der Gerontologie. Z. Gerontol. 20, 242-247

Hirsch, R. D. (1994a): Medizinische Objekte in der Psychotherapie. In: Radebold, H.; Hirsch, R. D. (Hrsg.): Altern und Psychotherapie. Bern: Hans Huber, 83-92

Hirsch, R. D. (1994b): Entspannungsverfahren. In: Radebold, H.; Hirsch, R. D. (Hrsg.): Alter und Psychotherapie. Bern: Hans Huber, 93-104

Jansen, B.; Radebold, H. (1989): Beschwerden einer repräsentativen Stichprobe über 60jähriger in einer ländlichen Region. In: Speidel, H.; Strauss, B. (Hrsg.): Zukunftsaufgaben der psychosomatischen Medizin. Berlin: Springer, 61-69

Koch-Straube, U. (1996): Fremde Welt Pflegeheim - eine ethnologische Studie. Bern: Hans Huber

Moser, T. (1989): Körpertherapeutische Phantasien. Psychoanalytische Fallgeschichten neu betrachtet. Frankfurt a. M.: Suhrkamp

Moser, T. (1991): Der Körper in der Psychotherapie und die Angst vor der Sexualisierung. Psychother. Psychosom. 36, 283-296

Müller-Braunschweig, H. (1989): Bild, Körperbild und Psychoanalyse. In: Janssen, P. L.; Paar, G. (Hrsg.): Reichweite der psychoanalytischen Therapie. Berlin: Springer

Müller-Braunschweig, H. (1996): Körperorientierte Psychotherapie. In: Uexküll, T. v. (Hrsg.): Psychosomatische Medizin. München: Urban & Schwarzenberg, 5. Aufl., 464-476

Plessner, H. (1976): Die Frage nach der Conditio Humana. Aufsätze zur philosophischen Anthropologie. Frankfurt a. M.: Suhrkamp

Pollock, G. H. (1981): Aging or aged: Development or Pathology. In: Greenspan, S. I.; Pollock, G. H. (eds.): The Course of Life. Vol. III: Adulthood and the Aging Process, Nat. Institute of Health. Maryland: International Universities Press, 549-589

Radebold, H. (1996): Psychosomatische Sicht Alternder. In: Uexküll, T. v. (Hrsg.): Psychosomatische Medizin. München: Urban & Schwarzenberg, 5. Aufl., 1162-1182

Radebold, H.; Schweizer, R. (1996): Der mühselige Aufbruch - über Psychoanalyse im Alter. Frankfurt a. M.: Fischer

Uexküll, T. v. (1992): Der eigene Körper als semiotische Erfahrung einer "subjektiven Anatomie" - oder kurz: Der Körper spricht mit sich selbst. In: Landesversicherungsanstalt Württemberg (Hrsg.): Der Körper als Problem des älteren Menschen - Rehabilitation und Geriatrie. Tagung 1992, Schriftenreihe zur Sozialversicherung, Bd. 11, 59-66

Uexküll, T. v.; Fuchs, M.; Müller-Braunschweig, H.; Johnen, R. (Hrsg.) (1994): Subjektive Anatomie - Theorie und Praxis körperbezogener Psychotherapie. Stuttgart: Schattauer

III. Innere Wirklichkeit des Alterns

Realer und phantasierter Objektverlust im Alter

John A. Bruggeman

1. Einleitung

Radebold schreibt (1994), daß kaum 50- bis 60-jährige und selten Patienten über 60 Jahre psychoanalytisch behandelt werden. Auch in den Niederlanden kommen Patienten über 50 Jahre nicht mehr für eine Psychoanalyse in Betracht, was unter anderem mit der Finanzierung durch den Staat zusammenhängt.

Aufgrund des niederländischen Allgemeinen Gesetzes über besondere Krankheitskosten (AWBZ) erhalten nur Patienten, die nach einem ausführlichen Auswahlverfahren für geeignet befunden wurden, vom Staat Geldmittel für eine vier- oder fünfmal wöchentlich stattfindende Psychoanalyse. Bei diesem Auswahlverfahren spielt das Alterskriterium eine wichtige Rolle. Man geht von der Annahme aus, daß viele ältere Menschen für eine Psychoanalyse zu 'erstarrt' sind und daß jüngere Menschen eine längere Zeit Nutzen von der arbeitsintensiven und teuren Behandlung haben können. Für eine psychoanalytische - oder andere - Psychotherapie beschränkt das AWBZ die Vergütung auf insgesamt höchstens 90 Stunden.

Was die Altersdiskriminierung älterer Menschen betrifft, so kann man diese meiner Meinung nach am besten auf zweierlei Art und Weise bekämpfen. Erstens hat man die Existenz eines spezifisch psychischen Leidens bei Älteren nachzuweisen; zum Beispiel Beschwerden wegen Depressionen, für die es keine somatische Ursache gibt. Dann muß zweitens durch therapeutische Ergebnisse nachgewiesen werden können, daß man dem älteren Menschen durch eine psychoanalytische Behandlung helfen kann.

Die Basis für diese Auffassung wurde durch die Kasseler Symposien sowie unter anderem die Veröffentlichungen von Radebold, Teising, Kipp, Wagner und Warsitz gelegt (Radebold 1992).

Was nun meinen eigenen Beitrag zu diesem Symposium betrifft, so möchte ich zuerst kurz einige theoretische Ausgangspunkte abstecken und diese danach mit einigen klinischen Vignetten erläutern.

Die involutive Phase beim Älterwerden scheint einerseits entgegengesetzt zur evolutiven Phase der Adoleszenz zu verlaufen und andererseits dieser zu entsprechen. Das erklärt sich daraus, daß dieselbe Art von Problemen zu lösen ist, die wiederum identische Ängste wie in der Pubertät hervorrufen, wie Konflikte wegen Abhängigkeit, wenn man beispielsweise nach der Pensionierung weniger Geld hat oder gebrechlich wird. Der Adoleszent muß sich von der infantilen Bindung an seine Eltern lösen, aber er findet neue Idol-Objekte. Der Ältere kann durch den Tod Partner, Freunde und Bekannte verlieren und tritt damit in eine Phase zunehmenden Objektverlustes.

Der Adoleszent beginnt mit einer Ausbildung oder einem Beruf, der Ältere ist im Ruhestand und entbehrt einer sozialen Einbettung. Der Adoleszent hat Angst vor heftigen sexuellen und aggressiven Impulsen. Der Ältere ist über den Verlust der Libido besorgt und ängstigt sich vor Altersschwäche und Tod (King 1980).

Krankheiten heilen beim Adoleszent meistens schnell, während bei älteren Menschen chronische Krankheiten auftreten. Der Adoleszent schmiedet Zukunftspläne, der Ältere regelt sein Testament und die Bestattung.

Aber der wesentlichste Punkt bei einem Vergleich zwischen den evolutiven und involutiven Entwicklungsphasen ist die Möglichkeit, daß Ältere im Gegensatz zum Adoleszenten über eine lange Lebenserfahrung und viele internalisierte

Objektrepräsentationen verfügen. Wurden diese Erfahrungen und Objektrepräsentationen allerdings verdrängt, dann kann das zu Depression und Isolierung führen.

Es ist dann die Aufgabe der Psychoanalyse, diese neurotischen Konflikte zu lösen, so daß der Ältere wieder über den Reichtum seiner Erinnerungen verfügen kann. Natürlich meine ich damit nicht den dementierenden älteren Menschen.

Teilweise besteht die psychoanalytische Technik bei Älteren aus Konstruktion und aus Rekonstruktion. Mit Konstruktion meine ich das Vermögen des Patienten, sich während des psychoanalytischen Prozesses nicht nur an ein verdrängtes Ereignis zu erinnern, sondern diese zuerst verdrängte Erinnerung in der Übertragung auch affektiv erleben zu können. Rekonstruktion beschränkt sich auf die Reproduktion historischer Tatsachen, die manchmal aktiv vom Therapeuten eingebracht werden.

Mit dem Wiedererleben internalisierter Objektrepräsentationen verschwinden sehr oft Depression und Isolierung. Nicht selten prüfen Ältere ihre psychische Realität an der externen Realität, indem sie wieder Briefe und Tagebücher lesen, nach einem halben Jahrhundert wieder frühere Schulkameraden besuchen und frühere Wohnorte, Spielplätze und Orte des Schreckens aufsuchen.

Was letzteres betrifft, so möchte ich Radebold (1994, S. 439) zitieren: "Für Deutschland und Österreich stellt sich die zusätzliche Frage des Einflusses unserer nationalsozialistischen Vergangenheit." Dem möchte ich hinzufügen, daß ganz Europa vom Zweiten Weltkrieg getroffen wurde. Die jetzt 55-jährigen und Älteren haben diesen Krieg direkt oder indirekt mitgemacht.

Deshalb habe ich drei Vignetten von Patienten gewählt, deren interne und externe Realität vom Zweiten Weltkrieg beeinflußt worden sind.

2. Der pathologische Trauerprozeß eines alten Mannes

Herr A. wurde 1927 geboren. Er beschreibt seine Jugend als glücklich, ebenso wie seine eigene, 40 jährige Ehe. Er hat drei Kinder, ein gutes Familienleben und eine erfolgreiche Geschäftskarriere. Im Jahre 1944, Herr A. war damals 17 Jahre alt, wurde sein Vater verhaftet. Erst 1948 wurde angenommen, daß der Vater tot sei. 1946 ging Herr A. zum Militär: Er hatte keine Wahl zu welcher Einheit. Nach der Demobilisierung fing seine Karriere bei einem technischen Betrieb an.

Als er 1990, im Alter von 63 Jahren, zum Generaldirektor befördert werden sollte, meldete er sich krank. Meine Nachfragen ergaben, daß der Zeitpunkt seiner Krankmeldung mit dem Datum übereinstimmte, an dem sein Vater im Krieg bei einer Razzia verhaftet und als Zwangsarbeiter nach Deutschland transportiert worden war. Von dort sollte er nicht wieder zurückkehren. Der Patient besuchte nach seiner Krankmeldung ehemalige Konzentrationslager auf der Suche nach dem Namen seines Vaters. Seine Obsession mit 'anniversary reactions' wies darauf hin, daß den signifikanten 'anniversary'-Zeitpunkten regressive Identifizierungen und Introjektionen zugrunde lagen, die am 'anniversary'-Tag aktualisiert und dynamisch wirksam wurden.

Der Patient und dessen Mutter hofften noch jahrelang auf die Rückkehr des Vaters. Aber es gab noch mehr. In der psychiatrischen Untersuchung stand, daß der Patient ein Einzelkind sei. Weil er öfter in der Wir-Form sprach, fragte ich nach dem Ursprung dieser Gewohnheit, worauf er wie folgt reagierte: "Ich ist immer wir." Wie sich herausstellte, war sein eineiiger Zwillingsbruder nach dem Krieg durch ein Flugzeugunglück ums Leben gekommen.

Es wurde klar, daß der Patient durch eine 'Ichspaltung' (Freud 1938) die Existenz und den Tod seines Bruders völlig verleugnet hatte. Der Patient erzählte, er habe sich zusammen mit seinem Bruder nach dem Krieg beim Militär angemeldet. Er kam zur Infanterie und wurde Obergefreiter. Sein Bruder wurde für die Pilotenausbildung in Amerika ausgewählt und kehrte nach einigen Jahren als Kommandant zurück.

Während eines Angstanfalls erzählte der Patient, andere Piloten seien auf seinen Bruder eifersüchtig gewesen und hätten ihn während einer Sturzflugübung 'in die Zange' genommen, so daß er seine Maschine nicht rechtzeitig wieder hochziehen konnte und auf dem Boden zerschellte. Nach diesem angstvollen Wiedererleben begann der Patient an seiner Erinnerung zu zweifeln.

Nachfragen beim Luftwaffenarchiv ergaben, daß sein Bruder auf einem Einzelflug wegen einer Motorstörung in die See gestürzt war. Dem Patienten wurde daraufhin klar, daß er den Neid auf seinen Bruder auf dessen Kollegen projiziert hatte und daß das Objekt der Trauer zum Vater verschoben worden war.

Ohne Zweifel würde in einer langlaufenden Psychoanalyse die ödipale Problematik deutlich geworden sein; dies war aber nicht der Kern von Herrn A's pathologischem Trauerprozeß. Der Kern von Herrn A's Depression waren die unbewußten Todesphantasien gegen seinen Bruder. Mit der Bewußtmachung dieser Phantasien und deren Prüfung an der Realität verschwand die Depression.

Nach 11 Sitzungen konnte Herr A. dann nachträglich seine Stelle als Generaldirektor bei seiner Firma antreten und bei einem ein Jahr später stattfindenden Gespräch ergab sich, daß er seine Aufgabe gut bewältigte.

3. Die Analyse vom 'Großen Hans'

Ich erinnere mich an Freuds (1909) 'Analyse der Phobie eines fünfjährigen Knaben' des 'kleinen Hans'. Als dieser Angstanfälle bekam, zog sein Vater Freud zu Rate und wandte dessen Interpretation auf den 'kleinen Hans' an.

Daran mußte ich während der psychoanalytischen Lehrtherapie eines jungen Mannes denken, der seinen Eltern aufgrund der in der Therapie besprochenen Themen sehr gut bei ihren Problemen mit Depression, Scham und Isolierung helfen konnte.

Die lehrtherapeutische Situation glich einem umgekehrten 'kleinen Hans'. Zuerst sollte ich erklären, daß die Ärzte in den Niederlanden bei der Ausbildung zum Psychiater verpflichtet sind, selbst mindestens 50 psychotherapeutische Sitzungen zu durchlaufen.

Ziel dieser Therapie ist es, einen Beitrag zum professionellen Arbeiten und eine gute Konfrontation mit der Patientenrolle zu bieten. Darüber hinaus findet eine Konfrontation mit der Therapeutenrolle statt und es ist persönliches Wachstum und persönliche Entwicklung möglich. Übrigens müssen die Ärzte die Kosten dieser kurzen Lehrtherapie während der Ausbildung selbst bezahlen. Diese fachärztliche Ausbildung wird in den Niederlanden von vielen Ausländern absolviert.

Meinen Herrn Kollegen, den ich in diesem Referat besprechen möchte, werde ich wegen seiner Rolle den Eltern gegenüber 'Hans' nennen. Hans ist ein 38 jähriger Deutscher, der während seines Studiums eine niederländische Frau kennenlernte, die er heiratete und mit der er zwei junge Kinder hat. Hans macht einen sympathischen Eindruck. Er denkt viel über sich nach und drückt sich in gutem Niederländisch mit einem leichten Akzent aus.

Beiläufig erzählte er zu Beginn der Lehrtherapie, daß er es immer wieder vergißt, seine Aufenthaltsgenehmigung zu verlängern. Auf meine Frage, welche

Gründe das haben könnte, weiß er keine Antwort zu geben. Ich sage, er könnte ohne Aufenthaltsgenehmigung abgeschoben werden. Hans meint, er wolle vielleicht nicht in den Niederlanden bleiben und antwortet auf meine Frage, ob er zurück nach Deutschland wolle, daß er auch dort nicht sein möchte.

Er fragt sich, warum er mit seinen Kindern kein Wort Deutsch spricht und vergleicht seine eigenen Eltern mit seinen Schwiegereltern. Der Vater ist 75 Jahre alt, die Mutter 73. Die Schwiegereltern sind ungefähr gleich alt und sehr herzlich und gastfreundlich.
Seine eigenen Eltern sind abweisend und verschlossen.

Hans hat einen 15 Jahre älteren Halbbruder Heinz aus der ersten Ehe seiner Mutter. Heinz ist ein Alkoholiker, der mehrmals in einer Klinik aufgenommen wurde. Die Eltern schämen sich für Heinz und versuchen, seine Existenz zu verbergen. Hans hat das Gefühl, daß er etwas gutzumachen hat.
Seine Eltern sind stolz darauf, daß er Arzt ist.

Als der Vater einmal zu Besuch kam, war er entsetzt, daß im Gästezimmer eine Matratze auf dem Fußboden lag. Auf die Frage von Hans, warum er so entsetzt sei, antwortete der Vater, daß ihn das an seine vier Jahre Kriegsgefangenschaft in Rußland denken ließ. Auf die Frage von Hans, warum zu Hause niemals darüber gesprochen wird, antwortete der Vater: "Was nicht weiß, macht nicht heiß".

Hans fragt sich, warum er so wenig über seine Eltern weiß. Sein bester Freund nennt ihn einen Mann ohne Vergangenheit. Ich frage, ob das auch mit der Tatsache zusammenhängt, daß er keine Aufenthaltsgenehmigung beantragt.

Überrascht sagt Hans: "Deutschland und Holland empfinde ich nicht als mein Vater- oder Mutterland, ich gehöre nicht dazu. Ich weiß so wenig über meine Eltern. Vielleicht hat Vater schlimme Sachen gemacht, Juden aufgehängt oder so etwas." Ich antworte, daß für diesen Gedanken zwei nötig sind: die Eltern, die über den Krieg schweigen: "Was nicht weiß, macht nicht heiß" und er selbst, der sich nicht nach ihrer Vergangenheit zu fragen traut.

In der nächsten Therapiestunde erzählt Hans, daß er die Aufenthaltsgenehmigung erhalten hat und am Wochenende nach Deutschland fährt, um mit seinen Eltern über früher zu sprechen.

Er hat in der Klinik mit einer Untersuchung über den Einfluß der Jahreszeiten auf Depressionen angefangen.

Ich sage, daß jede Untersuchung etwas über den Untersucher mitteilt, worauf Hans wie folgt reagiert: "Depression kann durch Umstände kommen", dem aber später hinzufügt: "Ich war mir nicht bewußt, daß das sagen will: Es überkommt einen, man ist dafür nicht verantwortlich."

Allmählich wird durch die Gespräche mit dem Vater deutlich, daß er zum Bodenpersonal der Luftwaffe gehörte und am Kriegsende Berlin verteidigen mußte. Er schoß auf Russen, weil es hinter der Frontlinie SS-Männer gab, die jeden Deutschen, der kapitulieren wollte, totgeschossen haben, so teilt der Vater von Hans mit. Die Mutter erzählt wenig. Sie war 17 Jahre alt, als sie einen neun Jahre älteren SS-Mann heiratete. Mit 18 wurde sie schwanger von Heinz und war ein Jahr später Kriegswitwe. Wenn auch viele Familienangehörige im Krieg umgekommen sind, so sind doch noch, wie sich herausstellt, ein älterer Bruder des Vaters und eine Schwester der Mutter am Leben.

Der Vater möchte seinen Bruder und seinen Geburtsort in Schlesien gerne besuchen. Hans schlägt den Eltern vor, diese Reise mit seinem Auto zu machen. Die Mutter reagiert ängstlich, sie bleibt lieber mit Heinz zu Hause. Hans fährt dann mit seinem Vater zehn Tage nach Berlin und in das heutige Polen.

Nach seiner Rückkehr ist Hans beinahe nicht wiederzuerkennen und wirkt wirklich wie jemand, dem eine schwere Last von den Schultern gefallen ist.

Seine Erzählung zeigt, daß die Reise auch dem Vater sehr gut getan hat. Er hat sein Geburtshaus in Schlesien unbeschädigt vorgefunden. Auch die Kirche, in der der Vater getauft worden war, stand noch. Hans saß mit seinem Vater zusammen in der Kirchenbank, die früher die Familie einnahm. Der Pfarrer spielte die Orgel und lud sie ein, bei ihm zu übernachten. Hans sprach mit seinem Onkel und mit Vaters Altersgenossen, alten Frontsoldaten; keine Kriegsverbrecher, so erzählt Hans erleichtert. Er war sehr erstaunt, daß die Großmutter, Vaters Mutter, ein Jahr wegen Lebensmittelkartenhandels im Gefängnis gewesen war. Das wurde im Krieg schwer bestraft. Scham und Schuld beschäftigen Hans während der Therapiesitzungen.

Von Mutters Schwester hört Hans, daß Mutters erster Mann holländische Zwangarbeiter mit Fußtritten bearbeitet hatte, er war ein richtiger Sadist gewesen.

Hans will sich dann beim niederländischen Institut 'Erkennung' melden. Diese Instanz hilft Kindern niederländischer Kriegsverbrecher, die bei der Deportation von Juden geholfen haben. Hans' stellvertretende Scham kann damit gut besprochen werden und ich halte ihm vor, daß die Mutter 17 Jahre alt war, als sie heiratete und bereits direkt danach schwanger und Kriegswitwe wurde.

Wenn es wahr ist, was die Tante erzählt, dann betrifft das den ersten Mann der Mutter und nicht sie selbst und sicher nicht Hans, der lange nach dem Krieg geboren wurde. Es folgen viele Gespräche zwischen Hans und seiner Mutter, die deutlich machen, daß sie ihren ersten Mann kaum kannte, weil er nur kurz auf Urlaub aus Polen, Frankreich und Rußland kam. Zu Hause gibt es ein Foto von ihm in Uniform mit Baby Heinz auf dem Arm. Für Hans war dieses Foto in seiner Kinderzeit ein Schreckgespenst. Heinz prahlte damit, daß dies sein richtiger Vater war, ein SS-Mann, und daß Hans' Vater ein Schwächling war. Das verstärkte bei Hans eine negative ödipale Bindung an den Vater als Kameraden und eine ödipale Kastrations- und Annihilationsangst vor dem Mann in Uniform auf dem Foto. Eines Tages kommt Hans in einer bayrischen Trachtenjacke. Im Krankenhaus fragt man ihn: "Bist Du ein Deutscher?". "Ja, ich bin ein Deutscher", ist seine Antwort. Er lehrt seine Kindern jetzt auch Deutsch.

Seine Eltern kommen jetzt oft zu Besuch bei der netten Schwiegerfamilie in Holland und sprechen dann offen über ihre Kriegsvergangenheit. Hans lädt dazu nun auch immer Heinz ein, "denn", so sagt er, "Heinz ist der Onkel meiner Kinder." Inzwischen will Hans noch einige Zeit mit der Lehrtherapie weitermachen. Er sagt dazu: "Früher hatte ich beängstigende Phantasien über meine Eltern, aber jetzt, wo ich die Tatsachen kenne, fühle ich mich davon befreit, und meine Eltern sind nicht mehr verschlossen und depressiv."

Mir ist nicht bekannt, ob eine Lehrtherapie in Deutschland für Psychiater und Gerontologen auch verpflichtend ist.
Vielleicht gibt es viele 'große Hänse" und "große Gretchen", die durch eine eigene Lehrtherapie ihre betagten Eltern aus der Isolierung und von ihrem Familiengeheimnis befreien können.

4. Die Psychoanalyse eines 62-jährigen Mannes

Herr B. ist jetzt fünf Jahre (fünfmal wöchentlich) in Psychoanalyse. Er wurde von einem Kollegen wegen Depressivität und suizidalen Gedanken überwiesen.

Bei der Vorstellung lernte ich einen kleinen, jüdisch aussehenden Mann kennen, der einen niedergeschlagenen Eindruck machte. Er erzählte, daß alles in seinem Leben mißlungen war.

Den Krieg hatte er von seinem 7. bis zum 11. Lebensjahr bei über 20 Untertauchadressen überstanden. Seine Haare wurden blond gefärbt, sein Name immer wieder geändert und er mußte seine Rolle als sogenanntes Familienmitglied einstudieren, ebenso wie den Katechismus der katholischen oder protestantischen Kirche.

Nach dem Krieg kamen seine Eltern und seine ein Jahr jüngere Schwester nicht mehr zurück. Außer einem Vetter hatte niemand von seiner Familie den Krieg überlebt. B. blieb dann in Kinderheimen. Nach Abschluß der Höheren Schule arbeitete er in einer Textilfirma.

Er heiratete ein jüdisches Mädchen aus dem Kinderheim. Sie waren durch den Verlust ihrer Familien zwar Schicksalsgefährten, aber ihre Charaktere paßten nicht zusammen, was zu einer Scheidung der Ehe führte. B. schloß dann ein Abendstudium mit dem Englisch-Diplom ab. Inzwischen war er arbeitslos geworden.

Ich erläuterte ihm, daß er zwar immer versuchte, etwas aus seinem Leben zu machen, aber das Gefühl hat, daß vieles verurteilt ist zu mißlingen.

Ich schlug ihm vor, mit Hilfe einer Psychoanalyse herauszufinden, wieso das der Fall ist. Bemerkenswert war, daß B. während der zweiten Analysestunde mitteilte, das Kissen würde sich nicht gut anfühlen. Er hatte deshalb ein aufblasbares Kissen mitgenommen, wie man das Kindern gibt, die noch nicht schwimmen können. Offensichtlich war das der unbewußte Ausdruck von B. für die Tatsache, den Kopf über Wasser halten zu wollen. Natürlich habe ich das zu Beginn der Analyse nicht gedeutet.

In den ersten Jahren entstand eine Selbst-Objekt-Übertragung, in der die vielen Untertaucherfahrungen wiedererlebt werden konnten. Anfänglich schien B. durch die vielen, angelernten Rollen eine multiple Persönlichkeit zu sein, aber in der Übertragung kam allmählich sein 'wahres Selbst' (Winnicott 1960) zum Vorschein. Metaphorisch gesprochen erhielt ich den Eindruck, daß B. wie ein gutes Buch war, dessen Seiten jedoch durcheinander geraten waren.

Die traumatischste Untertaucherfahrung erlebte B. im Alter von sieben Jahren, als er von einem Pädophilen zur Masturbation und dem Auflecken von Sperma gezwungen wurde. Dieser Pädophile schlachtete in seiner Anwesenheit ein

Kaninchen und drohte, mit ihm dasselbe zu tun. In der Analyse wurde deutlich, das B.s spätere Potenzstörung durch eine intensive Kastrations- und Annihilationsangst verursacht wurde.

Nach dem Durcharbeiten von moralisch-masochistischen Charakterzügen, wobei Beschuldigungen meiner Person als antisemitisch und sein eigenes Leiden im Mittelpunkt standen, kam auch B.s eigene, sadistische Neigung gegenüber seiner zuerst von ihm idealisierten Schwester zum Ausdruck.

B. wurde sich immer mehr dessen bewußt, daß er seine ein Jahr jüngere Schwester auch geplagt und weggewünscht hatte. Nach der Aufklärung, daß das Wegwünschen seiner Schwester nicht zu deren Tod im Vernichtungslager geführt habe, konnte B.s Überlebensschuld gelöst werden.

An seinem Geburtstag nahm B. plötzlich das Schwimmkissen vom Hals, ließ die Luft heraus und sagte: "Geben Sie mir mal das normale Kissen." Inzwischen hat B. eine Anstellung als Englischlehrer erhalten und ist aktives Mitglied einer literarischen Gesellschaft geworden, wo er ein Referat über die verborgenen Motive in 'Der Kaufmann von Venedig' gehalten hat. Auch das Singen in einem jüdischen Chor macht ihm viel Freude.

Bei einem Besuch in Israel trifft er eine Frau, die ebenfalls Englischlehrerin ist. Es entsteht eine Liebesbeziehung. B.'s Potenzstörung ist verschwunden. Sie folgt ihm in die Niederlande und sie heiraten nach jüdischem Ritus unter der Chuppa. Vor kurzem zitierte B. in der Analyse das Gedicht von Keats über den Herbst. Dazu fällt ihm ein: "Wie herrlich sind diese fallenden Blätter mit dem goldenen Licht." Und etwas später: "Ich mache mit der Analyse noch weiter, denn solange ich in Analyse bin, bin ich nicht tot." Und in der Gegenübertragung bekomme ich das Gefühl: "Solange er in Analyse ist, bin ich nicht tot."
Analysen von Älteren zu beenden ist schwer.

Wenn, wie das die Vignetten zeigen, traumatisierten älteren Menschen mit einer Psychoanalyse oder psychoanalytischen Therapie gut geholfen werden kann, dann wird das sicher auch für die nicht traumatisierten Älteren gelten. Die involutive Phase vermindert zwar die körperliche Vitalität und führt zu Gebrechlichkeit, aber sie ermöglicht auch, aus einem Schatz an Lebenserfahrungen durch internalisierte Objektrepräsentationen zu schöpfen, sofern diese, soweit das möglich ist, von ihren neurotischen Konflikten befreit werden.

Das kann durch die affektive Wiederbelebung ambivalenter Objektbeziehungen in der Übertragung geschehen, die einen Unterschied zwischen Phantasien über Objektverlust und dem realen Objektverlust möglich macht.

Literatur

Bruggeman, J. A. (1994): The Significance of Absent Objects in the Analysis of Transgenerational Conflicts. Zeitschrift für psychoanalytische Theorie und Praxis 9, 220- 234

Coltart, N.E.C. (1991): The Analysis of an Elderly Patient. The International Journal of Psycho-Analysis 72, 209- 220

Freud, S. (1909): Analyse der Phobie eines fünfjährigen Knaben. G.W., VII., 243-377

Freud, S. (1938): Abriß der Psychoanalyse. G.W., XVII, 63- 147

King, P. (1980): The Life Cycle as indicated by the Nature of the Transference in the Psychoanalysis of the Middle-Aged and Elderly. The International Journal of Psycho-Analysis 61, 153- 160

Radebold, H. (1992): Psychoanalyse und Altern. Vorträge der beiden Symposien 1989 und 1990. Kasseler Gerontologische Schriften, Band 14, Gesamthochschul-Bibliothek

Radebold, H. (1994): Freuds Ansichten über die Behandelbarkeit Älterer. Zeitschrift für psychoanalytische Theorie und Praxis 9, 247- 259

Winnicott, D.W. (1960): Ego distortions in terms of true and false self. Collected Papers. New York. Basic Books.

Schuldgefühle im Alter: Zur Problematik von Schuld und Schuldgefühl

Eike Hinze

1. Einleitung

In der psychoanalytischen Literatur spielt die Auseinandersetzung mit Schuldgefühlen eine wichtige Rolle. Jedoch wird dabei kaum zwischen Schuld und Schuldgefühlen differenziert. Das rührt zum einen sicher daher, daß den Psychoanalytiker die psychologische Kategorie "Schuldgefühl" mehr interessiert als die moralische Kategorie "Schuld". Angesichts des Vorherrschens der englischen Sprache in wissenschaftlichen Veröffentlichungen spielt aber wohl auch eine Rolle, daß das Wort "guilt" nur unscharf zwischen den beiden Bedeutungen differenziert. So steht z.B. in BBC English Dictionary: "Guilt is an unhappy feeling that you have because you have done something wrong" und "Guilt is the fact that you have done something wrong or illegal".

In ihrer Arbeit "Der Einfluß unbewußter Schuldgefühle während der Wechseljahre" beschäftigt sich Betty Raguse-Stauffer (1995) mit der Beziehung zwischen Schuld und Schuldgefühl und kommt zu dem Schluß:

> "Ich bin zwar überzeugt, daß in manchen Situationen die Unterscheidung zwischen Schuld und Schuldgefühl auch aus psychoanalytischer Sicht unumgänglich, gerechtfertigt und sinnvoll ist. Sie innerhalb der psychoanalytischen Situation, d.h. innerhalb des Zusammenspiels von Übertragung und Gegenübertragung zu treffen, halte ich aber für nicht angebracht. Ich sehe darin vielmehr ein Abweichen von der analytischen Haltung, die u.a. darin besteht, sich nicht mit einem Persönlichkeitsanteil der Analysandin zu

identifizieren und für oder gegen einzelne Persönlichkeitsanteile Partei zu ergreifen" (S.47).

Der hier aufscheinende Widerspruch - eine an sich sinnvolle Unterscheidung wird automatisch zur Parteinahme für oder gegen einen Persönlichkeitsanteil - stimmt gut auf die Schwierigkeiten ein, denen man begegnet, wenn man sich in der Dialektik von Schuld und Schuldgefühlen zurechtzufinden versucht.

Es ist kein Zufall, daß gerade in einer Arbeit über ältere Patienten der Versuch unternommen wird, zwischen Schuld und Schuldgefühlen zu differenzieren. Beschäftigt sich die Psychoanalyse meist mit Schuldgefühlen, die den infantilen Objektbeziehungen entstammen, geht es in der erwähnten Arbeit um Schuld gegenüber den eigenen Kindern. Im Laufe des Lebens gibt es ja immer mehr Möglichkeiten, sich schuldig zu machen, d.h. anderen Menschen zu schaden (z.B. den eigenen Kindern, den alternden Eltern). Schlägt sich das in entsprechenden Schuldgefühlen nieder? Spielen daher Schuldgefühle (bewußt oder unbewußt) im Alter, auch in Therapien alter Patienten, einer größere Rolle? Geschieht es vielleicht im Alter gar nicht so selten, daß Menschen an ihren sich aufstauenden, unverarbeiteten Schuldgefühlen quasi seelisch ersticken? Dieser Frage sich mit fortschreitendem Alter akkumulierender Schuldgefühle soll im folgenden nachgegangen werden. Ich hoffe, daß dabei nicht nur altersspezifische Aspekte geklärt werden, sondern auch etwas Licht auf die Dialektik von Schuld und Schuldgefühl geworfen werden kann.

2. Die klassische psychoanalytische Theorie des Über- Ichs

> "Das Über-Ich ist ein theoretisches Konzept, das diejenigen seelischen Funktionen bezeichnet, die moralische Haltungen, Gewissen und Schuldgefühl repräsentieren. Es entsteht durch eine Internalisierung der ethischen Grundsätze der Gesellschaft, in welcher die Person lebt, und entwickelt sich durch Identifizierung mit den Haltungen der Eltern und anderer wichtiger Menschen in der Umgebung des Kindes. Über-Ich- Funktionen können in zwei Kategorien aufgeteilt werden:
>
> 1) die beschützenden und belohnenden Funktionen, welche Ideale und Werte aufbauen und die unter dem Begriff des Ich-Ideals zusammengefaßt werden;
> 2) die kritischen und bestrafenden Funktionen, welche das Schuldgefühl und die Gewissensbisse hervorrufen" (Moore & Fine 1975; Übers. E.H.).

Das Ich-Ideal und das ihm mehr assoziierte Gefühl von Scham werde ich bei meinen Überlegungen außer acht lassen. Diese Abtrennung ist sicher nicht ganz unproblematisch, erscheint aber um der Klarheit willen notwendig. Hier noch einige Begriffsbestimmungen von Freud:

> "Das Schuldgefühl (ist) im Grunde nichts als eine topische Abart der Angst, in seinen späteren Phasen fällt es ganz mit der Angst vor dem Über-Ich zusammen." "Das Über-Ich ist eine von uns erschlossene Instanz, das Gewissen eine Funktion, die wir ihm neben anderen zuschreiben, die Handlungen und Absichten des Ichs zu überwachen und zu beurteilen." "Reue ist eine Gesamtbezeichnung für die Reaktion des Ichs in einem Falle des Schuldgefühls, enthält das wenig umgewandelte Empfindungsmaterial der dahinter wirksamen Angst, ist selbst eine Strafe und kann das Strafbedürfnis einschließen; auch sie kann also älter sein als das Gewissen" (1930, S.495).

Die Schwammigkeit dieser letzten Definition weist auf eine konzeptionelle Unklarheit hin, auf die später noch eingegangen werden soll.

Jeder Mensch entwickelt in seinem individuellen Leben ein Über-Ich. Freud verband diese individuelle Genese, die Ontogenese des Über-Ichs, mit der Phylogenese, indem er Darwins Gedanken der ursprünglichen Urhorde aufgriff. Nach dem Mord am Vater durch die Brüderhorde wird der Vater introjiziert und damit erstmals in der Geschichte der Menschheit eine moralische Instanz errichtet. Zwei Punkte seien hier aus Freuds Gedanken hervorgehoben: 1) Freud bezieht die Stammesgeschichte des Menschen mit ein und setzt dabei die Entwicklung des Über-Ichs bzw. eines moralischen Empfindens mit dem Beginn der Kulturentwicklung gleich. 2) Inhaltlicher Kern der Über-Ich-Verbote ist das Inzesttabu, ein universalmenschliches Phänomen, das in den unterschiedlichsten Kulturen anzutreffen ist. Es fällt auf, daß sich Freud zwar explizit auf Darwin bezieht, dann aber nicht weiter dessen Evolutionstheorie folgt, sondern in Lamarckschen Gedankengängen befangen bleibt. Darwin zu folgen hätte geheißen, weiter in biologischen Kategorien zu denken, was Freud ja in anderen Zusammenhängen nie vernachlässigt hat - ganz im Gegensatz zu vielen seiner Nachfolger. Auch der Gedanke, daß die Kultur des Menschen auf dem Inzesttabu gründet, wird durch die Biologie stark relativiert. Ist die Inzestscheu doch ein weit verbreitetes Phänomen im Tierreich (Bischof 1985). Freud war sich der Bedeutung von Darwins Entdeckungen durchaus bewußt. Rechnete er doch dessen Evolutionstheorie zusammen mit der Kopernikanischen Wende und der eigenen Entdeckung des Unbewußten zu den drei großen Kränkungen, welche die Menschheit im Laufe der Zeiten durch die Wissenschaft erdulden mußte. Um so bemerkenswerter ist es, daß er sich in seinem phylogenetischen Exkurs nicht weiter von ihm anregen ließ.

3. Evolutionstheoretische Überlegungen

Es mag zunächst befremdlich erscheinen, die Evolutionstheorie mit Begriffen wie Schuld und Schuldgefühl, die meist der menschlichen Kulturentwicklung zugerechnet werden, in Verbindung zu bringen. Es sind aber im Grunde nur Mißverständnisse über das Wesen der Biologie, die zu der einander ausschließenden Gegenüberstellung von Biologie und Kultur führen. Kenntnisse über die Evolution der Arten und insbesondere von körperlichen Merkmalen gehören heute zum allgemeinen Bildungsgut. Aber auch die Seele des Menschen mit ihren differenziertesten kognitiven und affektiven Anteilen hat sich im Laufe der Evolution entwickelt.

> "Even if culture changes massively and continually across multiple generations, even if our problems and promises arise out of the cultural process of change, even if there are no genetic variations among humans that significantly affect their behavior, it is always true that the cumulative history of natural selection continues to influence our actions by the set of genes it has provided humanity" (Alexander 1987 S.23).

Die Fähigkeit, Schuld zu empfinden, ist allen Menschen gemeinsam. Auch sie muß sich im Laufe der Evolution entwickelt haben. Man könnte von einem im gemeinsamen Erbgut der Menschen verankerten "Reglerknopf der menschlichen Natur" (Wright 1996) sprechen. Die Inhalte dessen, was als Schuld erlebt wird, sind zum Teil kulturinvariant. Zum großen Teil variieren sie jedoch stark von Kulturkreis zu Kulturkreis und von Mensch zu Mensch. Bei diesen vor allem kulturell und weniger genetisch bedingten Unterschieden bietet sich der Vergleich mit einer Feineinstellung des Reglerknopfes an. Hier geht es um die individuelle Genese des Über- Ichs.

Damit sich die unterschiedlichen Affekte des Menschen entwickeln konnten, mußten sie einen Überlebenswert haben, d.h. die genetische Fitneß vergrößern. Für den Affekt der Angst ist das recht einsichtig. Verwickelter scheinen die Verhältnisse beim komplexen Affekt des Schuldgefühls zu sein. Bevor ich hierauf näher eingehen werde, sei ein kleiner Exkurs über den Wert der Evolutionstheorie für Fragestellungen der Psychologie und Psychoanalyse, besonders auch im Hinblick auf das Altern, eingeschoben.

Evolutionstheoretische Überlegungen erlauben plausible Aussagen über biologische Unterschiede zwischen der männlichen und weiblichen Psyche. Das Hervorstechen gewisser männlicher narzißtischer Wesenszüge könnte hiermit in Verbindung gebracht werden. Diese vorsichtige Formulierung trägt der Tatsache Rechnung, daß eine Synthese von psychoanalytischen und evolutionstheoretischen Hypothesen noch in den Kinderschuhen steckt. Nun zeigte sich anläßlich eines 1995 abgehaltenen psychoanalytischen Symposiums über "Männliche Identität und Altern", daß Probleme einer pathologischen narzißtischen Entwicklung beim alternden Mann eine größere Rolle spielen als bei der alternden Frau (Hinze 1996). Mag ein gewisser männlicher Narzißmus im Hauptalter der Fortpflanzungsfähigkeit das Verstreuen des männlichen Samens und damit die Ausbreitung seiner Gene begünstigen, können solche Charakterzüge im Alter als auffällige und störende Relikte erscheinen. Im Laufe der Evolution wurde beim Menschen ein Verhaltens- und Erlebensrepertoire selektiert, das im Fortpflanzungsalter eine Ausbreitung der Gene fördert. Mit diesem Repertoire treten wir in das Alter ein. Man kann annehmen, daß es nicht gerade optimal auf die Bewältigung altersspezifischer Aufgaben zugeschnitten ist. Der Selektionsdruck im Alter ist gering. Hier bietet die Evolutionstheorie sicher viele Anregungen, um Fragen von Anpassungsproblemen im Alter neu zu überdenken.

Welche Anregungen bietet nun die Evolutionstheorie für die Untersuchung von Schuldgefühlen und der Fähigkeit zu moralischem Empfinden. In der modernen Evolutionstheorie spielen die Begriffe der Verwandtschaftsselektion und des reziproken Altruismus eine wichtige Rolle. Mit Verwandtschaftsselektion ist die Selektion von Genkombinationen gemeint, die ein Verhalten begünstigen, das dem Wohl und Überleben (und damit der genetischen Fitneß) von Blutsverwandten dient, eventuell sogar unter Aufopferung des eigenen Lebens. Für die Ausbreitung der Gene ist das einzelne Individuum, der Phänotyp, eben nur ein Vehikel. Weitet sich ein solches Verhalten auf andere, nicht verwandte Mitglieder der Gruppe aus, spricht man vom reziproken Altruismus. Ein solches Verhalten kann allen Beteiligten im Sinne eines Nicht-Nullsummen-Spiels Vorteile für die Verbreitung des jeweiligen genetischen Pools bringen. Die Disposition für solche Verhaltensweisen bedingt die Existenz einer entsprechenden seelischen Repräsentanz, des Über-Ichs bzw. des Gewissens. Die Entwicklung dieses seelischen Organs beginnt nicht erst mit dem Auftauchen der Kultur in der Menschheitsgeschichte, wie Freud annahm, sondern reicht über viele Millionen Jahre tief in die Evolutionsgeschichte hinein. Diese Herleitung des Gewissens aus dem Egoismus der Gene ist einer Definition des Gewissens durch den Biologen Alexander (1987) anzumerken: "The still small voice that tells us how far we can go in serving our own interests without incurring intolerable risks (S.102)". Aber es gilt auch die Aussage von Wright (1996):

> "Das Erstaunliche ist, daß ein so moralfreier Prozeß, ein Prozeß von so eiskalter Sachlichkeit wie die natürliche Auslese, ein menschliches Organ zu entwerfen vermochte, das uns das Gefühl des Kontaktes mit einer Welt höherer Wahrheiten gibt." "Die Verwandtschaftsselektion hat dafür gesorgt, daß sich Menschen, einerlei wo auf diesem Planeten sie zu Hause sind, tief schuldig fühlen, wenn sie beispielsweise einen Bruder oder eine Schwester, einen Sohn oder eine Tochter, ja selbst wenn sie einen Neffen oder eine Nichte schwer schädigen oder schlecht behandeln. Und der reziproke Altruismus hat dieses Gefühl des Verpflichtetseins - selektiv - über den Verwandtenkreis hinaus ausgedehnt. Gibt es auch nur eine einzige Kultur, in der die schlechte Behandlung eines Freundes kein anstößiges, sondern breite Billigung findendes Verhalten ist? Jeder von uns wäre äußerst skeptisch, wenn ein Ethnologe behauptete, er habe eine solche Kultur entdeckt (Wright 1996, S.342)."

Hier betont die Evolutionstheorie das gemeinsame menschliche Erbe. Um die andererseits auch große Vielfalt zu verstehen, welche das menschliche Schulderleben kennzeichnet (welch unterschiedlicher Handlungen wegen kann man sich in verschiedenen Kulturen schuldig fühlen!), bedarf es natürlich einer Untersuchung eben dieser Kulturen und Gesellschaften. An diesem Punkt kann die Psychoanalyse ansetzen, die Aussagen über die individuelle Genese des Über- Ichs macht.

4. Zwischenbilanz

Zwei Theorien der Gewissensentstehung stehen nun einander gegenüber: die klassische psychoanalytische und die evolutionstheoretische. Wie verhalten sie sich zu unserer Hypothese der sich im Lebenslauf akkumulierenden Schuldgefühle? Das klassische psychoanalytische Über-Ich-Modell könnte durchaus mit dieser Hypothese vereinbar sein, indem eine strafende und verfolgende Instanz jegliches Fehlverhalten mit Schuldgefühlen ahndet und dabei im Laufe eines langen Lebens die Passivaseite der moralischen Buchführung immer mehr anwachsen läßt.

Das biologische evolutionstheoretische Modell geht vom Anpassungswert des moralischen Empfindens aus. Es sieht die Fähigkeit zu Schuldgefühlen als Instrument der genetischen Fitneß. Dies widerspräche eher der Hypothese. Denn ein Mensch, der im Laufe seines Lebens immer schuldbeladener wird, ist sicher nicht der geeignetste Propagator seiner Gene.

Beide Theorien sind nur bedingt miteinander vereinbar. Doch lassen beide Raum für kulturinvariante und kulturabhängige Inhalte des Schulderlebens. Der kulturinvariante Kern des klassischen Über-Ichs, das Inzestverbot, entspricht aber nicht den vergleichbaren Inhalten der biologischen Theorie. Nach dem bisher Dargestellten ergibt sich also eine noch sehr widersprüchliche und unbefriedigende Situation. Führen hier neuere Ergebnisse der psychoanalytischen und anthropologischen Forschung weiter?

5. Freuds Dilemma

In Freuds Herleitung des Über-Ichs steckt ein Widerspruch, mit dem er sich bereits auseinandersetzte. Seine Lösungsversuche blieben aber unbefriedigend. Die anfangs erwähnte Definition der Reue verrät etwas von dieser konzeptuellen Unklarheit. Ich beziehe mich der Einfachheit halber auf die phylogenetische Herleitung. Entsprechendes gilt natürlich für die individuelle Entwicklung. Schuldgefühle bzw. das Über-Ich entwickeln sich erst nach dem Vatermord durch Introjektion des Vaters.

> "Aber wenn das menschliche Schuldgefühl auf die Tötung des Urvaters zurückgeht, das war doch ein Fall von 'Reue', und damals soll der Voraussetzung nach Gewissen und Schuldgefühl vor der Tat nicht bestanden haben? Woher kam in diesem Fall die Reue? (...) Diese Reue war das Ergebnis der uranfänglichen Gefühlsambivalenz gegen den Vater, die Söhne haßten ihn, aber sie liebten ihn auch; nachdem der Haß durch die Aggression befriedigt war, kam in der Reue über die Tat die Liebe zum Vorschein, richtete durch Identifizierung mit dem Vater das Über-Ich auf, (...) Nun , meine ich, erfassen wir endlich zweierlei in voller Klarheit, den Anteil der Liebe an der Entstehung des Gewissens und die verhängnisvolle Unvermeidbarkeit des Schuldgefühls. Es ist wirklich nicht entscheidend, ob man den Vater getötet oder sich der Tat enthalten hat, man muß sich in beiden Fällen schuldig finden, denn das Schuldgefühl ist der Ausdruck des Ambivalenzkonflikts, des ewigen Kampfes zwischen dem Eros und dem Destruktions- oder Todestrieb" (Freud 1930, S.492).

Zweierlei ist hieran bemerkenswert. Es gibt also zwei Arten von Schuldgefühl. Die eine tritt bereits vor, die andere erst nach Einsetzung des Über-Ichs auf. Außerdem betont Freud hier die Rolle der Liebe in der Entstehung von Schuldgefühlen. Dies ist eine andere Akzentsetzung gegenüber dem klassischen Über-Ich-Modell, demzufolge die ödipalen Schuldgefühle die Angst vor einer internalisierten Vergeltung repräsentieren wegen des Wunsches, den Vater zu töten und an seine Stelle zu treten. Dies ist ein Modell, das die Wendung der Aggression gegen das Selbst betont, nicht die Macht der Liebe. Freud hat die Widersprüchlichkeit seiner Vorstellungen über die Genese des Über-Ichs bestehen lassen. Dies lag sicher z.T. daran, daß die gründlichere Erforschung der prä-ödipalen Entwicklung und der Rolle der Mutter in der frühkindlichen Entwicklung seinen Schülern und Nachfolgern vorbehalten blieb.

6. Das "mütterliche" Über-Ich und die Säuglingsforschung

Bald nach der Konzeptualisierung des Über-Ichs beschäftigten sich Psychoanalytiker mit dessen prä-ödipalen Vorläufern. Ferenczis Sphinktermoral bezieht sich auf die anale Phase. Das Kind internalisiert die Gebote seiner Eltern während der Reinlichkeitserziehung. Dieser Prozeß unterscheidet sich nicht wesentlich von der Internalisierung elterlicher Gebote und Verbote während der ödipalen Phase, welche nach der klassischen psychoanalytischen Theorie den Kern des Über-Ichs ausmachen. Andere Psychoanalytiker, insbesondere aus der Kleinianischen Schule, haben die Aufmerksamkeit auf Entwicklungsvorgänge gelenkt, die sich hiervon grundsätzlich unterscheiden und die ohne den Umweg über die Internalisierung von

Verboten, d.h. letztlich einer Wendung der Aggression gegen das Selbst, zu sehr frühen Formen altruistischen Erlebens bzw. Verhaltens im Kinde führen.

D.W. Winnicott hat diese Prozesse besonders einfühlsam und plastisch beschrieben (1964). Er betrachtet die Fähigkeit zu Schuldgefühlen nicht als etwas, das eingeprägt werden und wozu das Kind erzogen werden muß, sondern als einen Aspekt der Entwicklung der Menschen. Er betont, wie sich bei kleinen Kindern ein Empfinden für Moral und Sittlichkeit ganz natürlich entwickelt. Der Säugling unterhält zwei Arten von Beziehung zur Mutter. Es gibt eine Triebbeziehung, bei der das Objekt ohne Rücksicht auf die Folgen bedenkenlos benützt wird. Winnicott spricht hier von der Objekt-Mutter. Hier kann sich das Baby z.B. vorstellen, das Objekt aufzuessen und seinen Inhalt in Besitz zu nehmen. Daneben gibt es die ruhigere Beziehung zur sog. Umwelt-Mutter. Die zuverlässige Gegenwart der Umwelt-Mutter ermöglicht es dem Baby zu erleben, daß seine Impulse die Mutter nicht zerstören und daß es einen Beitrag zu ihrem Wohlergehen leisten kann (Wiedergutmachung). Die Angst, die Mutter zu zerstören und damit zu verlieren, kann ausgehalten werden und kann die Qualität von Besorgnis bzw. - negativ ausgedrückt - von Schuldgefühlen bekommen. Man könnte hier von der Entwicklung eines mehr "mütterlichen" Über-Ichs sprechen, das im Zusammenhang steht mit Angriffen auf die Mutter und Wiedergutmachungsimpulsen. Das klassische ödipale Über-Ich wäre dagegen mehr ein "väterliches" mit der Betonung strafender und verfolgender Schuldgefühle wegen des Wunsches, den Vater zu töten. Es mag in diesem Zusammenhang interessieren, daß 1932 der japanische Psychoanalytiker Heisaku Kosawa (nach Kityama 1991) Freud in Wien besuchte und ihm eine Veröffentlichung vorlegte, die sich mit diesen beiden Arten von Schuldgefühlen beschäftigte und den mütterlichen sog. Ajase-Komplex in der japanischen Kollektivseele untersuchte. Er stieß damals mit diesen Gedanken auf kein Verständnis und fand keine Anerkennung.

Ausgehend von einem Beobachtungs- und Untersuchungsinstrumentarium, das von dem der Psychoanalyse sehr abweicht, kommt nun die Säuglingsforschung erstaunlicherweise zu Ergebnissen, die mit den Beobachtungen und Überlegungen Winnicotts sehr gut vereinbar sind. So beobachteten Säuglingsforscher empathische und mitfühlende Reaktionen schon im Alter von 10 Monaten. Viele Kinder im Alter von 18 Monaten führten tröstende (care-giving) Handlungen aus (nach Friedman 1985). Die Forscher waren beeindruckt durch den frühen Beginn und die Ähnlichkeit im gesamten Repertoire altruistischer und sozialer Reaktionen. Sie vernachlässigten nicht den Effekt von Imitation und Verstärkung sozialen Verhaltens, hielten aber dennoch das Wirksamwerden von biologischen Reifungsmechanismen für wahrscheinlich.

7. Versuch einer Synthese

Es ist faszinierend, wie Psychoanalyse und Säuglingsforschung in dem beschriebenen Bereich konvergieren - ungeachtet aller noch bestehender Widersprüche zwischen diesen beiden Disziplinen konzeptueller und inhaltlicher Art, z.B. hinsichtlich der unbewußten Phantasien. Im Austausch zwischen Mutter und Kind entwikkelt sich ein angeborenes Potential (Reglerknöpfe der Evolutionstheorie, s.o.) von altruistischem Verhalten und Erleben, das in die Entwicklung solch komplexer affektiver Regungen wie Besorgnis, Verantwortung und Schuldgefühl mündet. Dabei bedarf es zunächst nicht der Internalisierung sozialer Normen oder strafender Instanzen.

Ein Problem bleibt aber durch die Existenz unterschiedlicher psychoanalytischer Theorien über die Entstehung von Schuldgefühl und moralischem Empfinden bestehen. Diese müßten untereinander verbunden und außerdem noch mit den evolutionstheoretischen Überlegungen in Beziehung gebracht werden. Friedmann (1985) schlägt hier eine radikale Lösung vor. Er will den Begriff des Schuldgefühls von dem der Über-Ich-Angst differenzieren. Plausibler und mit dem psychoanalytischen, entwicklungspsychologischen und biologischen Denken besser zu vereinbaren erscheint mir aber ein integratives Modell, das außerdem den Vorteil besitzt, überflüssige semantische Differenzierungen zu vermeiden, und eher dem allgemeinen Sprachgebrauch entspricht.

Säuglingsforscher und Psychoanalytiker wie Winnicott beschreiben einen Prozeß, in welchem sich aus einem allen Menschen gemeinsamen ererbten Potential (die erwähnten Reglerknöpfe) in der Beziehung zur Mutter die universelle Fähigkeit zu moralischem Empfinden und Schuldgefühlen entwickelt. Natürlich gibt es auch hier bereits individuelle Unterschiede, die immer mehr hervortreten, wenn sich im Laufe der weiteren Entwicklung aus dieser moralischen Urmatrix durch das Hinzutreten vielfältiger Identifizierungen schließlich die komplexe Struktur des erwachsenen Über-Ichs bildet. Hier spielen die für die Lösung der ödipalen Konflikte nötigen Internalisierungen sicher eine ganz wesentlich prägende Rolle. Die von Freud beschriebene Lösung des Ödipuskomplexes beim Knaben durch Introjektion eines strafenden und verfolgenden Vaters stellt dabei einen möglichen Sonderfall dar, den man eher der paranoid-schizoiden Position zuordnen könnte. Schuldgefühle aufgrund eines verfolgenden und strafenden Über-Ichs werden sicher anders empfunden als ödipale Schuldgefühle, welche einer auf Liebe basierenden Reue entspringen, die man für den Wunsch empfindet, den Vater zu töten und an seine Stelle zu treten, und die von Wiedergutmachungswünschen begleitet sind. John Steiner (1990) spricht in diesem Zusammenhang von einem autoritären Über-Ich, das sich auf Bestrafung und Einschränkung gründet, im Kontrast zu einem mehr depressiven Über-Ich, das auf Trauer und Verlust basiert. Die bereits erwähnte Unterscheidung zwischen einem mütterlichen und einem väterlichen Über-Ich entspricht wohl teilweise dieser Differenzierung.

Das Über-Ich nun, das bei unserem Versuch auftaucht, die verschiedenen theoretischen Ansätze zu integrieren, scheint weniger eines zu sein, das penibel Schuld auflistet und im Lebenslauf summiert, sondern eine sehr komplex funktionierende Struktur, die das Zusammenleben mit anderen Menschen regelt. Die Hypothese der sich im normalen Alterungsprozeß akkumulierenden Schuldgefühle erscheint daher nicht sehr plausibel. Sie muß aber auch noch an klinischem Material geprüft werden. Dabei können auch die Überlegungen zu Schuld und Schuldgefühl weiter vertieft werden, gerade auch in ihrem Bezug zum therapeutischen Prozeß bei älteren Patienten.

8. Diskussion am klinischen Material

Fallberichte über psychoanalytische Behandlungen älterer Patienten und auch meine eigenen Erfahrungen weisen nicht darauf hin, daß Schuldgefühle in der Psychodynamik mit wachsendem Lebensalter an Bedeutung zunehmen. Auch der ausführliche Bericht über eine Psychoanalyse im Alter von Radebold und Schweizer (1995) macht hiervon keine Ausnahme. Zwar werden neben Schuldgefühlen infantiler Genese auch solche erwähnt, die auf Erlebnisse im weiteren Lebenslauf zurückgeführt werden können, doch spielen diese keine wesentliche Rolle.

In der in der Einleitung erwähnten Arbeit von Betty Raguse-Stauffer (1995) bezieht sich die Autorin auf die Analysen zweier Frauen im Klimakterium. Bei beiden Analysandinnen hatte sie versucht, schädigendes Tun gegenüber den eigenen Kindern als Schuld von lediglich auf Phantasien beschränkten Schuldgefühlen zu unterscheiden. Im einem Fall handelte es sich um Abtreibungen, im anderen um das Verlassen der Kinder. Diesen Versuch einer Differenzierung empfand sie aber im nachhinein als unbefriedigend, was sich in ihrem zitierten Resümee niederschlug. Um die Interaktion zwischen Analytikerin und Analysandin in diesen beiden Fällen besser verstehen zu können, halte ich eine begriffliche Klärung für notwendig. Der Terminus Schuldgefühl bezieht sich auf die psychologische Kategorie des affektiven Erlebens. Schuld dagegen ist ein moralischer Begriff. Einem Menschen wird Schuld zugewiesen, wenn sich seine Handlungen zu weit von einem moralischen Normensystem entfernen. Die Feststellung hingegen, ob ein Mensch einem anderen Schaden zugefügt hat, ist der wertfreien Beobachtung und Beurteilung zugänglich. Solche Feststellungen können in Psychoanalysen außerordentlich wichtig sein, da sie helfen, die innere und äußere Welt des Analysanden besser zu verstehen und voneinander abzugrenzen. Ich erinnere mich an die Analyse einer Lehrerin, die es als sehr fruchtbar und hilfreich erlebte, als sie erkennen konnte, wie sehr sie im Begriff war, ihren Schülern durch die Inszenierung eigener unbewußter Phantasien zu schaden. Im Beispiel von Raguse-Stauffer beschränkte sich die Analytikerin nicht auf eine wertfreie Klarstellung, sondern empfand in ihrer Gegenübertragung Vorwürfe gegenüber den Analysandinnen. Sie wurde damit zu deren externalisiertem Über-Ich. Ihre Fallvignetten sprechen aber nicht gegen die Notwendigkeit, auch in Analysen zwischen Schuldgefühlen, Schuld und kausalen Schädigungszusammenhängen zu unterscheiden.

Hier taucht im Zusammenhang mit unserem Thema die Gegenübertragung auf, die auch in diesem Kontext eine wichtige, aber leicht zu übersehende Rolle spielen kann. Eine 70jährige Frau macht wegen einer Depression eine Psychoanalyse. Ihre frühe Kindheit war gekennzeichnet durch schwere Defizite in der mütterlichen Zuwendung. Wegen dieser Erfahrungen hatte sie selbst große Schwierigkeiten, sich auf die eigenen Kinder in deren Säuglingszeit ausreichend empathisch einzustellen, was wiederum diese in ihrer weiteren Entwicklung behinderte. Diese Zusammenhänge wurden der Patientin im Laufe der Analyse durchaus bewußt, sie zeigte sich auch betrübt darüber, schien aber deswegen nicht von den verfolgenden Schuldgefühlen gequält zu werden, die ihr Analytiker bei ihr abgewehrt vermutete. Dem Analytiker wurde dann aber langsam klar, daß es sich hierbei um seine Phantasien über die Patientin handelte. Im Rahmen einer negativen Mutterübertragung, die er auf die Analysandin entwickelte, wollte er, daß diese sich schuldig fühlte. Dieses Beispiel zeigt, daß die eigene Übertragung auf einen Älteren (die Eltern sollen sich schuldig fühlen!) den fälschlichen Eindruck des Überwucherns von Schuldgefühlen im Alter erwecken kann.

Ein ähnliches Phänomen trat in der psychoanalytischen Behandlung eines älteren Mannes auf, in dessen Therapie die Erlebnisse der Kriegszeit eine Rolle spielten. Trotz einer insgesamt kritischen Einstellung hatte er Aspekte des Kriegseinsatzes genossen und war im Kampf für den Tod zahlreicher gegnerischer Soldaten verantwortlich. Er erlebte Bedauern hierüber, aber trotz gegenteiliger Erwartungen des jüngeren Therapeuten zeigten sich keine schwereren Schuldgefühle. Die Schuld, einmal verwundete Kameraden im Stich gelassen zu haben, verfolgte ihn aber zeitlebens. Dieses unterschiedliche Schulderleben gegenüber Angehörigen der eigenen Gruppe und Gegnern läßt sich u.a. gut mit den evolutionstheoretischen Überlegungen zur Genese des moralischen Empfindens vereinbaren. Auch in diesem Fall geht es um übertragungsbedingte Erwartungen des Therapeuten an seinen Patienten, die mit der Lebensgeschichte des ersteren und seiner Auseinandersetzung mit der Vätergeneration zusammenhängen. Man könnte nun einwenden, daß die Schuldgefühle dieses Mannes in der Therapie nicht genügend bearbeitet wurden und abgewehrt bzw. unbewußt blieben. Zum einen bot der Therapieverlauf hierfür keinen Anhalt. Schuldgefühle, die aus der kindlichen Entwicklung, insbesondere der ambivalenten Mutterbeziehung stammten, überwogen. Zum anderen ist es oft problematisch, aus dem Fehlen von Schuldgefühlen und der Erwartung des Therapeuten, es müsse sie doch geben, auf das Vorhandensein von abgewehrten unbewußten Schuldgefühlen zu schließen. Zu leicht fälschen hier die eigene Übertragung des Therapeuten und seine Wertvorstellungen das Bild. Wenn ein Patient im Laufe einer Behandlung Schuld erlebt, beweist dies nicht unbedingt die Existenz von vorher abgewehrten Schuldgefühlen. Oft wird er im Laufe der Behandlung erst fähig, diese Gefühle zu erleben, wobei als Ziel der Therapie eher ein depressiv getöntes Über-Ich wünschenswert ist als ein strafendes und verfolgendes. Abschließend sei noch die Abwehrfunktion von Schuldgefühlen erwähnt. Auch älteren Patienten fällt es oft leichter, von Schuldproblemen zu sprechen als über eventuell dahinter verborgene und abgewehrte Schamkonflikte.

9. Zusammenfassung

Es wird ein Modell der Über-Ich-Entwicklung entworfen, das sowohl biologische evolutionstheoretische Gesichtspunkte als auch unterschiedliche psychoanalytische Konzepte berücksichtigt. Ausgehend von diesem Modell und von klinischem Material ergeben sich keine Anhaltspunkte dafür, daß der alte Mensch grundsätzlich stärker unter Schuldgefühlen leidet als der jüngere. Die Unterscheidung von Schuldgefühl, Schuld und kausalem Schädigungszusammenhang erscheint auch in der analytischen Situation sinnvoll und notwendig. Fallbeispiele weisen besonders auf die Gefahr hin, als Therapeut Schulderwartungen auf den älteren Patienten zu übertragen.

Literatur

Alexander, R. D. (1987): The Biology of Moral Systems. New York: Aldine de Gruyter

Bischof, N. (1985): Das Rätsel Ödipus. München: Piper

Freud, S. (1930): Das Unbehagen in der Kultur. G.W., XIV., 419-506

Friedman, M. (1985): Toward a Reconzeptualization of Guilt. Contemporary Psychoanalysis 21, 501-547

Hinze, E. (1996): Männliche Identität und Altern. Editorial. psychosozial 19, 5-6

Kitayama, O. (1991): The Wounded Caretaker and Guilt. Int. Rev. Psycho-Anal. 18, 229-240

Moore, B. E.; Fine, B. D. (1975): A Glossary of Psychoanalytic Terms and Concepts. New York: The American Psycoanalytic Association

Radebold, H.; Schweizer, R. (1995): Der mühselige Aufbruch. Über Psychoanalyse im Alter. Frankfurt: Fischer

Raguse-Stauffer, B. (1995): Der Einfluß unbewußter Schuldgefühle während der Wechseljahre. psychosozial 18, 41-49

Steiner, John (1990): The Retreat from Truth to Omnipotence in Sophocles' Oedipus at Colonus. Int. Rev. Psycho-Anal. 17, 227-237

Winnicott, D.W. (1964): Moral und Erziehung. In: Winnicott (1974): Reifungsprozesse und fördernde Umwelt. München: Kindler

Wright, R. (1996): Diesseits von Gut und Böse. München: Limes

Altern als Verlust und Form von Zukunft

Rolf Peter Warsitz

1. Die Fragestellung: Das Zeiterleben im Alter

Wenn man sich aus klinischer Perspektive den theoretischen Fragen der Wahrnehmungs-, Empfindungs- und Denkstrukturen des Zeiterlebens zuwendet, dann neigt man schnell dazu, Phänomene des pathologischen Erlebens zu einem Idealtypus oder einer perspektivischen Verkürzung zu verallgemeinern. Wir sprechen z.B. von *dem* Alter oder *den* alten Menschen, haben aber konkrete kranke alte Menschen, in unserem Fall schwer depressiv kranke alte Menschen vor Augen (vergl.: Warsitz 1992). Üblicherweise stört uns eine solche perspektivische Verzerrung wenig, wissen wir doch aus der Psychoanalyse, daß es dieselben psychischen und vorwiegend unbewußten Mechanismen sind, die das Krankhafte ebenso wie das sog. Normale oder das idealtypisch Gesunde aus sich hervorbringen und sei es durch unterschiedliche Kombinationen verschiedener solcher Mechanismen. Zwischen psychischer Krankheit und Gesundheit erstreckt sich eine stufenlose Übergangs- und Ergänzungsreihe, *die* Krankheit gibt es ebensowenig wie *die* Gesundheit, und der vielzitierte Gesundheitsbegriff der WHO als ein Gesamt von körperlichem, geistigem und sozialem Wohlbefinden erscheint klinisch hoffnungslos illusionär- besonders für das Alter. Insofern erlaubt uns diese Besonderheit der klinischen Perspektive eine Übertragung von pathologischen Phänomenen auf das "normopathische" Altsein. Will man es kraß ausdrücken, so verstehen wir die Normalität aus der Pathologie, wie Freud es uns vorbuchstabiert hatte.

Konfrontiert man nun aber die in klinischer Perspektive gewonnenen Ergebnisse beispielsweise zum veränderten Zeiterleben im Alter mit heterogenen wissenschaftlichen Analysen der Zeiterfahrung alter Menschen, wie es im folgenden versucht werden soll, dann fällt zumindest eine irritierende Paradoxie auf: Während kulturtheoretische, anthropologische und zeitphilosophische Analysen (vergl.: Rentsch 1992; Mittelstraß 1992; Kamper 1996) zu erstaunlich konvergenten Überlegungen auch in bezug auf die klinische Perspektive gelangen, scheinen empirisch-psychologische Untersuchungen diesen diametral zu widersprechen (vergl.: Thomae 1989).

So hatte z.B. unsere klinische Zugangsweise zum Zeiterleben im Alter früher den Aspekt der Vergangenheitsbezogenheit als Folge eines Verlusts von Zukunft im Alter betont (vergl.: Warsitz 1984, 1992; Schlesinger-Kipp & Warsitz 1984) bzw. sogar den Verlust der Gegenwartserfahrung im Falle schwerer Blockierungen des Zukunftsbezugs postuliert. Im Zeit-Erleben depressiver alter Menschen hatten wir eine spezifische Abwehrstruktur gegenüber der vollständigen Offenheit der Zeitgestalt des erwachsenen Erlebens beschrieben: Alte depressive Menschen erleben sich demnach als unfähig (wie auch sonst depressiv-psychotische Patienten), sich den eigenen Zielvorstellungen, Ich-Ideal-Ansprüchen und Wünschen für das noch verbleibende Leben zu stellen und kapseln sich gegen diese Vorstellungen und Phantasien ab, sie bleiben hinter ihrem eigenen Zukunftshorizont in einem schuldhaft besetzten Prozeß eines zunehmenden Versagensgefühls zurück und schließen sich sodann im Sinne eines "tertiären Narzißmus" (vergl.: Kipp 1992; Kipp & Jüngling 1994) als Folge dieser "Remanenzbewegung" in ihrem eigenen Ich und allzu oft in ihren eigenen Körper ein (sog. Remanenz-Inkludenz-Struktur des "Typus melancholicus" nach Hubertus Tellenbach). Die Folge ist ein Kollaps der dreidimensionalen Zeitstruktur des Erlebens (Vergangenheit, Gegenwart und Zukunft, A-Reihe nach Mc. Taggart) zu einer bloß zweidimensionalen Vorher-

Nachher-Struktur, also zu einem rudimentären Zeiterleben (B-Reihe nach Mc Taggart) (vergl.: Mc Taggart 1908; Bieri 1972): Die Zukunft verkürzt sich zum Futurum exactum, zum bereits abgeschlossen gewähnten Zukunftsbezug (Futur-II-Pespektive des Immer-schon-Gewesenen), die Gegenwart schrumpft zu einem ausdehnungslosen Moment, komplementär totalisiert sich die Vergangenheit.[1] Sprachlich werden grammatische Formen des Partizip-Perfekt-Passivs bzw. des Futurum exactum bevorzugt. Diese vorherrschenden grammatischen Figuren verstecken sich gelegentlich im umgangssprachlich verkürzten Sprachmodus, sie sind aber leicht rekonstruierbar aus den spontanen Äußerungen: Hinter den monotonen Schilderungen und Vergangenheitsstereotypien verbergen sich oft die Sprachformen des gegen die Gegenwart und die Zukunft abgeschlossen erlebten Perfekts und Plusquamperfekts. Hinter dem Satz: "Damals konnte ich (...) noch (...)" steht idealtypisch die Formulierung: "Damals hatte ich noch (...) gekonnt (...), jetzt ist das alles vorbei (...)" Hinter dem negativen Zukunftsbezug der verneinten Veränderungsmöglichkeiten, z.B. daß sich die beklagte Gegenwart auch morgen und übermorgen nicht ändern werde, steht oft ein festgefügtes und kaum korrigierbar scheinendes, vermeintliches Wissen, daß es sich auch morgen und übermorgen nicht geändert haben wird (Futur II). Zwischen diesen abgeschlossenen Zeitgestalten verkümmert das Augenblickserleben (der Gegenwartsbezug, die "fonction du réel" nach P. Janet[2]) oder die Fähigkeit, spontane Gegenwart als Ereignis ("Kairos") wahrzunehmen, welche eine Voraussetzung ist für die Möglichkeit, psychotherapeutisch zu intervenieren. Die Offenheit für den Augenblick, den Kairos, ist philosophisch die Voraussetzung, einen Zukunftsbezug im Erleben realisieren zu können

---

[1]Zur mittlerweile ausgeuferten neueren Literatur über Zeit und Zeiterfahrung vergl.: Zimmerli & Sandbothe (1993); Fraser (1987); Withrow (1991); Gould (1987); Hawking (1988); Nowotny (1989); Gumin & Meier (1989); Zoll (1988); Prigogine & Stengers (1993); Cramer (1993); Kaempfer (1994)

[2]Vergl.: Schlesinger-Kipp & Warsitz (1984)

und auch klinisch dürfte die noch bestehende "fonction du réel" die Bedingung sein, die Zeiterfahrung in ihrer Dreidimensionalität von Vergangenheit, Gegenwart und Zukunft erfahren zu können. Möglicherweise stellen schwere Regressionen, wie die Erstarrung der Zeit im depressiven Stupor bereits Übergangsformen zu einem bloß noch zweidimensionalen Zeitbezug dar, der in organischen Psychosen die Regel ist:

> "Zukunft ist von außen wiederkehrende Vergangenheit; daher hat die Gedächtnislosigkeit keine" (Sonnemann 1994, S. 13).

So lebt z. B. der Alzheimer-Kranke nur scheinbar im "Hier und Jetzt": Sein "Jetzt" ist ein regressives, also vergangenes Jetzt (Analoges wäre für das Hier zu postulieren), die regressive Wiederbesetzung einer früheren, durch befriedigende Erfahrungen in den psychischen Apparat eingeschriebenen und wiederbesetzbar gewordenen Gegenwart.

Diesen früheren, hier nur skizzenhaft rekapitulierten klinischen Überlegungen zum Zeiterleben bei depressiven alten Menschen korrespondierte nun die psychotherapeutische Einsicht in die Reversibilität dieser als psychische Abwehrstruktur interpretierten Zeitstruktur.[3] "Verstummen im Alter und Sprechen als Therapie"- dieser Titel unseres früheren Textes wollte andeuten, daß gerade die regressive Zweidimensionalität des Zeiterlebens durch praktisch-therapeutische Interventionen (im beschriebenen Fall in Form einer langjährigen Gruppentherapie) sich erneut auf ihre idealtypische Dreidimensionalität hin öffnen läßt, so daß sogar schwer depressive Alterskranke klinisch eine gute Prognose aufweisen. Sprachanalytisch ent-

---

[3] Im Gegensatz zur phänomenologisch- daseinsanalytischen Psychiatrie, die sie als konstitutiven Modus des „In- der- Welt- Seins“ in einer verheideggerten Begrifflichkeit hypostasiert. Vgl.: Warsitz (1992)

spricht ihr eine Wiederverflüssigung des Partizip Perfekt Passivs in die einfache Imperfektform und des Futurum exactum ins "Noch-Nicht" der einfachen, nach vorne offenen Zukunftsbezogenheit, welche durch den Kairos einer gelingenden Deutung bzw. eines psychisch integrierbaren Deutungsprozesses möglich wird.[4] Pathodynamisch entspricht dem die Einsicht in die Reversibilität und Flexibilität von Abwehrprozessen, denen die chronologische Zeit (vergl. unten) offenbar nichts anhaben kann - auch nicht im hohen Alter.[5]

Dieser hier aus klinischer Sicht beschriebenen Offenheit der psychischen Struktur im Alter entspricht nun ein Befund, der sich beinahe durchgängig konvergent aus neueren anthropologischen und zeitphilosophischen Analysen des Alters ergibt. Die Möglichkeit, das Altern als Radikalisierung, als Abschluß und Akzentuierung einer widersprüchlichen und höchst störbaren, aber letztlich auch zu vollendenden Lebensgeschichte, als eine narrativ offene Erzählung zu begreifen, sowohl für die je individuelle als auch für die Geschichte des menschlichen Lebens insgesamt, für die Conditio humana, verbindet die klinische mit der geistes- und sozialwissenschaftlichen Perspektive (s. unten).

Sie widerspricht nun aber diametral empirisch-psychologischen Ergebnissen der Altersforschung: In etwas schnoddriger Hemdsärmeligkeit verneint z.B. Thomae (1989) nach Maßgabe seiner Bonner Langzeitstudie über alte Menschen drei zentrale Annahmen der eben skizzierten Zeitgestalt des Alters rundweg: Es gebe keine gesteigerte Sensibilität alter Menschen für die "entrinnende Zeit" und somit keine "dadurch bedingte krisenhaften Struktur der Zeitperspektive" (1), es fänden sich

---

[4]Vergl. unten; zur Kategorie des Kairos in Bezug zur biographischen Zeit und zum psychothearpeutischen Prozeß vergl.: Küchenhoff & Warsitz (1992)

[5]Wie es die psychoanalytische Gerontopsychotherapie zeigen konnte: vergl. Radebold (1992)

darüber hinaus keine empirischen Belege für eine "Entdifferenzierung dieser Zeitperspektive" (2) und überhaupt seien normative Theoreme über die Bedeutung der Endlichkeit des Daseins für das Erleben alter Menschen im wesentlichen irrelevant: Alte Menschen fühlten sich vielmehr in ihren Erlebnisweisen überhaupt nicht gegenüber den mittleren Lebensphasen verändert, sie seien eher hypernormal, d.h. es sei eine "betonte Realitätsorientierung" im Sinne einer forcierten "matter-of-fact-mindedness" zu beobachten (a.a.O., S. 64). Hochnormative Konzepte wie das der "Altersweisheit" (und das im folgenden diskutierte der "Altersradikalität"- so könnten wir ergänzen) seien nicht hilfreich und stünden empirisch auf schwachen Füßen, sie seien schlicht lebensfremd (a.a.O., S. 65).

Die Widersprüchlichkeit der Ergebnisse im interdisziplinären wissenschaftlichen Dialog soll nun unsere Reflexion gerade anregen, auf möglicherweise verborgene und unhinterfragte Bedingungen verschiedener methodischer Zugangswege zu rekurrieren, also methodologisch nach der Ebene oder der Projektionsfläche zu fragen, auf der heterogene wissenschaftliche Ansätze ihre Befunde präsentieren.

2. Eine methodologische Kritik am verdeckten Szientismus der psychologischen Gerontologie

> „(...) unter Szientismus (verstehe ich) eine Grundeinstellung (...), die bis vor kurzem (sc. geschrieben 1968! P.W.) die differenzierteste und einflußreichste Philosophie der Gegenwart, eben die analytische, beherrscht hat: die Einstellung, daß eine wissenschaftliche Philosophie wie die Wissenschaften selber intentione recta verfahren, d. h. ihren Gegenstand vor sich haben muß (und sich seiner nicht etwa reflexiv versichern darf)"
> (Habermas 1968, S. 368).

Eine erste kritische Vermutung zur Bonner Langzeitstudie alter Menschen läßt sich vielleicht hier schon andeuten: der bei den untersuchten Alten in immerhin gründlichen und im Medium umfangreicher Interviews, nicht etwa lediglich anonymer Fragebogenerhebungen erhobene Befund einer "matter-of-fact-mindedness" könnte eine "misplaced concreteness", um nicht zu sagen, ein Methodenartefakt sein: Ein Forscher, der sich selbst als unbeteiligter Beobachter versteht und sich daher nicht genötigt sieht, seine unreflektierte "spontane Philosophie des Wissenschaftlers" (vergl. Althusser und Canestri nach: Warsitz 1997) zu überprüfen, findet seinen eigenen Denkhorizont plötzlich im Objekt seiner Forschung wieder, sei es, weil er einfach seinen Horizont des Denkens in sein Objekt projiziert, sei es, weil er seine unbewußte Angst vor dem Anteil des Objekts, das er gerade widerlegen will, z.B. die fragliche Todesdrohung oder die "Sensibilität für die entrinnende Zeit", im untersuchten Material verleugnet (vergl.: Devereux 1967). Er findet jedenfalls jeweils das, was er zu finden erhofft unter Vernachlässigung dessen, was er zu vermeiden sucht. Bei dieser Kritik konzedieren wir umstandslos, daß die Daten selbst formal korrekt erhoben und mitgeteilt werden: Natürlich sprechen alte Menschen so "positivistisch", so realitäts- und faktenorientiert, so krankheits-, todes- und angstverleugnend über sich, wenn man sie in freien Interviews befragt. Und gewiß werden sie auch so denken, wie sie sprechen. Aber ebenso gewiß drängt sich die Vermutung auf, daß diese Äußerungen nicht alles sind, was sie dazu zu sagen hätten, würde man sie denn nach ihren tieferen Gefühlen befragen. Eine "teilnehmende Beobachtung" (im Gegensatz zu der oben als "unbeteiligte Beobachtung" bezeichneten szientistischen Forschungseinstellung) könnte in der Reaktion des fragenden Forscher-Subjekts in innerer Resonanz auf seine eigenen Gefühle, die das vom Interviewten Gehörte in ihm auslöst, einen Wink auf das Nichtausgesprochene im erzählten Text gewinnen (Gegenübertragungsanalyse in der Psychoanalyse). Aber auch der Text selbst dürfte bei präziser sprachanalytischer Untersuchung diskrete Hinweise auf das Nichtausgesprochene enthalten. Eine entsprechende Beobachtung über die Forscher-Beforschter-Interaktion, daß nämlich eine unbeteiligte Beobachtung spontan dazu tendiert, in eine teilnehmende Beobachtung umzukippen, konnten wir übrigens im Rahmen eines groß angelegten Forschungsprojekts (Prognos-Studie zum Modellprojekt Psychiatrie/Gerontopsychiatrie) vornehmen, als beratungstechnisch unausgebildete und insbesondere gerontopsychiatrisch unerfahrene Interviewer (formalisierte) Fragebogenerhebungen an Altenpflegeheimbewohnern vornahmen und dabei neben den vorgeschriebenen Fragen zusätzliche gefühlsbetonte Zwischenfragen einwarfen, die aus den spontanen Kontakten mit den Interviewten assoziativ eingeschoben wurden. Deren spontanes Mitgefühl z.B. bei Fragen zu den Hintergründen der Heimeinweisung oder zu Verlusterfahrungen wichtiger Beziehungspersonen löste nicht selten bei den Interviewten eine wahre Lawine von Gefühlsäußerungen aus, mit denen die Interviewer dann nicht mehr umgehen konnten, so daß sie das Interview abbrachen. Wenn wir den Ergebnissen scheinbar unvoreingenommener Interviewaussagen also nur eine beschränkte Aussagekraft zubilligen für die Beurteilung tieferer Befindlichkeiten alter Menschen, so rechtfertigt sich diese Skepsis aus den narrativen Umständen solcher Interviews, die sich erst aus Kontexten wie den beschriebenen auf dem Umweg einer Supervision jener Interviewer rekonstruieren ließen.

Möglicherweise verbirgt sich also hinter der in empirischen Untersuchungen bei Alten gefundenen "matter-of-fact-mindedness" eine unbefragt in die Alten projizierte "matter-of-fact-mindedness" der Interviewer und Forscher selbst, die dann auch nicht zu bemerken imstande ist, daß sie bei den untersuchten Alten lediglich die gut funktionierende Abwehrstruktur oder die Copingstrategien der Verarbeitung belastender Lebensumstände eruiert anstatt deren dahinter verborgenes wirkliches Erleben. In der gerontologischen Soziologie geschulte Interpreten solcher Befunde wie Leopold Rosenmayr wissen nur zu gut um diese Verkennnung:

> "Wenn wir empirischen Beobachtungen und Untersuchungen folgen, so zeigt sich eine Illusion, ja ein wie auf gezielte Täuschung aufbauender *Anschein von Freiheit*. Der Anschein entsteht durch abgefragte oder auch tatsächlich subjektiv- zumindest in einer gewissen Zone der Persönlichkeit- vorhandene und in Gesprächen geäußerte Zufriedenheit. Nach einem Berufs-Leben auf der Linie gedrosselter Erwartungen, geringer Hoffnung und- aus Umständen und Eigenmotivation- beschränkter Verpflichtungen, fällt die Bereitschaft zum *Ausgrenzen ganzer Bereiche eigener Tätigkeits-Möglichkeiten* in der Phase nach dem Beruf nicht schwer" (Rosenmayr 1983, S. 251).

Eine empiristische psychologische Gerontologie nach Art der Bonner Schule stünde also unter dem Verdacht der unbemerkt forschungsbehindernden Präsupposition, in ihren Objekten, den untersuchten alten Menschen, ein empirisch gehaltvolles Sosein zu hypostasieren. Deren Befund von relativer Selbstzufriedenheit bei hoher Realitätsorientierung könnte sich nun nach Rosenmayr als bloßer Schein von Freiheit erweisen, da die erlebte und bekundete Zufriedenheit bloß das verstümmelte Freiheitsbewußtsein eines beschädigten Lebenslaufs reflektiert, so daß die Forschung nur die offensichtliche Kehrseite vorfindet einer dahinter verborgenen Wunschseite, die die lebenslang zurückgestellten Hoffnungen auf eine Erfüllung des Lebens in sich birgt. In psychodynamischer und psychotherapeutischer Intention wäre diese verborgene Rückseite der unterdrückten Wünsche dann diejenige Ebene, auf deren Freisetzung jede sozialwissenschaftliche und psychotherapeutische Intervention letztlich zielt im Sinne einer Einlösung latenter Ansprüche ans eigene Leben. Alter wäre dann doch über die empiristische Pejorisierung dieser Bestimmung hinaus als Zeit der Erfüllung und Zeit des Abschlusses eines bislang erstarrten Lebensentwurfs zu interpretieren, in dem eine Rückkehr zu seinen verborgenen Wurzeln intendiert ist, die Emanzipation aus den starren Bindungen einer normierten Biographie: Dies meint das Dispositiv der "Altersradikalität".

So ich ihn denn recht verstehe, läuft Rosenmayrs "späte Freiheit" auf einen solchen emanzipatorischen Prozeß der Befreiung aus lebensgeschichtlichen Korsetts im Sinne der hier postulierten Altersradikalität hinaus. In diesem emanzipativen Prozeß versuchen wir nun einen zeitphilosophisch relevanten Ansatz des Alterns zu finden. Freiheit faßt Rosenmayr nämlich unter Berufung auf Adorno als bestimmte Negation erlebter Unfreiheit, nicht als positiven Erwerb oder Genuß bestimmter Güter oder Handlungsmöglichkeiten auf Experten, auch gerontologische Fachforscher, scheinen nun eine fatale und unausrottbare Tendenz in sich zu entwickeln, das Sich-Abfinden der Menschen mit ihrer erlebten Unfreiheit bloß zu konstatieren und normativ zu hypostasieren als Selbstbewußtsein des Subjekts:

> "Sehr gut trifft hier die These von Adorno zu, daß Freiheit an der `konkreten Gestalt von Unfreiheit´ faßbar werden und daß sie, die Freiheit, an ihrer Einschränkung zu erkennen sei (...). Gerade für die - wie ich sie nennen will - `Zensur durch Experten´ und die daraus (oft) resultierende Selbstzensur der Betroffenen durch Internalisierung der Fremderwartungen trifft die Kritik Adornos zu: `Gesellschaftlicher Nachdruck auf Freiheit als

einem Existenten koaliert sich mit ungeminderter Unterdrückung, psychologisch mit Zwangszügen'" (a.a.O., S. 252).

Befreit aus den Zwangszügen des biographischen Lebenslaufs und auch aus denen einer bestimmten empiristischen Forschungsstrategie, läßt sich - in bestimmter Negation von dieser - ein versöhnter Begriff des Alters postulieren, der das Korsett des gesellschaftlichen wie des lebensgeschichtlich-individuellen Zwangs zu sprengen gestattet. Wenn dies schon nicht als beobachtbare Realität einer statistischen Altenkohorte beobachtbar sein dürfte, so könnte es doch als Desiderat einer Realutopie des Alters bestimmt werden, die im folgenden als Zeitgestalt der Altersradikalität beschrieben werden soll. Übrigens verdanken wir auch den Begriff des versöhnten Lebens im Sinne einer Utopie, nicht einer beobachtbaren empirischen Realität, Adornos "Negativer Dialektik":

> "Vielmehr reift in der Verinnerlichung gesellschaftlichen Zwangs zum Gewissen mit dem Widerstand gegen die gesellschaftliche Instanz, der jene am eigenen Prinzip kritisch mißt, ein Potential heran, das des Zwangs ledig wäre. Kritik des Gewissens visiert die Rettung solchen Potentials, doch nicht im psychologischen Bereich, sondern in der Objektivität eines versöhnten Lebens von Freien" (Adorno 1966, S. 269).

3. Altersradikalität als sich schließende Zeitgestalt versöhnten Lebens

Nun empfiehlt es sich allerdings angesichts der gerade skizzierten Kritik an der falschen Unmittelbarkeit mancher empirischer Altersforschungen, die wir als *Szientismus* gekennzeichnet haben, nicht umgekehrt in einen ebenso naiven *Intuitio-*

nismus zu verfallen. Dieser verdankt sich einer ebenfalls unhinterfragten Präsupposition, Altern bestünde schlicht in der Erfüllung des Lebens, d.h. in der universalen Fähigkeit, "sich das vergangene Leben in der Erinnerung zu vergegenwärtigen, es nachahmend nachzuerleben und es so sich und anderen noch einmal erlebbar zu machen" (Wulf 1996, S. 28) und resultiere in einem harmonischen "Sein zum Tode", das nach Heidegger schon das Dasein an sich charakterisieren sollte, nun aber unabwendbar und unverdrängbar die Aktualität des Altseins bestimme. Der Ansatz, Altern als harmonisch sich schließende Zeitgestalt des versöhnten Lebens, wie oben angedeutet, als Realisierung des "noch nicht" verwirklichten Potentials früherer Wünsche, zeitweise aufgegebener Hoffnungen und lange verdrängter Erwartungen zu begreifen, könnte sich ebenfalls als eine auf dem Wege der Intuition in den Alten projizierte emanzipatorische Phantasie des Altersforschers selbst erweisen.

In einem solchen Intuitionismus vermuten wir nun (wie in jeder Verwendung der Intuition als wissenschaftliche Methode) eine analoge Projektion wie jene oben kritisierte, insofern nämlich das, was im Forscher selbst sich abspielt, einfach in den Anderen "hineingesehen wird" -so die wörtliche Bedeutung von "Intuition". Der Begriff der Intuition steht bekanntlich in der Tradition der spätantiken und scholastischen Kategorie der geistigen Schau (dann auch der Wesens- bzw. Gottesschau), die von Anfang an der diskursiven partiellen Erkenntnis durch den Verstand entgegengesetzt war (vergl.: Kobusch 1976). Gerade wenn wir nun aber die psychoanalytische Erkenntnismethode der zuhörenden (nicht der hineinschauenden) Präsenz beim Anderen ernst nehmen, in der sich das Unbewußte, vermittelt über die "freie Assoziation", nicht als quasi-göttliches Wesen aufdrängt, sondern durch den Text der Erzählung mühsam dechiffriert wird, bleiben wir skeptisch gegenüber der intuitionistischen Erkenntnismethode etwa des vorfreudschen Eduard von Hartmann, der die Intuition euphorisch der diskursiven Erkenntnis vorzieht, welche letztere jedoch als Dis- kurs, als Hin- und Herlaufen des Sprechens, dem psychoanalytischen Dialog sehr viel präziser eignet:

> „Alles dies läßt schließen, daß die diskursive oder deduktive Methode der lahme Stelzengang des bewußt Logischen, während die logische Intuition der Pegasusflug des Unbewußten ist, der in einem Moment von der Erde zum Himmel fliegt" (v. Hartmann, zitiert nach Kobusch 1976, S. 534).

Dem Psychoanalytiker drängen sich angesichts dieses von Hartmannschen Höhenflugs natürlich sofort die Worte Sigmund Freuds am Ende von "Jenseits des Lustprinzips" auf:

> "Was man nicht erfliegen kann muß man erhinken (...). Die Schrift sagt, es ist keine Schande zu hinken" (Freud 1920, S. 69).

Viele der neueren philosophischen oder kulturtheoretischen Analysen zur Zeitstruktur im Alter scheinen nun in ihrer Argumentation auf fatale Weise intuitionistisch im gerade kritisierten Sinne vorzugehen. Entsprechend mangelt ihnen die intersubjektive Überprüfbarkeit und forschungslogisch die Angabe der Bedingungen der Möglichkeit ihrer Erkennbarkeit. Es ist zwar heute im Zuge einer kulturellen Gegenbewegung gegen die ökonomische Ausgrenzung und das Vergessen der Alten oder des Alters schon kaum noch verwunderlich, daß sich Philosophen, Anthropologen und Kulturtheoretiker auch des Alters annehmen, aber gerade ihnen droht jener intuitionistische Fehlschluß (vergl.: Rentsch 1992; Mittelstraß 1992; Kamper 1996). Allerdings empfiehlt es sich hier zu differenzieren: So steht der von Birgit Hoppe und Chr. Wulf herausgebrachte Reader zur Anthropologie des Alterns in der Tradition der "historischen Anthropologie" (vergl.: Kamper 1996) und der "Negativen Anthropologie" (vergl.: Sonnemann 1988) und definiert den eigenen methodischen Zugangsweg zu ihrem Gegenstand somit aus einer Kritik positiver Anthropologien; die historische Anthropologie hat sich als erste konsequent von den festschreibenden und latent androzentrischen sowie traditionsfixierten klassischen Konzepten der früheren philosophischen Anthropologie des XX. Jahrhunderts (von Max Scheler bis A. Gehlen, mit der Ausnahme vielleicht von H. Plessner) gelöst.[6] Ihre Grundkategorie ist (nach einem Begriff Heinrich Rombachs) die "anthropologische Differenz" zwischen dem Selbsterleben des Menschen und seiner Naturbestimmtheit einerseits und deren wissenschaftlicher Reflektierbarkeit andererseits: Die anthropologische Differenz ist

> "(...) als 'offene' bestimmt. Sie soll das Verhältnis zweier Momente nach Art einer Schleife strukturieren, die es unmöglich macht, ein Heiles, ein Ganzes, ein Einheitliches zu denken, wenn es um den Gegenstand der Anthropologie geht" (Kamper 1986, S. 132).

Diesem theoretischen Ansatz der historischen Anthropologie zufolge verbietet sich somit auch jeder harmonische, ganzheitliche, da insofern hypostasierende Begriff vom Alter. Historische Anthropologie reflektiert den alten Menschen als ein geschichtliches, also zeitliches Wesen, das im Alter zu einem "Gewahrwerden (sc. also nicht zu einem Schließen, R. P.W.) der Kluft zwischen Lebenszeit und Weltzeit" gelangt (Wulf 1996, S. 27): Diese Grundannahme über den Menschen ist also in unserem Kontext durchaus unstrittig, die konkrete Ausgestaltung dieser Bestimmung klingt dann aber reichlich intuitiv:

> „Der sich erinnernde Mensch setzt sich in Beziehung zu den Bildern seines Lebens, versucht sich in ihnen auszudrücken, und sich ihrer im Erzählen zu vergewissern. Dieser

[6] Vergl.: auch Warsitz (1997): Wozu noch Anthropologie? Dt. Z. f. Phil. Herbst 1997

Prozeß der Anähnlichung an vergangenes Leben und die damit verbundene Intensivierung des Vergangenen läßt sich als Mimesis des vergangenen Lebens begreifen. Als solche ist sie Rekonstruktion und kreative Nach- und Neugestaltung des Vergangenen. Auf sich gerichtetes mimetisches Verhalten, Selbstmimesis, kann das Individuum zu einer neuen Sicht des Lebens und seiner Möglichkeiten führen. Mimesis bewirkt eine Wiederbelebung, eine das gelebte Leben akzeptierende und korrigierende Haltung, die sich im Nachgang zu vergangenen Erlebnissen bildet und diese zu Erfahrungen werden läßt (...) Erfahrungen bilden sich im Bewußtsein der Einmaligkeit, der Zeitlichkeit und der Vergänglichkeit menschlichen Lebens, Zeitlichkeit, Vergänglichkeit und Einmaligkeit sind drei konstitutive Bedingungen des Lebens. Der Reichtum individuellen Lebens ist nicht ohne seine Vergänglichkeit und seinen Tod. Von Anfang an ist der Tod als Bedingung des Lebens mitgegeben. Darin liegen Würde und Skandal menschlichen Lebens" (Wulf 1996, S. 28).

Die hier kritisierte intuitionistische Tendenz einiger anthropologischer, kulturtheoretischer und sozialphilosophischer Bestimmungen über das Alter mildert sich nun sofort dort, wo sich der theoretische Blick auf konkrete Erfahrungen oder Verarbeitungsformen des Alters richtet, die sich hier natürlich nicht auf empirische Querschnittsbefragungen reduzieren: So analysiert der Kulturphilosoph Thomas Macho eine literarische Auseinandersetzung mit dem Altern, Elias Canettis Drama "Die Befristeten" (vergl.: Macho 1996) und gelangt zu einer Einsicht über das historische Spezifikum des Alterns am Ende des 20. Jahrhunderts, das nach den Traumatisierungen in dieser Epoche durch eine Akzentuierung der Erfahrung des *Überlebens* charakterisiert sei. Die Kreativität im Altwerden, also die schöpferische Fähigkeit als zeitübergreifendes Dispositiv, den Lebensabschluß je stimmig für sich zu gestalten, ist hier geprägt von einer historischen Spezifizierung angesichts der Beschädigungen der Conditio humana in diesem Jahrhundert. Altwerden ist auch im individualgeschichtlichen Sinne geprägt von den Erinnerungen an die eigenen lebensgeschichtlichen Beschädigungen und Verletzungen:

> „Wir rühren an eine Grenze des Respekts, vielleicht mit einer leisen Ahnung, was die verbrauchte Rede von der ' Trauerarbeit' ehemals bedeutet hat. In seiner 'Ästhetischen Theorie' schrieb Adorno, Kunst sei ' Schein dessen, woran der Tod nicht heranreicht' (...); er meinte nicht: weil sie der Begegnung mit dem Tod ausgewichen wäre. Kreativität entstammt dem Schmerz, und alle schöpferische Kraft der Erfahrung von Trennung und Verlust - als Imperativ der Erinnerung" (a.a.O., S. 42).

Von einer solchen melancholischen Tönung des Dispositivs der sich schließenden Zeitgestalt des Alterns geht auch Dietmar Kamper aus, der unter dem - einem Wort Ulrich Sonnemanns entlehnten- Titel der "Altersradikalität" die Reflexion auf die Angst bzw. das Nicht-mehr-Verleugnen-Können der Angst als prägenden Zug des heutigen Altwerdens kennzeichnet: wie die Conditio humana insgesamt so scheint auch das Altern des je einzelnen melancholisch geworden zu sein. Kamper definiert Altersradikalität unter Rückgriff auf Lacan:

> "' Die Angst', schrieb Lacan, ' ist das einzige auf der Welt, das nicht täuscht!' (...) Das Vergessen und Verdrängen der Angst nicht fortzusetzen, heißt radikal werden - altersradikal" (Kamper 1996, S. 44).

Kampers Erfahrungsbasis, auf die er sich bezieht, ist die Reflexion auf das Scheitern euphorischer Identitätsentwürfe des Menschen, speziell aber das Miterleben des Altwerdens und Sterbens langjähriger geistiger Freunde, von denen er (neben Sonnemann) Günther Anders, Friedrich Dürrenmatt und Eugen Rosenstock-Huessey nennt, bei denen es sich allerdings, so könnte man einwenden, um alt gewordene radikale, nicht um spezifisch altersradikale Menschen handeln dürfte, also gerade nicht um solche, die ihre Radikalität erst im Alter entwickelt haben.

Auf dem Weg zu einer Altersradikalität, die die Negativität ihres Lebenslaufs, ihre Traumata, deren Anerkennung auch das Verfehlen eigener Lebensentwürfe nicht verleugnen, sondern verarbeiten, findet der skeptisch gewordene Dietmar Kamper zurück zur Erfahrung des Augenblicks - als Geschenk:

> "Man muß an den Orten gewesenen Feuers, wenn alles verlöscht ist, auch selbst noch verschwinden. Das Leben dauert nur in der Weise der Abwesenheit eines identischen Selbst. Der Zwang, ohne ein solches Geheimnis der Geschichte leben zu müssen, läßt die Menschen auf die Kehrseite des Daseins geraten. Dagegen wehren sie sich unentwegt. Aber Wegsein, das gewissermaßen das Gegenteil, die Kehrseite des Daseins darstellt, ist keineswegs nichts. Statt der Existenz zählt dann die Insistenz. Gegenwart muß nicht behauptet werden, sondern wird geschenkt. Das ist das anfangende Geheimnis der Zeit, das allen jugendlichen Selbstbegründungsversuchen als Abgrund erscheinen muß. Für die Wahrnehmung des Alters ist es nur eine Nuance" (a.a.O., S. 55 f.).

Nun erscheint es zweckmäßig, diese bei Kamper nur angedeuteten Reflexionen über die Altersradikalität selbst zu radikalisieren, um sie nicht zu einer oberflächlich-harmonistischen Sichtweise von Altersweisheit zu verdünnen. Diese Gefahr sehe ich nämlich bei einem ähnlichen theoretischen Versuch zur Charakterisierung der spezifischen Struktur des Alterns, bei dem philosophischen Anthropologen Thomas Rentsch (1992). Gewiß kann man das Alter - nach Rentsch - als "Werden zu sich selbst" bestimmen und insofern als "Radikalisierung der menschlichen Grundsituation" begreifen (a.a.O., S. 283). Die daran anschließende Bestimmung der spezifischen Zeitgestalt des Alterns als eine sich schließende Erfüllungsgestalt, die Rentsch die "Ethik der späten Lebenszeit" nennt und die er analog den "praktischen Sinnentwürfen des Lebens" (a.a.O., S. 287) auffaßt als ein Gelingen oder Mißlingen und insofern als eine Möglichkeit von Scheitern und Schuld (im Sinne einer Daseinsverfehlung des je eigenen Lebensentwurfs), erscheint uns jedoch hinter den Anspruch der negativen bzw. historischen Anthropologie zurückzufallen, normative Ganzheitsansprüche in bezug auf den Gegenstand der Anthropologie zu vermeiden.:

> "Das Leben zwingt uns, ihm eine bestimmte Gestalt zu geben, eine existentielle Konfiguration unserer selbst (...) *Wir sind in unserem Leben immer an der Gestaltung der einmaligen Ganzheit, die wir faktisch schon sind, praktisch tätig: unser Leben ist die Gestaltwerdung der singulären Totalität selbst.* Wir müssen unsere ganze jeweilige (einmalige) Situation sowohl sein als auch gestalten (...) Die Ganzheit des Lebens ist nie außerhalb von singularen Situationen erfahrbar; und die singularen Situationen lassen sich näher oder, im Ernstfall, 'letztlich' nur in der Perspektive der Ganzheit begreifen. Die volle Schärfe erhält diese Feststellung in der Perspektive einer moralisch begriffenen einmaligen Lebensganzheit: wir können hier von der ethischen Zeit der Verantwortung und der Schuld als der absoluten Zeit eines endlichen menschlichen Lebens sprechen" (a.a.O., 1992, S. 291, Hervorhebung von T. Rentsch).

Der Maßstab einer sich schließenden Zeitgestalt des Lebens relativiert die negativen Erfahrungen des Lebens zu passageren Irritationen im Rahmen einer fragilen menschlichen Natur, die es zu vermeiden oder zu überwinden gilt, die aber der Positivität ihrer Struktur nichts anzuhaben vermögen: Wir könnten bei dieser Gestalttheorie der Conditio humana auch von einem ethischen Positivismus sprechen:

> "Positiv liegt in diesen negativen Grundzügen angelegt, was die große Tradition der praktischen Philosophie als Freiheit und Autonomie, Menschenwürde und universales Sittengesetz bezeichnet hat. Diesen fundamentalen ethischen Sinn der Endlichkeit müssen wir angesichts des Alterns als Werden zu sich selbst erneut aufgreifen (...) *Die menschliche Fragilität wird erst in der Perspektive von Sinnentwürfen erfahren*, auf dem Hintergrund *positiver* Modi menschlicher Existenz" (a.a.O., S. 294 und 296, Hervorhebung von T. Rentsch).

Mangels eines direkten Erfahrungsbezugs für seine anthropologischen Thesen über das Altern gelangt Rentsch dann zu einer problematischen Zurichtung gänzlich heterogener Referenzautoren für seinen Ansatz (Jean Amery, der sich suizidierte, Arthur Schopenhauer, dessen Misanthropie sprichwörtlich ist und schließlich Karl Jaspers, dessen Existenzphilosophie bekanntlich gerade von den Grenzerfahrungen des Scheiterns, nicht des Gelingens geprägt war (a.a.O., S. 298-301).

> „Betrachten wir die physischen, die psychischen, die kommunikativ-sozialen und die kulturellen Aspekte des Alterns (...), so läßt sich die These von der *Radikalisierung* der menschlichen Grundsituation bei allen Modifikationen und Relativierungen voll aufrechterhalten. Die leiblichen, zeitlichen, interpersonalen und geschichtlich- kulturellen *Konstituentien* humanen Lebens treten, gerade durch ihr Gestörtwerden, aufdringlich zutage. Mit ihnen melden sich die *Grenzen des Lebens*, so daß vom voranschreitenden Alter auch als von einer sich erstreckenden *Grenzsituation* der menschlichen Existenz im Sinne von Karl Jaspers die Rede sein kann. Das Leben ist- faktisch- das Werden des Menschen zu sich selbst. Dieses Werden ist von Negativitäten durchsetzt und von Fragilitäten geprägt. Es erscheint den Alt-Werdenden nicht nur als harmonisch verlaufender teleologischer Prozeß, sondern auch als Belastung, Einschränkung und Mühsal. Dabei darf zweierlei nicht zu einer verzerrten Überakzentuierung der Negativität hinsichtlich des Alters führen:
> - das Vergessen der *Kontinuität* und *Universalität* der menschlichen Grundsituation (...) Durch die viel größere Lebenserfahrung besteht im Alter die Chance zur Gelassenheit;
> - das Vergessen der *Dominanz* gesellschaftlich-geschichtlicher Prozesse gegenüber dem Einzelleben" (a.a.O., S. 301 f., Hervorhebung T. Rentsch).[7]

[7] Ähnlich könnten wir auch die Ausführungen des Hannoveraner Psychiaters H.M. Emrich als einen halbherzigen Versuch der Analyse der Fragilität und Vulnerabilität der Conditio humana kritisieren, da er nach einer überzeugenden Rekonstruktion der Bedeutung des Todestriebs von S. Freud und der "Psychopathologie der Zeit" bei M. Theunissen sich mit Hilfe der Schichtenlehre der Persönlichkeit von Max Scheler gegen die irritierende Wahrnehmung der Negativität der Zeit des Alters abzusichern versucht (vergl.: Emrich 1996).

4. Altern als Verlust und Form von Zukunft

Wir möchten die nun schon zweifach rezipierte These von der Altersradikalität (bei Kamper und bei Rentsch) nun abschließend noch stärker auf unsere Ausgangshypothese von der melancholischen Färbung der Zeiterfahrung im Alter zurückbeziehen und Kampers Bestimmung als Zwischenschritt zu den eigenen Überlegungen aufgreifen: Der Begriff "Altern als Verlust und Form von Zukunft" soll die Zeiterfahrung durch die multiplen Verlusterlebnisse im Alter (körperlicher, psychosozialer, ideeller Art) bestimmen. Alle harmonisierenden Bestimmungen gehen an dessen Radikalität vorbei: Altersradikalität kann nur noch als *Ästhetisierung des beschädigten Lebens*, nicht mehr schlicht als gelingende Zuspitzung der Conditio humana (wie bei T. Rentsch) verstanden werden.

Als Beleg für unsere These wollen wir die Katamnese einer Patientin weiterführen, über die wir schon früher berichtet haben und die nach einem mühsamen, aber einigermaßen zufriedenstellend kompensierten Biographie an der Pensionierungsgrenze erstmals depressiv erkrankt war (vergl.: Warsitz 1992). Mehrere depressive Phasen mit immer schwerer zu behandelnder Symptomatik und immer hartnäckiger sich in den Vordergrund drängender Suizidalität folgten, und schließlich schien sie sich jeglicher- sei es psychopharmakologischer, sei es psychotherapeutischer Behandelbarkeit zu entziehen. Sie verharrte in einem depressiven Stupor der eingefrorenen Zeit. Die damals beschriebene Abwehrstruktur einer "Remanenz-Inkludenz" schien lange Zeit auf Dauer gestellt. Eine gewalttätige "therapeutische" Intervention wurde nötig: Angesichts des Weggangs des Therapeuten aus der Klinik und einer nicht weiter gewährleisteten Kontinuität der therapeutischen Arbeit - bei anhaltender drängender Suizidalität und gravierender vitaler Hemmung- wurde sie gegen ihren Willen in ein Altenpflegeheim verlegt (mit 68 Jahren im Grunde in zu jungem Alter). Diese Zwangsverlegung änderte jedoch nichts an ihrer psychopathologischen Symptomatik- über Jahre hinweg blieben ihr Stupor und ihre Hemmung vorherrschend. Zahlreiche sozialpsychiatrische "Tricks" und therapeutische Verträge über die Dauer ihres Aufstehens aus dem Bett, der Teilnahme an kommunikativen Aktivitäten und umgekehrt dem Gewähren von regressiven Rückzugsphasen scheiterten nur allzuoft an ihrem hartnäckigen melancholischen Widerstand, der durch eine heftige Selbstentwertungshaltung genährt wurde. Nach Jahren der eingefrorenen Zeit der Melancholie und der Verbitterung entwickelte sie jedoch langsam eine vorsichtige Wiederannäherung an die Welt der psychosozialen Objektbeziehungen: zuerst zu einer Kontaktschwester (im Pflegeheim), dann zu einem psychotherapeutisch orientierten Psychiater; bei diesem begann sie im Rahmen einer gerontopsychiatrischen Gruppentherapie, das Scheitern ihres bisherigen Lebensentwurfs zu verarbeiten.

Als Adoptivkind bei ihren Stiefeltern aufgewachsen (ihre leiblichen Eltern kannte sie nicht), hatte sie jene zeitlebens idealisiert und es sich zur Lebensaufgabe gemacht, ihnen die gewährte Zuwendung zurückzuerstatten. Ihr Beruf (als Verkäuferin und zuletzt Abteilungsleiterin in einem Kaufhaus) sowie die zeitlebens durchgehaltene sexuelle Beziehungsabstinenz folgten einem Ich-Ideal der braven Tochter. Erst mit dem Tod der Stiefeltern und der Pensionierungsschwelle hielt das bisherige Ich-Ideal nicht länger: Phantasien über ihr ungelebtes Leben wurden wach, welche sie allerdings schnell und heftig mit der beschriebenen Remanenz-Inkludenz-Problematik abwehrte: Sie kapselte sich in eine depressive Welt des Scheiterns und der Schuldvorwürfe gegen sich selbst ein. Erst im Durchgang durch die depressive Krise und ihre drohenden Selbstvernichtungsversuche im depressiven Stupor, verstärkt durch das gewaltsame Herausreißen aus ihrer Wohnung und ihren sozialen Bezügen, gelang ihr eine Anerkennung der lebensgeschichtlichen Vernarbungen und ein Eintritt in die Phase des Alterns. Eine Katamnese ca. 8 Jahre nach Therapiebeginn zeigte jüngst, daß sie nunmehr durchaus Frieden geschlossen zu haben schien mit sich selbst, ohne im emphatischen Sinne glücklich zu sein oder gar selbstzufrieden: Ihre Altersradikalität besteht gerade in dem melancholischen Zug der Klarsicht über die Unmöglichkeiten und Kränkungen des jetzigen Lebens, zu denen sie jedoch keine Alternative sieht. In diesem Sinne lebt auch sie in jener "matter-of-fact-mindedness", die "facts" sind hier aber solche des Scheiterns und der Enttäuschung, mit denen sie sich abzufinden und die sie psychisch zu integrieren beginnt.

Obwohl also die philosophische und kulturtheoretische Reflexion auf das Altern ebenso eine Neigung zeigt, sich von ihrem Gegenstand zu entfernen, intuitionistisch über ihn zu räsonieren anstatt ihn als erfahrbare Zeitstruktur zu analysieren, gelangt sie doch zu Bestimmungen, die den hier in klinischer Perspektive gewonnenen nahekommen. Die Zeit des Alters behält wie jede Form der Zeiterfahrung einen negativen Zug, der sie charakterisiert: Zeit ist als erlebte stets unverfügbar. Wir sprechen von der zerrinnenden Zeit, von den verlorenen Zeiten der Kindheit oder des nicht gelebten Lebens (s. unsere Kasuistik), und wir definieren sie gelegentlich sogar als reines Vergehen. Gemeinhin wissen wir, daß unsere Zeit begrenzt ist, wiewohl wir die Zeit selbst als unbegrenzt erachten. Wir treten an einer bestimmten Stelle in den Strom der Zeit (Bergson) ein, folgen ihm eine Weile und steigen irgendwann wieder aus ihm aus. So beschreiben wir aus unserem Alltagserleben das, was die Philosophie als "Zeitpfeil" definiert, als Irreversibilität (Anisotropie) und Einmaligkeit thermodynamischer und biologischer Prozesse (vergl.: Cramer 1996; Mittelstraß 1992). Daraus folgt für die spezifische Zeitstruktur des Alters (vergl. die schon eingangs versuchte Skizzierung) ein Schwinden der Zeitekstase der Zukunft und ein relatives Übergewicht der Ekstase der Vergangenheit, die Gegenwartserfahrung (der Augenblick) gewinnt eine neue Bedeutung, bzw. sie droht, vermieden zu werden. Mehr als die philosophische Spekulation, ob die erlebte Zeit (die "Dauer" nach Bergson) in ihrer Anisotropie nun mit dem Zeitpfeil der kosmologischen Zeit (der vierten Raumdimension) in irgendeiner Weise zusammenhängen mag, erschien uns aus klinischer Sicht nun eher der Versuch des depressiven Erlebens eindrücklich, die Zeit anzuhalten, sie gleichsam einzufrieren (s. Kasuistik), um sich ihrer ehernen Anisotropie zu widersetzen. Die Aufhebung dieses Widerstands gegen die Zeit, letztlich die Anerkennung des Sterbens als eines Sterbenkönnens und eines Zulassens des Todes, hatten wir als den emanzipatorischen Prozeß ihres Wiedereintritts in die Zeit, als Wiederverzeitlichung und als Altersradikalität beschrieben.

Im Sinne der Todestriebspekulation von Sigmund Freud birgt der biologische Organismus in sich eine Tendenz zur Strukturauflösung ins Anorganische, die auch im Seelenleben ihren Niederschlag in Gestalt des Todestriebs findet, dem der Lebenstrieb lediglich einen Aufschub abzuringen vermag:

> "Wenn wir als ausnahmslose Erfahrung annehmen dürfen, daß alles Lebende aus *inneren* Gründen stirbt, ins Anorganische zurückkehrt, so können wir nun sagen: *Das Ziel alles Lebens ist der Tod*, und zurückgreifend: *das Leblose war früher da als das Lebendige* (...) Dabei kommt das Paradoxe zustande, daß der lebende Organismus sich auf das energischste gegen Einwirkungen (Gefahren) sträubt, die ihm dazu verhelfen könnten, sein Lebensziel auf kurzem Wege (durch Kurzschluß sozusagen) zu erreichen, aber dies Verhalten charakterisiert eben ein rein triebhaftes im Gegensatz zu einem intellektuellen Streben" (Freud 1920, S. 40 f., Hervorhebung von S. Freud).

Die Pathologie der Zeiterfahrung bei (Alters-) Depressionen scheint nun diesen Aufschubmechanismus forcieren zu wollen und dabei auch pathologische, selbstzerstörerische Konsequenzen in Kauf zu nehmen. Auch zeit- und kulturgeschichtlich können wir diese Tendenz zur Autodestruktion bzw. das Ringen zwischen Eros und Thanatos um den Fortbestand der Gattung konstatieren. Individualgeschichtlich scheinen in der Moderne die Erfahrungen des Lebens vorherrschend von negativen Erfahrungen des Verlusts und der Enttäuschungen geprägt zu sein: Gibt es ein Leben vor dem Tode? - so könnten wir die zeitgenössische Inversion der klassischen Zeitgestalt des Alterns, die wir am Text von Th. Rentsch skizziert und kritisiert haben, charakterisieren. Der moderne Mensch wehrt sich gegen den Zeitpfeil seines Lebens, da er schon sein Lebens als eine fortgesetzte Folge kleiner Tode (diesmal nicht in der frankophilen Version als Orgasmus) erlebt, der Verlust, nicht die Lust scheint das Regulativ des Lebens geworden zu sein. Dies hatte Freud ja offensichtlich auch sagen wollen: Das Leben ist im Grunde genommen nur ein Umweg zum Ziel des Todes, aber das Leben, also der Umweg, ist selbst bereits überdeutlich von diesem Ziel gezeichnet. Die Erfahrungen schwerer Neurosen, in denen das Lustprinzip immer wieder unter den Sog des Todestriebs gerät (traumatische Neurosen, Masochismus in der Melancholie), bestärkten Freud in seiner skeptischen Analyse des Zivilisationsprozesses. Die Umwege, die der frühneuzeitliche Mensch gerne euphorisch als zivilisatorischen Fortschritt und als Aufklärung feiert, tragen bereits die düstere Spur der auf Dauer gestellten Unterdrückung der menschlichen Triebnatur in sich.

Was Freud nun nicht ausdrücklich benannt hatte, vielmehr durch seine Formel von der Zeitlosigkeit des Unbewußten gerade zu verdecken bestrebt war (a.a.O., S. 28), ist die Entdeckung bzw. Wiederentdeckung einer zweiten Form der menschlichen Zeiterfahrung, der Zeit des Unbewußten, die von jenen autodestruktiven Abwehrmechanismen wie z.B. dem Wiederholungszwang besonders geprägt ist. Wir haben den Doppelcharakter der menschlichen Zeiterfahrung in früheren Texten anhand einer griechischen Dichotomie der Zeitbegriffe als die Differenz zwischen der aionalen Zeit des Unbewußten und der chronologischen Zeit des Bewußtseins und der äußeren Welt gekennzeichnet.[8] "Aion" meint die Zeit des Lebens, die Zeit als zyklischer oder besser zirkulär zurückgebogener und rhythmischer, also wiederkehrender, sich wiederholender Prozeß des Tagesablaufs, der Jahreszeiten, des Lebenslaufs, ja der Triebhaftigkeit insgesamt[9], während "Chronos" die Zeit als Ablauf und als gleichförmige Dauer bezeichnet. Während nun unser bewußtes Zeiterleben und noch mehr die äußere Zeit der gesellschaftlichen und naturhaften Zeitmessungen die chronologische Zeit zu totalisieren tendieren[10], wird in unserem psychischen Leben, speziell in bestimmten neurotischen Verstrickungen, die aionale Zeit übermächtig. So besteht z.B. der melancholische Masochismus in der geradezu triebhaft wiederholten Repräsentanz immer gleicher, stereotyp wiederholter Selbstzerstörungsattacken einschließlich solcher der Sprachform z.B. als Echolallie, als repetitive Wiederholung einzelner Worte (vergl. Kasuistik in Warsitz 1992). Ein "Graphismus des Schmerzes" (Kamper 1985) wird hier zur beherrschenden Figur einer narzißtischen Selbstattacke.

> "Der Konflikt im Ich, den die Melancholie für den Kampf um das Objekt eintauscht, muß ähnlich wie eine schmerzhafte Wunde wirken, die eine außerordentlich hohe Gegenbesetzung in Anspruch nimmt" (Freud 1916, S. 446).

---

[8]Hierbei folgten wir einer berühmten Bestimmung in Platons Dialog "Timaios": vergl.: Küchenhoff & Warsitz (1992); Warsitz (1996)

[9]Die spätere Bedeutung von "Aion" als Ewigkeit wollen wir hier übergehen, präziser könnte man von der Unendlichkeit des Aion sprechen, da er in unbegrenzter Wiederholungstendenz sich gestaltet;

[10]"Chronokratie" (vergl.: Wulf 1996, S. 22); "Herrschaft der Zeit" nach Michael Theunissen (vergl.: Emrich 1996, S. 100);

Auch der Philosoph Jürgen Mittelstraß greift in seinen "Zeitformen des Lebens" zur Bestimmung der Zeitgestalt des Alters auf die antiken Unterscheidungen von "Aion" und "Chronos" zurück (Mittelstraß 1992, S. 397 ff.). Unter der Annahme, daß die erfüllte Zeitgestalt des Alters das Ineinander von Aion und Chronos, von zyklischen und gerichteten Zeitfiguren einschließt, Wiederholungen also ebenso akzeptiert werden wie neue Erfahrungen, spricht er kritisch in bezug auf die Zeitgestalt der Moderne sogar von einem Verlust des Alters:

> "Sind wir eine untergehende Gesellschaft? Wird nicht nur der einzelne, wird auch unsere Gesellschaft- nicht im demographischen, sondern in einem anthropologischen Sinne- alt? Vieles spricht dafür, auch die aufgeregte Jugendlichkeit der Älterwerdenden. Es sind auch nicht nur ökologische Dinge, die das Bild des Menschen als Homo sapiens und Homo faber verdüstern, sondern ebenso das Unvermögen, dem Alter jenseits von Seniorenwohnheimen, Pflege- und Intensivstationen eine eigene Lebensform und ein eigenes Glück zuzuweisen. Noch einmal: Das Leben droht eine wesentliche Gestalt, die des Alters, zu verlieren" (a.a.O., S. 403 f.).

Seine Analyse endet nach einer Verabschiedung der paradoxen Vorstellung, den Tod ins Leben integrieren zu wollen, da beide nicht gestaltgleiche, vielmehr kontradiktorische, auf verschiedenen Ebenen zu situierende Erfahrungen darstellten, mit der Hoffnung, die Zeitlichkeit, die Zeit selbst, ihr Vergehen, zu integrieren im Sinne einer Akzeptanz der Heimatlosigkeit des Alterns angesichts des Vergehens der Zeit. Darin akzeptiert der Philosoph Mittelstraß, so scheint es, unsere klinische Annahme von einer Asymmetrie der Zeitgestalten, die im Alter zu einem Vorherrschen von aionalen Aspekten führen dürfte. Denn schließlich vermuten wir gerade im Aion, der sich scheinbar dem Zeitpfeil zu entziehen vermag, den Träger auch des Todestriebs, mit dem sich auszusöhnen vielleicht die letzte Funktion des Altwerdens darstellen könnte:

> „Damit noch einmal zurück zum Rätsel der menschlichen Zeit. Das Wissen um den eigenen Tod ist kein Wissen, das sich aus einer 'objektiven' Zeitordnung ableiten läßt, aber auch kein Wissen, das sich die 'Seele' ausdenkt. Dieses Wissen gibt vielmehr Erfahrungen *mit* Handlungen und Erfahrungen *in* Handlungen, ferner die Erfahrung mit Zeitgestalten des Lebens wieder. Zeit ist (...) ein Erfahrungselement, wie auch Raum ein Erfahrungselement ist. Dabei können wir Wege zurückgehen, aber nicht Zeiten. Das macht uns im übrigen den Raum zu etwas Vertrautem, die Zeit zu etwas uns Unvertrautem. Ein wenig poetisch formuliert: Der Raum ist das, worin Heimat ist, die Zeit ist das, was uns heimatlos macht - worüber auch die öffentliche, die verwaltete Zeit, etwa in Lebens- und Wochenarbeitszeit ausgemessen, nicht hinwegzuhelfen vermag" (a.a.O., S. 405).

Wir wollen dies nun keineswegs als resignative Altersbestimmung verstehen, vielmehr als emanzipative: Unsere Patientin konnte erst alt werden und sie wird vielleicht auch ihr Sterben erst danach zulassen können- ohne die suizidalen Abwehrmechanismen dagegen wie in den Zeiten ihrer Depression mobilisieren zu müssen- nachdem sie die depressive Zeiterstarrung überwunden hat und ihre Heimatlosigkeit, d.h. ihre Zeitlichkeit, akzeptiert. Dazu bedurfte es aber des Intervenierens eines Schnitts, eines Zeit-Schnitts in ihrem Leben, der hier als gewaltsame therapeutische Intervention beschrieben worden war.

Diesen Zeitschnitt wollen wir nun abschließend als die dritte psychische Zeit definieren; sie fehlt in der philosophischen Zeit-Analyse von Mittelstraß gänzlich: Die Zeit des Augenblicks, hier die Zeit des Deutens in der Therapie, greift zurück auf einen Modus der Zeiterfahrung, den man das Ereignis eines Plötzlichen, oder- nach der griechischen Terminologie- als Kairos, als Moment des richtigen Augenblicks, bezeichnen könnte. Ein solcher Kairos trifft lebensgeschichtlich im seelischen Apparat in doppelter Form auf: als Ereignis eines Gelingens, viel häufiger aber als überraschender Einbruch von etwas nicht Integrierbarem, als negativer

Kairos oder als Trauma (in den Begriffen der Psychoanalyse).[11] Nach philosophischer Tradition (Kierkegaard) stellt der Kairos einen Schnittpunkt dar zwischen Chronos und Aion (vergl.: Theunissen 1971).

Vielleicht klingt es vermessen, hier abschließend in wenigen Worten Kierkegaards Gedanken zum Augenblick, den wir für eine treffende Charakterisierung des klassischen Kairos- Gedankens ansehen, für die Zeitstruktur des Alterns im Sinne einer Befreiung aus dem Korsett der eingefrorenen Zeitstruktur der Melancholie zu nutzen: Für Kierkegaard steht der Augenblick an der Grenze des ästhetischen und des ethischen Lebens, also zwischen dem bloß sinnlich genießenden, somit außengeleiteten, ekstatischen ("ex-sistenten") und dem aus sich heraus genießenden, also innengeleiteten, "insistenten" Lebensprinzip (vergl. oben über die Ästhetik der sich schließenden Zeitgestalt im Alter). Der Augenblick, der im psychotherapeutischen Prozeß als Moment der Deutung fungiert (vergl.: Küchenhoff & Warsitz 1992), erlaubt als Aneignung im Inneren eine Annahme auch des Negativen, des Schmerzes, der melancholischen Stimmung, der Wunden und Narben, nicht nur der Glückserfahrungen des Lebens:

> "Die aesthetische Anschauung betrachtet auch die Persönlichkeit nach ihrem Verhältnis zur Umwelt, und der Ausdruck dafür in der Rückbeziehung des Verhältnisses auf die Persönlichkeit ist Genuß. Indes, der aesthetische Ausdruck für den Genuß in dessen Verhältnis zur Persönlichkeit ist Stimmung. In der Stimmung ist die Persönlichkeit nämlich zugegen, aber sie ist dämmernd zugegen. Wer aesthetisch lebt, der sucht nämlich, so sehr es nur möglich ist, in der Stimmung ganz und gar aufzugehn, er sucht sich ganz in ihr zu bergen, so daß in ihm nichts übrig bleibt, das nicht mit in die Stimmung hineingebeugt werden könnte, denn solch ein Rest wirkt stets störend, und ist ein Fortdauerndes, das ihn zurückhalten möchte. Je mehr die Persönlichkeit in der Stimmung hindämmert, um so mehr ist das Individuum dem Augenblick hingegeben, und dies wiederum ist der zutreffendste Ausdruck für die aesthetische Existenz: sie ist im Augen-

[11] Vergl. die aristotelische Kategorie der Dystychia, die Lacan zur Erläuterung des Gelingens und Scheiterns psychoanalytischer Deutungen heranzieht, vergl.: Warsitz (1996)

blick. (...) Der ethisch Lebende hat (...) ein Gedächtnis für sein Leben, das hat der aesthetisch Lebende schlechterdings nicht. Der ethisch Lebende macht die Stimmung nicht zunichte, er läßt sie einen Augenblick warten, eben dieser Augenblick aber errettet ihn davor, im Augenblick zu leben, dieser Augenblick gewährt ihm die Herrschaft über die Lust; denn die Kunst, über die Lust Herr zu sein, liegt nicht so sehr darin, daß man sie vernichtet oder ihr ganz und gar entsagt, als vielmehr darin, daß man den Augenblick bestimmt. (...) Des aesthetisch Lebenden Stimmung ist jederzeit ekzentrisch, weil er seinen Mittelpunkt in der Peripherie hat. Die Persönlichkeit hat in ihr selber den Mittelpunkt, und wer sich selbst nicht zu eigen hat, der ist ekzentrisch. Des ethisch Lebenden Stimmung ist im Mittelpunkt gesammelt, er ist nicht in der Stimmung, er ist nicht Stimmung, sondern er hat Stimmung und hat diese Stimmung in sich" (Kierkegaard 1957, S. 244 f.).

Wie es scheint, entgeht diese Wendung vom Ästhetischen zum Ethischen bei Kierkegaard der Harmonisierung und Verharmlosung der Konflikte des Alterns, indem sie diese in sich internalisiert und in die Seele einschreibt: Dies wohl meinte Kamper mit seinem "Graphismus des Schmerzes" und meinten wir mit unserer Formulierung vom Verlust und der Form von Zukunft im Alter.

Literatur

Adorno, T. W. (1966): Negative Dialektik. Frankfurt: Suhrkamp

Bieri, P. (1972): Zeit und Zeiterfahrung. Exposition eines Problembereichs. Frankfurt: Suhrkamp

Cramer, F. (1993): Der Zeitbaum. Grundlegung einer allgmeinen Zeittheorie. Frankfurt: Insel

Cramer, F. (1996): Alterungsprozesse. In: Hoppe, B.; Wulf, C. (Hrsg.) (1996): Altern braucht Zukunft. Hamburg: Europ. Verlagsanstalt, 59-76

Devereux, G. (1973 [1967]) Angst und Methode in den Verhaltenswissenschaften. München: Hanser

Emrich, H. M. (1996) Alter(n) ohne Vorbild. In: Hoppe, B.; Wulf, C. (Hrsg.) (1996): Altern braucht Zukunft. Hamburg: Europ. Verlagsanstalt, 94-111

Fraser, J. T. (1988 [1987]): Die Zeit: Vertraut und fremd. Basel: Birkhäuser

Freud, S. (1920): Jenseits des Lustprinzips. In: G.W., Band XIII, 1-69

Freud, S. (1916): Trauer und Melancholie. In: G.W., Band X, 427-446

Gould, St. J. (1990 [1987]): Die Entdeckung der Tiefenzeit. Zeitpfeil oder Zeitzyklus in der Geschichte unserer Erde. München: dtv

Gumin, H.; Meier, H. (Hrsg.) (1989): Die Zeit: Dauer und Augenblick. München: Serie Piper

Habermas, J. (1968): Erkenntnis und Interesse. Frankfurt: Suhrkamp

Hawking, S. W. (1988): Eine kurze Geschichte der Zeit. Die Suche nach der Urkraft des Universums. Hamburg: Rowohlt

Hoppe, B.; Wulf, C. (Hrsg.) (1996): Altern braucht Zukunft. Hamburg: Europ. Verlagsanstalt

Kaempfer, W. (1994): Zeit des Menschen. Das Doppelspiel der Zeit im Spektrum der menschlichen Erfahrung. Frankfurt: Insel

Kamper, D. (1985).: Zeichen als Narben. Der Graphismus des Schmerzes. In: ders.: Zur Soziologie der Imgination. München: Hanser, 148-165

Kamper, D. (1986): Zur Soziologie der Imagination. München: Hanser

Kamper, D. (1996): Altersradikalität. In: Hoppe, B.; Wulf, C. (Hrsg.) (1996): Altern braucht Zukunft. Hamburg: Europ.Verlagsanstalt, 44-56

Kipp, J. (1992): Charakter- und Beziehungsveränderungen im Alter - Reflexionen über einen tertiären Narzißmus. In Radebold, H. (Hrsg.) Psychoanalyse und Altern. Kassel: Gesamthochschulbibliothek

Kipp, J.; Jüngling, G. (1994): Verstehender Umgang mit alten Menschen. Fankfurt: Fischer

Kierkegaard, S. (1957): Entweder - Oder. Bd. II, 2. Auflage. Düsseldorf: Diederichs

Kobusch, T.: "Intuition": In: Ritter, J. (Hrsg.) (1976): Historisches Wörterbuch der Philosophie. Bd. 4, Darmstadt: Wiss. Buchges., 524-540

Küchenhoff, J.; Warsitz, P. (1992): Biographie und Zeit. Zur Zeiterfahrung in Neurose und Psychose. In: ders.: Labyrinthe des Ohres. Vom therapeutischen Sinn des Zuhörens in Psychopathologie und Psychoanalyse. Würzburg: Königshausen und Neumann, 63-65

Macho, T. H. (1996): Altern und Tod. In: Hoppe, B.; Wulf, C. (Hrsg.) (1996): Altern braucht Zukunft. Hamburg: Europ. Verlagsanstalt, 29-43

McTaggart, J.; McTaggart, E. (1908): The unreality of Time. Mind, 17, 457-474.Dt. in: Zimmerli, W. Ch.; Sandbothe, M. (Hrsg.) (1993): Klassiker der modernen Zeitphilosophie. Darmstadt: Wiss. Buchges., 67-86

Mittelstraß, J. (1992): Zeitformen des Lebens: Philosophische Unterscheidungen. In: Baltes, P. B. et al. (Hrsg.) (1994): Alter und altern: ein interdisziplinärer Studientext zur Gerontologie. Berlin: De Gruyter, 386-407

Nowotny, H. (1989): Eigenzeit. Entstehung und Strukturierung eines Zeitgefühls. Frankfurt: Suhrkamp

Prigogine, I.; Stengers, I. (1993): Das Paradox der Zeit. Zeit, Chaos, Quanten. München: Piper

Radebold, H. (1992): Psychodynamik und Psychotherapie Älterer. Berlin: Springer

Rentsch, T. (1992): Philosophische Anthropologie und Ethik der späten Lebenszeit. In: Baltes, P. B.; Mittelstraß, J.; Staudinger, U. (Hrsg.) (1994): Alter und altern: ein interdisziplinärer Studientext zur Gerontologie. Berlin: De Gruyter, 283-304

Rosenmayr, L. (1983): Die späte Freiheit. Berlin: Severin und Siedler

Rosenmayr, L. (1992): Sexualität, Partnerschaft und Familie älterer Menschen. In: Baltes, P. B. et al. (Hrsg.) (1994): Alter und altern: ein interdisziplinärer Studientext zur Gerontologie. Berlin: De Gruyter, 461-491

Schlesinger- Kipp, G.; Warsitz, R. P. (1984): Der Sog des Schweigens und die unwillkürliche Erinnerung. Versuch einer psychoanalyrisch orientierten Gruppentherapie mit psychisch kranken Alten. In: Wissenschaftliches Zentrum für Psychoanalyse, Psychotherapie und psychosoziale Forschung (Hrsg.): Altern und Alter- Psychoanalytische und psychosoziale Beiträge. Fragmente. Schriftenreihe zur Psychoanalyse, 10, 40- 93

Sonnemann, U. (1988) Gangarten einer nervösen Natter bei Neumond: Volten und Weiterungen. Frankfurt a. M.: Athenäum

Theunissen, M. (1971): Augenblick. In: Ritter, J.; Gründer, K. (Hrsg.) (1971): Historisches Wörterbuch der Philosophie. Bd. 1. Darmstadt: Wiss. Buchges., 649

Thomae, H. (1989): Veränderungen der Zeitperspektive im höheren Alter. Z. Gerontol. 22, 58-66

Warsitz, R. P. (1984): Sterben als Verlust und Form von Zukunft. In: Wissenschaftliches Zentrum für Psychoanalyse, Psychotherapie und psychosoziale Forschung (Hrsg.): Altern und Alter- Psychoanalytische und psychosoziale Beiträge. Fragmente. Schriftenreihe zur Psychoanalyse, 10, 148- 170

Warsitz, R. P. (1992): Veränderungen des Zeiterlebens und Depressionsentwicklung im Alter. In: Radebold, H. (Hrsg.) (1992): Psychoanalyse und Altern. Kasseler Gerontologische Schriften. Kassel: Gesamthochschul-Bibliothek, Band 14., 86-109

Warsitz, R. P. (1996): "Der auseinandergefaltete Raum gebiert die Zeit". Biographie, Zeiterfahrung und Zeit des Sprechens in der Therapie. In: Duncker, H.; Dimmeck, B.; Kobbé, U. (Hrsg.) (1996): Forensische Psychiatrie und Psychotherapie. Werkstattschriften, 3, Heft 1, 7- 19

Warsitz, R. P. (1997): Die widerständige Erfahrung der Psychoanalyse zwischen den Methodologien der Wissenschaften. Psyche 51, 2, 101-142

Whitrow, G. J. (1991 [1988]): Die Erfindung der Zeit. Hamburg: Junius-Verlag

Wulf, C. (1996): Anthropologie des Alterns. Historische Relativität und kulturelle Differenz. In: Hoppe, B.; Wulf, C. (Hrsg.) (1996): Altern braucht Zukunft. Hamburg: Europ. Verlagsanstalt, 15-28

Zimmerli, W. Ch.; Sandbothe, M. (Hrsg.) (1993): Klassiker der modernen Zeitphilosophie. Darmstadt: Wissenschaftliche Buchgesellschaft

Zoll, R. (Hrsg.) (1988): Zerstörung und Wiederaneignung von Zeit. Frankfurt: Suhrkamp

Altersdepression - ein traumatischer Untergang von Innenwelten

Johannes Kipp, Nina Dixon

1. Veränderung der Welt

Eine Gruppentherapeutin ist aus der Gruppe mit älteren depressiven Patienten ausgeschieden. Sie hatte sich zuvor ausführlich verabschiedet. Da die neue Therapeutin erkrankt ist, muß sie 10 Tage später die Gruppe wieder vertretungsweise leiten. In der Gruppe wird sie von den älteren Gruppenmitgliedern so behandelt, als wäre sie völlig unbekannt: "Frau J., wer ist das?" Die Therapeutin, die lange mit der Gruppe gearbeitet hatte und zu jedem Gruppenmitglied noch eine intensive Gefühlsbeziehung hat, ist durch dieses Verhalten völlig erschüttert; sie kann damit schwer umgehen, daß sie gleichsam für die Gruppenmitglieder "nicht" existent ist.

Dieselbe Gruppe wird an anderen Wochentagen von einer Gestaltungstherapeutin geleitet. Diese kündigt an, sie werde *einmal* fehlen. Mehrere Patienten greifen diese Ankündigung auf und sagen fragend: "Sie kommen nie wieder!"

Normalerweise würde man solche Reaktionen als Ausdruck einer altersbedingten Senilität verstehen, um damit die zwischenmenschliche Katastrophe, die in solchen Äußerungen deutlich wird, in ihrem emotionalen Gehalt zu entschärfen. Die alten Patienten, die durch ihre Verluste geprägt sind, können offensichtlich mit Veränderungen in den Beziehungen nicht umgehen. Die Reaktion auf den Abschied der Therapeutin bewirkt eine solch starke Reaktion, daß kognitive Störungen eintreten - die Therapeutin ist aus dem Bewußtsein der Alten gestrichen. Im Laufe der Stunde kam es übrigens allmählich wieder zu einer Annäherung. Dabei wurde auch deutlich, daß die Gruppenmitglieder wissen, daß sie ihre ehemalige Therapeutin mit ihrem Verhalten bestraft haben.

Zu kognitiven Störungen kommt es auch bei der Ankündigung der Gestaltungstherapeutin. Wie wenn es nur Anwesenheit oder absolutes Verlassenwerden gäbe, formulieren die alten Patienten ihre Empfindungsweise. Die Objektkonstanz scheint nicht mehr gegeben zu sein. Offensichtlich reagieren die Patienten so heftig, um sich zu stabilisieren, und das auf Kosten der Beachtung der äußeren Realität. Bevor wir uns in der psychoanalytischen Reflexion mit dieser Problematik auseinandersetzen, soll auf das Altern und auf die Verluste im Alter eingegangen werden.

2. Altern und Verluste im Alter

Die Verarbeitung und die Kompensation von Verlusten gelingt offensichtlich im Alter schwerer als in früheren Lebensaltern. Dies hängt nicht nur von biologischen und sozialen Determinanten ab. Zwar ist die Einbuße der Gesundheit und der Verlust sozialer Positionen für das Alter typisch und in der Regel nicht umkehrbar, jedoch hat die Unfähigkeit, Verluste im Alter ausgleichen zu können, auch mit den psychischen Veränderungen im Laufe des Alterns zu tun. Wir haben herausgearbeitet (Kipp u. Jüngling 1994), daß man sich im Laufe seines Lebens zunehmend auf wichtige und zentrale Beziehungsformen und Verhaltensweisen konzentriert und andere, die mit Unlust oder Unlustrisiken einher gehen, vernachlässigt und damit die dazugehörenden praktischen Fähigkeiten verlernt. Dies führt zu einer allmählichen Reduktion von Beziehungsformen und Verhaltensweisen mit zunehmendem Alter.

In einem Gedankenexperiment kann man sich diese Selektion deutlich machen. Wenn man in der Selbstreflexion sich fragt, wie Beziehungen und Verhaltensweisen im Laufe der letzten 10 Jahre sich verändert haben, wird sicher deutlich, daß wir nur die Beziehungen pflegen und die Verhaltensweisen kultivieren, die uns wichtig sind. Andere werden dagegen aufgegeben und vernachlässigt. Auch wenn der Bekanntenkreis größer geworden sein kann, hat sich in der Regel die Art der Beziehung standardisiert. Es ist sicher weise, das zu tun, was für die individuellen Bedürfnisse als richtig erlebt wird. Diese Entwicklung setzt sich über Jahrzehnte fort und führt so zu einer zunehmenden Beschränkung auf das, was uns so wichtig ist.

Durch die Verluste im Alter werden gerade diese erhaltenen zentralen Beziehungsformen und Verhaltensweisen betroffen. Alternativen stehen nach den Verlusten nicht zur Verfügung, da früher vorhandene Möglichkeiten verlernt wurden. Da die Verluste zentrale und wesentliche Bereiche betreffen, wirken sie oft wie Traumata, die psychisch nicht verarbeitet werden können (Ehlert-Balzer 1996) und die zu einer regressiven Wandlung der Persönlichkeitsstruktur führen.

Wir haben herausgearbeitet (Kipp et al. 1994), daß neu auftretende psychische Erkrankungen im Alter als mißglückte Selbstheilungs- oder Kompensationsversuche nach Verlusten zu verstehen sind und wollen in dieser Arbeit der Dynamik von Verlusten im Alter nachgehen bei Menschen, die klinisch eine Altersdepression zeigen.

3. Verleugnung der Verluste in der Altersdepression

Die Kommunikationserfahrung, die man mit Menschen macht, die unter einer schweren Altersdepression leiden, wiederholt sich in typischer Weise immer wieder. In der ersten Begegnung bekommt man als Therapeut den Eindruck, als ob sich die ganzen Hoffnungen und Erwartungen des Depressiven auf einen richten würden, so, als ob man der Retter wäre. Wenn diese idealisierten Erwartungen nicht erfüllt werden - die Enttäuschungsreaktion tritt oft schon nach Sekunden oder nach wenigen Minuten auf -, wird man behandelt, als ob man gar nicht helfen könne. Wir werden als rettendes Objekt angesprochen, das das verlorene Objekt ersetzen soll, damit alles wieder gut sei. Wenn es dann aber nicht wieder gut wird, tritt die Enttäuschung ein. Klagen über das schlechte Befinden und über körperliche Beschwerden und Schmerzen werden vorgebracht, und zwar so, als ob diese Körperteile ganz lebendig wären: "Der Kopf summt und brummt!", "Im Bauch schlägt es!", "Es wird immer schlimmer und hört gar nicht auf!" Ein Verstummen bei diesem Thema ist nicht zu erwarten. Klagen über den Stuhlgang bzw. darüber, daß er fehle, können sich über 10 Minuten lang hinziehen. Dies ist für uns ein hinreichendes Symptom für die Diagnose der Altersdepression.

Das Klagen bezieht sich ganz auf das Hier und Jetzt. Die Zukunft ist undenkbar; es kann höchstens nur noch schlechter werden. Von der Vergangenheit sind diese Patienten emotional wie abgeschnitten. Die Kranken beschäftigen sich ausschließlich mit ihren körperlichen Beschwerden. Diese Beschwerden werden in der Literatur häufig auch als hypochondrische Befürchtungen benannt und kommen bei 70 bis 80 % der Patienten vor (Blöink u. Husser 1984). U. E. handelt es sich um eine falsche Benennung. In der Hypochondrie ist die Wahrnehmung einer körperlichen Besonderheit schon ein Indiz für das zukünftige Eintreten einer sich schrecklich entwickelnden Krankheit. Die Hypochondrie kann unter diesem Aspekt als eine "Zukunftskrankheit" verstanden werden. Bei der Altersdepression ist das Schreckliche dagegen schon eingetreten.

Die Beziehung zu Menschen mit Altersdepression ist oft schwer aushaltbar, da man sehr entwertet wird. "Sie können mir nicht helfen!", "Es ist durch die Behandlung viel schlimmer geworden!" etc. Die Klagen und Beschwerden haben schon vom Wort her eine doppelte Bedeutung und charakterisieren die auftretenden Beziehungsschwierigkeiten. Das Wort Klage weist auf einen Leidenszustand hin. Es ist jedoch in Beziehung zu anderen als Anklage zu verstehen. Auch das Wort Beschwerde hat diesen Doppelcharakter. Als Zuhörer dieser Klagen und Beschwerden fühlt man sich entwertet und machtlos, so daß wir die therapeutische Rolle in diesem Stadium als "Klagemauer" (Kipp 1995) bezeichnet haben. Als Person fühlt man sich so unwichtig wie die Steine in einer solchen Mauer. Trotzdem wirken die Klagen und Beschwerden in uns und machen durch die davon hervorgerufenen destruktiven Gegenübertragungsgefühle und Phantasien den Umgang mit Altersdepressiven so schwierig.

Freud (1915) hat in "Trauer und Melancholie" aufgezeigt, daß Trauer und Depression sich unterscheiden. Der Melancholiker identifiziere sich mit dem aufgegebenen Liebesobjekt, um so dessen Verlust zu verleugnen, während der Trauernde den Verlust anerkenne und betrauere. Unter Identifizierung versteht man, daß das aufgegebene oder verlorene Objekt in der Phantasie ins eigene Ich aufgenommen und dort als Ungetreues angeklagt wird (vergl. Abb. 1). So sind nach Freud die Schuldgefühle der Depressiven zu verstehen. Der Depressive sagt nicht: "Du bist schuld, weil du mich verlassen hast!", er spricht das ins eigene Ich aufgenommene Objekt vielmehr mit "Ich" an und klagt: "Ich bin schuld!"

Schuldgefühle treten bei Depressionen im Alter seltener und weniger stark als bei Depressionen im frühen Lebensalter auf, dafür stehen im Alter die somatisierten Beschwerden im Vordergrund (Göbel et al. 1997). Auch die kognitiven Einschränkungen werden mit zunehmendem Alter stärker und gehen häufig weit über Konzentrationsstörungen hinaus. Sie können sich soweit steigern, daß das klinische Zustandsbild kaum mehr von einer Alzheimerschen Erkrankung unterschieden werden kann.

Wir haben die Entwicklung der somatisierten Beschwerden nicht als Auswirkung einer Identifizierung, sondern eines früheren regressiven Introjektionsvorganges verstanden, nämlich als Auswirkung der Inkorporation oder Einverleibung. U. E. hat dieser Abwehrvorgang für die Entstehung psychogener Schmerzzustände eine außerordentlich hohe Bedeutung (Kipp 1991). Das verlorene oder aufgegebene Objekt wird durch diesen Vorgang gleichsam in den eigenen Körper aufgenommen und dort angeklagt.

Für diese psychodynamische These der Altersdepression sprechen mehrere Hinweise:

- Die Schilderung der Patienten weist auf recht "lebendig" erlebte Körperteile- oder regionen hin, die beinahe Objektcharakter haben.
- Der frühe Mechanismus der Einverleibung geht häufig mit anderen regressiven Verhaltensweisen bei den Patienten einher.
- Es ist auffallend, daß Altersdepressive meist weniger Schuldgefühle und dafür mehr körperliche Beschwerden schildern.
- Die körperlichen Beschwerden gehen zurück, wenn in der therapeutischen Beziehung das verlorene Objekt wieder affektiv besetzt werden kann.

Auffallend beim Verlauf der Altersdepression ist auch, daß in der ersten Zeit nach Verlusten die Patienten häufig erstaunlich stabil sind. Die Beschwerden treten erst nach vier bis sechs Monaten auf und führen zu körperlichen Untersuchungen unter der Annahme einer körperlichen Krankheit. Offensichtlich hilft die Inkorporation wie die Identifizierung dabei, den Verlust zu verleugnen. Die Trauer nach dem

Verlust ist dann nicht notwendig, da das Objekt gleichsam im eigenen Inneren weiter lebt. Torok (1983) hat darauf hingewiesen, daß nach Verlusten nicht selten ein Hochgefühl eintreten kann, das jedoch schamhaft verschwiegen wird, weil in Verlustsituationen Trauer sozial erwartet wird. Die mit der Inkorporation einhergehende Verleugnung ist u. E. für den *Untergang von Innenwelten* in der Depression verantwortlich.

Ausgehend von theoretischen Konzepten der Psychosomatik kann diese Psychodynamik auch folgendermaßen beschrieben werden: Bei der Identifizierung bleibt das aufgegebene Objekt als introjizierte psychische Repräsentanz noch vorhanden. Durch die Inkorporation wird das aufgegebene Objekt in den Körper verlagert mit dem Ziel, den schmerzhaften Zustand zu verleugnen. Diesen Vorgang kann man als zweiphasige Verdrängung (Mitscherlich 1966) oder Resomatisierung (Schur 1974) beschreiben.

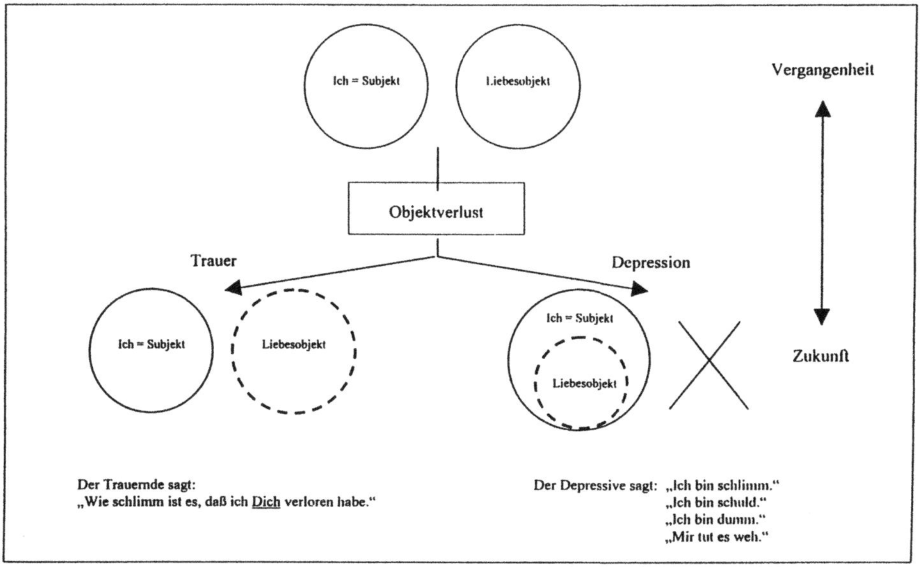

Abb. 1: Psychodynamik von Trauer und Depression nach Verlusten

Es kommt zu einer Desymbolisierung in der psychischen Organisation, da die körperliche Symptomatik keinen nach außen gerichteten Ausdrucks- und Symbolgehalt mehr hat, wie dies bei einem Koversionssymptom noch vorhanden ist. Diese radikale Abwehr, die auch in den anfangs geschilderten Begegnungen mit Patienten im Rahmen der Aktualisierung von Verlustsituationen deutlich wird, führt dazu, daß affektiv besetzte Objektrepräsentanzen gleichsam in eine Nichtexistenz verlagert werden. Dadurch wird auch die kognitive Funktion beeinträchtigt.

Das Alexithymiekonzept in der Psychosomatik (Bräutigam u. Christian 1986) geht von einer fehlenden Symbolisierungsfähigkeit aus. Im Gegensatz zu den eigentlichen psychosomatischen Erkrankungen, bei denen sich wahrscheinlich die Symbolisierungsfähigkeit nie entwickelt hat, ist bei den Altersdepressionen davon auszugehen, daß durch die *traumatischen Verluste die Desymbolisierung sekundär eingetreten ist.*

4. Innenwelt und frühere Lebenswelt

Differenzierte Autobiographien, in denen die Kindheit und Jugend oft schlaglichtartig und lebendig dargestellt werden, sind uns aus der Literatur bekannt. Jedoch zeigt meist schon unsere eigene Erfahrung, daß die Erinnerungsfähigkeit keinesfalls einem persönlichen Geschichtsbuch gleicht, sondern unterschiedlich schnell verblaßt und eigenartigerweise bestimmte Szenen in den Vordergrund treten läßt. Eigentlich wäre es schön, wenn sich im Laufe des Lebens die Erinnerungen zunehmend speichern würden. Leider ist jedoch die bewußte Innenwelt bei alten Menschen meist nicht sehr reich. Erinnerungen sind meist auf mehr oder weniger umfangreiche "Erinnerungsinseln" reduziert. Erinnerungen an eine zeitliche Kontinuität, die zumindest potentiell ab dem 12. oder 13. Lebensjahr möglich ist, tritt normalerweise nicht auf.

Oft haben Geschichten, die spontan vom Leben erzählt werden, einen konkreten Bezug zur jetzigen Situation und werden erinnert, um die jetzige Beziehung zu gestalten. Beispielsweise kann das Betonen, welch gute Ärzte früher tätig waren, eine verpackte Kritik an dem jetzigen Arzt sein, der gerade die Vorgeschichte erhebt.

Empirische psychologische Untersuchungen (Übersicht bei Kipp 1997) haben gezeigt, daß Erinnerungen um so besser aus dem Langzeitgedächtnisspeicher abgerufen werden können, je mehr sie mit anderen Erinnerungen assoziiert sind. Die Möglichkeit, sich an Ereignisse zu erinnern, verbesserte sich in Situationen, die der damaligen bei der Gedächtnisspeicherung ähnlich sind. Außerdem wurde nachgewiesen, daß Menschen, die sich häufiger erinnern und z. B. viel von früher erzählen, eine größere Chance haben, zahlreiche Erinnerungen zu behalten, als solche, die sich zeit ihres Lebens nicht mehr für ihr früheres Sein interessieren oder Erinnerungen nicht so wichtig finden, daß sie anderen davon erzählen.

Die Erinnerungen an das frühere Leben sind nicht nur von dem kognitiven Apparat, sondern auch von den Abwehrmechanismen abhängig. Bei den Altersdepressiven ist die Erinnerungsfähigkeit dadurch noch weiter reduziert. Wenn man versucht, etwas über die Lebensgeschichte von ihnen zu erfahren, so kommen oft nicht mehr als fünf bis zehn Erinnerungen zum Vorschein, die nur teilweise affektiv besetzt sind, d. h., daß sie während des depressiven Zustandes noch eine gefühlsmäßige Bedeutung haben. Wir haben von einer skeletthaften Autobiographie (vergl. Abb. 2 u. 3) gesprochen, wobei wir die bei Depressiven auftretenden Gedächtnislücken auf die Verleugnung von Verlusten zurückführen.

Obwohl der Suizidversuch bei Herrn S. (Abb. 2) nach dem Tod seiner Frau aufgetreten war, erzählt er während der viele Stunden dauernden therapeutischen Gespräche weder von seiner Mutter noch von seiner Frau, während die Männerwelt durchaus gefühlsmäßig bedeutungsvoll ist.

Frau R. (Abb. 3), die unter einer wahnhaften Depression leidet, hat ebenfalls nur wenige emotional besetzte Erinnerungen. Ihr Leben ist von Verlusten gekennzeichnet. Sie erinnert sich wenig daran, beschäftigt sich jedoch lange Zeit des Tages mit dem Suchen nach feinen beständigen Sachen, die sie in guten Geschäften gekauft hatte und befürchtet immer, daß auch diese ihr gestohlen würden.

Wenn die Depression zurückgeht, werden die Patienten zwar lebendiger, auch tauchen manche Erinnerungen in den lebhafter werdenden Gesprächen wieder auf, jedoch bleiben, wie unsere Beispiele zeigen, die Biographien sehr lückenhaft. Demgegenüber zeigt sich schon sehr früh in der Therapie eine gute Ausdrucksfähgkeit in den nonverbalen Medien. Durch malerisches und zeichnerisches Gestalten kommen Erinnerungsprozesse an positive Lebensumstände in der früheren Zeit zum Ausdruck. Während der Zeit der stärksten Depression, in der Patienten ganz auf das Klagen im Hier und Jetzt fixiert sind, werden in den gestalterischen oder körperbezogenen Therapien Erfahrungen aus der persönlichen Vergangenheit aktiviert. Für die Psychotherapie ist es wichtig, ein Stadium zu erreichen, in dem es möglich wird, sich an die Zeit vor den eingetretenen Verlusten zu erinnern. Nur so kann die Verleugnung aufgehoben und über die Verluste getrauert werden.

1924 Harmonische Kindheit
Berufsausbildung Werkzeugmacher
Krieg

1942 Verwundung, große Sorge wegen linker Hand
Vater schickt Malkasten ins Lazarett, Vater guter Maler
„Malen hat mir in der Gefangenschaft das Leben gerettet“

1944 Bruder vermißt - tot, *"Als würde ein Stück aus mir herausgerissen."*
1945 Gefangenschaft, Empörung und Wut
2. Lehre beim Vater, Vater wollte alle Söhne zu Hause haben.
"Mir war das nicht genug."
1947 6 Semester Werkkunstschule
Mehr Geld verdient als der Vater. *„Dem Vater paßte das nicht."*

1950 Heirat
"Mußte mich immer den wirtschaftlichen Verhältnissen anpassen."

Verschiedene berufliche Stadien
Hartnäckige Schlafstörung
Harmonie zum Sohn, *„Angst um den Sohn“*
Ausführliche Berichte über verschiedene Arbeitsstellen

1992 Grippekrankheit der Frau, die sich als Leukämie entpuppte
Der Arzt hat es zu spät erkannt.

1993 März 1993, Frau stirbt

Juli 93', schwerer Suizidversuch führt zur stationären psychiatrischen Behandlung. Vertrauen zum Stationsarzt
(2. Suizidversuch während dessen Urlaub)

Abb. 2: Schematische Darstellung der Biographie von Herrn S.
Diagnose: Altersdepression u. schwerer Suizidversuch, Schlafstörungen

1908	Vater, Hotel, Kutsche mit Schimmel, kranker Bruder
1914	1. Weltkrieg
1923	und Inflation fallen zusammen
	Musikkonservatorium (aus Geldmangel abgebrochen)
	Handelsschule
	Berufstätigkeit - Auswahl unter vielen Mitbewerbern - Einfluß auf Kulturentscheidungen
1938	Heirat (auf Wunsch des Vaters)
1939	Geburt der Tochter
1939	Tod des Vaters (Ehemann im Krieg)
1943	Flucht mit blinder Mutter und Kind aus brennendem Haus, Bomben
1947 ?	Rückkehr des Mannes aus Gefangenschaft, krank
1977	Umzug ins Haus nach V.
1977	Tod des Mannes
1979	Curare-Vergiftung der Tochter. Bericht ohne Tränen
	Zeugen Jehovas beigetreten
	Wichtige Kundin von feinen, beständigen Sachen wie Taschen, (die jetzt geklaut werden)
1989	Krankenhaus / Kurzzeitpflege
1993	wahnhafte Depression → ins Krankenhaus

Abb. 3: Schematische Darstellung der Biographie von Frau R.
Diagnose: Wahnhafte Depression

5. Kränkung und Depression - Wege zur Einfühlung

Auf dem Hintergrund der eigenen Trauererfahrung ist es nicht möglich, sich in schwer depressive Menschen einzufühlen. Die Psychodynamik ist zu unterschiedlich! (vgl. Abb. 1) Jedoch gibt es eine andere seelische Reaktion, die der Depression ähnelt und die uns allen bekannt ist, nämlich die Kränkung, Verletzung oder Enttäuschung in nahen Beziehungen. Obwohl Kränkungen alltäglich mehr oder weniger stark auftreten, sind die ablaufenden seelischen Prozesse bisher kaum untersucht worden. Ist man gerade gekränkt, so hat man meist "wichtigere" innere Entscheidungen zu treffen; ist die Kränkung schon vorbei, so ist oft kaum nachzuvollziehen, wie Denken und Fühlen waren, als man so gekränkt reagiert hatte.

Wir haben 30 Psychotherapeuten nach ihren Kränkungserlebnissen befragt (Kipp et al. 1996) und haben dieser Befragung ein dreiphasig ablaufendes Kränkungsmodell zugrunde gelegt.

Die akute Kränkung (1. Phase) läuft ziemlich automatisch ab, wenn "das Faß zum Überlaufen" gekommen ist. Phantasien, das kränkende Objekt aufzugeben, es auf immer zu verlassen, sich auf immer trennen zu wollen usw. stehen im Vordergrund.

In der Phase des Kränkungszustandes (2. Phase) treten dann häufig körperliche Beschwerden auf. Schlafstörungen gehören dazu und Gefühle der Rache, der Angst allein gelassen zu werden, treten ebenso wie depressive Gefühle auf.

Die Bewältigung der Kränkung (3. Phase) ist schwer von der 2. Phase abzugrenzen. Bewältigungsformen der Distanzierung, Interessensverlagerung und Ablenkung beginnen schon früh, und die alltäglichen Kränkungen haben meist eine kurze Dauer, wenn der Gekränkte nicht zu stolz darauf ist, die gekränkte Position beizubehalten. Das Sprichwort "Der Klügere gibt nach" charakterisiert das Dilemma. Oft sind wir im Kränkungszustand wenig geneigt, unser Schwarzweißdenken aufzugeben.

Denkabläufe und Gefühle in der Kränkung und in der Depression sind gleichlaufend. Wir fassen Depressionen als chronifizierte Kränkungen auf, bei denen die Bewältigung nicht gelingt. Während am Anfang der Kränkung die innere Auseinandersetzung mit dem Liebesobjekt noch im Vordergrund steht, läßt sich nach wenigen Tagen beobachten, wie der Kränkungsanlaß zunehmend vergessen wird. Aus unserer Sicht wird in der Kränkung das aufgegebene Liebesobjekt durch Introjektion verleugnet.

Für die Psychotherapie depressiver Patienten ist es wichtig festzustellen, daß Depressionen keine uns unbekannten Seelenvorgänge sind. Es gelingt häufig, mit positivem Resultat die Kränkung anzusprechen und Formen der Bewältigung zu reflektieren (vergl. Kipp et al. 1996). Grundsätzlich kann man davon ausgehen, daß es sinnvoll ist, mit depressiven Patienten so umzugehen, wie wir behandelt werden wollen, wenn wir gekränkt sind.

Wie beim Gekränkten, bei dem es nichts nützt, den Kränkungsanlaß zu thematisieren, geht es bei der Therapie Altersdepressiver nicht darum, primär auf den Verlust einzugehen. Vielmehr kommt es darauf an, die gesunden Seiten anzusprechen und die Bewältigungsmöglichkeiten zu stärken, um in der therapeutischen Beziehung allmählich die Verleugnung des schmerzhaften Verlustes wieder aufheben zu können.

6. Therapie - Wiederaufbau verschütteter Innenwelten

Würde man in der Psychotherapie den Verlust als Konflikt zuerst ansprechen, müßte der Patient zu seiner Stabilisierung die Abwehr und damit die Verleugnung verstärken. Dies ist natürlich nicht sinnvoll. Wie in der Psychotherapie allgemein ist es notwendig, sich als verläßliche therapeutische Beziehungsperson einzubringen. Die beiden kurzen Beziehungsschilderungen am Anfang machen deutlich, wie schwierig dies ist. Auch die Position als "Klagemauer" ist schwer auszuhalten. U. E. ist es wichtig, darauf aufmerksam zu machen, daß aggressive und destruktive Gegenübertragungsphantasien regelhaft in dieser Phase der Therapie auftreten.

Die Beziehungsaufnahme wird mit den körperbezogenen und kreativen Therapieverfahren einfacher. Möglicherweise weil in der menschlichen Bewegung und Berührung auf ganz frühe Beziehungsformen zurückgegriffen wird, können depressive Menschen, die sonst kaum emotionalen Kontakt aufnehmen können, sich etwas entfalten.

Ähnliches geht auch in der Gestaltungstherapie vor sich, die bei uns als Gruppentherapie angewandt wird (Kipp 1995, Groß et al. 1997). Hier gibt es denselben Anfangswiderstand, solange die Patienten zusammensitzen und sagen, daß sie weder zeichnen oder malen können noch wollen, und daß alles keinen Wert habe.

Abb. 4: Bild von Frau K. (71 J.) zu dem gestaltungstherapeutischen Gruppenthema: "Malen Sie einen Menschen aus Ihrer näheren Umgebung."

Gelingt es aber, ins Gestalten zu kommen, tritt meist eine sonst ungewohnte Ruhe und Konzentration ein und die Patienten können sich in ihr Gestalten vertiefen, wobei häufig, je nach Thematik, frühere Erinnerungsbilder zum Vorschein kommen. Über diesen kreativen Prozeß nehmen Patienten, die sich zuvor kaum gegenseitig wahrgenommen hatten, danach untereinander Kontakt auf und sind meist in der Lage, sich über ihre Bilder auszutauschen (Abb. 4 u. 5). Frau K. beispielsweise ist schon seit ca. 6 Wochen in der Gruppe. In der Regel ist sie still und körperlich sehr in sich versunken. Trotzdem wirkt sie angespannt, hat einen zerknirschten Gesichtsausdruck und spricht mit einer kaum hörbaren piepsenden Stimme. Sie sagt immer im „Blitzlicht": "Es geht schlecht!" oder "Es geht nicht so gut!" oder "Alles ist schlimm, ganz schlimm!"

Abb. 5: Bild von Herrn V. (78 J.) zu dem gestaltungstherapeutischen Gruppenthema: "Gestalten Sie eine Situation, die ca. 10 Jahre zurückliegt."

Beim Malen des Bildes (Abb. 4) wird sie lockerer und entspannter, die Gesichtszüge glätten sich. Thema in dieser Gestaltungstherapiestunde ist: "Malen Sie einen Menschen aus Ihrer näheren Umgebung." Bei der Besprechung des Bildes muß sie öfters lächeln und kichern. Sie ist selbst erstaunt über die Lustigkeit und Freude, die dieses Männchen ausstrahlt. Sie bekommt Anerkennung und Lob aus der Gruppe und kann diese freudig annehmen.
Herr V. ist auch schon sehr lange in der Gruppe. Er ist sehr ordentlich, überkorrekt und stark depressiv gedämpft: "Nichts macht mehr Freude, der Auftrieb fehlt, früher war alles anders, besser!" Er ergießt sich in langen Monologen über seinen Körper, der überall schmerzt und nicht funktioniert. Herr V. will am Anfang der Stunde auf alle Fälle nicht mit malen. Beim Gestalten vertieft er sich doch und wirkt konzentriert. Er malt ein Schiff (Abb. 5) zum vorgegebenen Thema: "Eine Situation, die Ihnen einfällt, die ca. zehn Jahre zurückliegt." Über das Bild kann er sich an eine sehr lustige und schöne Urlaubsfahrt von Schweden nach Bornholm erinnern. "Da gab es viel zu essen und zu trinken und nette Leute, Frauen und Kinder." Er wirkt gelöst und freut sich über die Erinnerung, die ihm jetzt so spontan gekommen ist. Am Anfang der nächsten Gruppe drei Tage später sitzt er wieder, wie immer, anklagend und handlungsunfähig da und behauptet: "Ich kann nichts und malen schon gar nicht. Mir fällt nichts ein!"

Dadurch, daß die Gruppe der älteren depressiven Patienten täglich ein Therapieangebot bekommt, wurden auch die Stunden mit analytischer Gruppentherapie einfacher. Während früher, als die Gruppe nur als Gesprächsgruppe durchgeführt wurde, die Phase der "Klagemauer" sich oft über viele Stunden fortsetzte, kommt es jetzt schneller zu einer Triangulierung (Groß et al. 1997). Die verschiedenen Therapeuten, die die Gruppen betreuen, werden miteinander verglichen und auch gegeneinander ausgespielt. Wird diese "frühe" Triangulierung gedeutet, kommt es auch zu Vergleichen der jetzigen Situation mit früheren Beziehungserfahrungen.

Die Zeit vor den Verlusten wird über die Triangulierung wieder erinnerlich. Das emotionale Klima in der Gruppe verändert sich. Konflikte können bearbeitet werden. In der therapeutischen Beziehung können jetzt auch die eingetretenen Verluste realisiert und betrauert werden.

Während in der Tanz- und Gestaltungstherapie relativ direkt frühere Erfahrungen aktiviert werden, ist es in der analytischen Psychotherapie erst allmählich möglich, über die individuelle Vergangenheit zu sprechen. Man hat den Eindruck, daß untergegangene Innenwelten wieder lebendig werden. Es findet durch das Sprechen eine *Resymbolisierung von Objektrepräsentanzen* statt. In dieser Zeit gehen die körperlichen Schmerzen und Beschwerden zurück. Mit dem Erinnern ist aber auch Trauerarbeit verbunden, die u. E. nur in der therapeutischen Beziehung möglich wird.

7. Abschließende Überlegung

Die Erinnerungen und Phantasien, das heißt die bewußten Innenwelten, sind bei alten Menschen trotz lebenslang gesammelter Erfahrungen häufig nicht besonders umfangreich. Durch die Verluste im Alter kommt es, falls keine Trauerarbeit möglich ist, zusätzlich zu massiven Einschränkungen des Innenlebens. Methoden der Körper- und Gestaltungstherapie erleichtern den Zugang zu verschütteten Innenwelten. Durch analytische Psychotherapie ist eine Resymbolisierung aufgegebener Objekte und Trauerarbeit möglich.

Literatur

Blöink, M.; Husser, J. (1984): Depressive Erkrankungen. In: Oswald, W. D.; Hermann, W. M.; Kanowski, S.; Lehr, U. M.; Thomae, H. (Hrsg.): Gerontologie. Stuttgart: Kohlhammer, 343-349

Bräutigam, W.; Christian, P. (1986): Psychosomatische Medien. Stuttgart: Thieme

Ehlert-Balzer, M. (1996): Das Trauma als Objektbeziehung. Forum Psychoanal. 12, 291-314

Freud, S. (1915): Trauer und Melancholie. G.W., Bd. X., 427-446

Göbel, H.; Kipp, J.; Struwe, B. (1997): Die Symptomatik der Altersdepression und die Diagnose nach ICD 10. In: Radebold, H. (Hrsg.): Depression im Alter. Darmstadt: Steinkopff

Groß, M.; Kipp, J.; Dixon, N. (1997): Erfahrungen mit einer intensiven Gruppentherapie für Altersdepressive. In: Radebold, H. (Hrsg.): Altern und Psychoanalyse. Darmstadt: Steinkopff

Kipp, J. (1991): De la psychodynamique de la genèse de la douleur dans le cas de dépressions séniles. Psychologie Medicale 23 (7), 790-792

ders. (1995): Stationäre Gruppentherapie mit depressiven Menschen im Alter. In: Jovic, N., Uchtenhagen, A. (Hrsg.): Psychotherapie und Altern. Zürich: Fachverlag, 249-260

ders. (1997): Erinnerung an Kindheit und Jugend bei alten Menschen. In: Radebold, H. (Hrsg.): Altern und Psychoanalyse. Vandenhoeck und Ruprecht, 121-138

Kipp, J.; Jüngling, G. (1994): Verstehender Umgang mit alten Menschen. Frankfurt: Fischer, Reihe Ratgeber

Kipp, J.; Unger, H. P.; Wehmeier, P. M. (1996): Beziehung und Psychose. Stuttgart: Thieme

Mitscherlich, A. (1966): Krankheit als Konflikt. Studien zur psychosomatischen Medizin. Frankfurt: Suhrkamp

Schur, M. (1974): Zur Metapsychologie der Somatisierung. In: Brede, K. (Hrsg.): Einführung in die psychosomatische Medizin. Frankfurt: Athenäum

Torok, M. (1983): Trauerkrankheit und Phantasma des "Cadavre exquis". Psyche 37, 497-519

IV. Alternde Patienten - Alternde Psychoanalytiker

Transzendenzerfahrungen im hohen Alter

Kreativität, Entwicklung und Psychoanalyse im Leben einer Hundertjährigen

Calvin F. Settlage

Die einhundert Jahre alte Patientin war Dichterin und Schriftstellerin, Frau und Mutter und ehemalige Grundschullehrerin. Sie hatte zwei Töchter, sieben Enkel, siebzehn Urenkel und ein Ururenkel. Ich kannte sie während der letzten zehn Jahre ihres Lebens, vom 94. bis zum 104. Lebensjahr, in dem sie starb. Ich hatte psychotherapeutisch einige Monate mit ihr gearbeitet, als sie 94 Jahre alt war und mehrere Jahre seit ihrem 99. Lebensjahr. Ich berichte meine Erfahrungen der beiden Behandlungsperioden mit ihrer Erlaubnis und der ihrer Familie. Ihr Alter und ihre Identität als Dichterin machen es wahrscheinlich, daß ich ihre Privatsphäre nicht durch die üblichen Maßnahmen schützen kann.

Der Mythos, daß Menschen im mittleren und hohen Lebensalter für psychoanalytische Behandlungen ungeeignet sind, ist widerlegt worden (Coltart 1991; Crusey 1985; Freud 1905, S. 264; Limentani 1995; Nemiroff und Colarusso 1981, 1985, 1990; Panel 1986; Sandler 1984; Simburg 1985).

Kreativität und hohes Alter schließen einander nicht aus, ich brauche nur Henri Matisse und Pablo Picasso zu nennen (Hildebrand 1990; Jaques 1965; Limentani 1995; Pollock 1982).

Das Konzept der Entwicklung Erwachsener, auch in hohem Alter, wird zunehmend häufiger dargestellt und findet Anerkennung (Crusey 1985; Gould 1990; Griffin & Grunes 1990; Levinson 1985; Nemiroff & Colarusso 1981, 1985, 1990; Settlage, Curtis u.a. 1988; Simburg 1985).

Auch die Verluste im hohen Alter wurden behandelt und hervorgehoben (Cath 1962; Crusey 1985; Goin 1990; Hildebrand 1985; King 1980; Pollock 1977; Sandler 1984).

Das hohe Alter ist in der Tat mit vielen Verlusten befrachtet - den Verlusten physischer Eigenschaften und Fähigkeiten, gewohnter Aktivitäten, von lieben Menschen. Wenn sie mit dem Bewußtsein, daß das Leben dem Ende entgegen geht, verbunden sind, ändern diese Verluste die Beziehung der älteren Menschen zum Selbst, zu anderen, zur äußeren Umgebung und zur Zeit. Die Reaktionen auf Verluste und ihre Auswirkungen beinhalten Kreativität und Entwicklung im Dienste der Bewältigung und der Anpassung sowie der Störung psychischer Funktionen. Ich biete aus der Perspektive der psychoanalytischen Beziehung einen Einblick in diese Verluste und in die Reaktionen darauf an.

Etwa ein Jahr vor der ersten Behandlung wurden die Patientin, eine ehemalige Grundschullehrerin, und ich, Kinderanalytiker, von einem gemeinsamen Freund bekannt gemacht, der unser gemeinsames Interesse an Entwicklungsprozessen kannte. Wenn wir uns etwa einmal im Monat trafen, tauschten wir unser Verständnis von Kindern und unsere Ansätze, ihnen beim Aufwachsen zu helfen, aus. Wir entdeckten ein gemeinsames Interesse an Dichtung, Kreativität und am Altwerden. Unsere Freundschaft hielt auch zwischen den beiden Behandlungsperioden an. Der Beginn der Behandlung, bestimmt von den Regeln der psychoanalytischen Beziehung, sowie ein möglicher zukünftiger Behandlungbedarf, begrenzten unsere Freundschaft.

1. Die erste Behandlung

Ich erhielt einen Brief von meiner Dichterfreundin:

„Ich möchte gern wissen, ob Sie gewillt sind, mit mir als Patientin einen Behandlungstermin zu vereinbaren - ich weiß, Sie behandeln Kinder, aber ich bin sicher, Sie könnten auch mir behilflich sein. Ich glaube nicht, daß ich eine längere Therapie benötige und will nicht zu einem fremden Psychiater (!) gehen.“ In dem Brief bezeichnete sie ihre Schwierigkeit als Gefühl, verwirrt und orientierungslos zu sein, sie litt unter einem starken Schwindelgefühl und der Angst zu stürzen. Sie hatte mir zuvor vom Tode ihres Mannes erzählt, der kürzlich verstorben war. Ihre Symptome begannen etwa drei Wochen nach seinem Tod.

Mir war aufgefallen, daß die Patientin ein Ausrufezeichen hinter den Satz gesetzt hatte, sie wolle zu keinen fremden Psychiater. Ich hatte wegen ihres akuten Leidensdruckes und weil sie sich so speziell an mich gewandt hatte das Gefühl, daß ich ihrem Wunsch ungeachtet unserer Freundschaft nachkommen sollte. Viel später erwähnte sie, daß sie in ihren Dreißigern „eine schreckliche Erfahrung mit einem Analytiker“ gemacht hatte.

Die erste Behandlung im Alter von 94 umfaßte acht Sitzungen in einem Zeitraum von drei Monaten. Sie unterschied sich nicht von den Psychotherapien, wie sie bei Erwachsenen üblich sind, allerdings erschien sie mir außergewöhnlich hilfreich. Als sie in meine Praxis kam, beschrieb die Patientin detailliert ihre Schwindelanfälle und Episoden von Verwirrtheit und Desorientierung. „Alles scheint zu verschwinden, als ob es sich verflüchtigt." Sie glaubte, ihr Gedächtnis würde versagen und sie würde „verrückt“ werden.

Wo ist mein Geist?
Er folgt unbekannten Wegen,

Bleibt im nicht bekannten Raum.
Er schweift durch graslose Ebenen,
Ein Wald ohne Bäume.
Er ankert nirgends, ist weder frei
Noch gebunden. Es ist, als ob
  Er von der Vergangenheit losgelöst wäre,
  Als wäre das tägliche Leben ein Tasten
  Von Stuhl zu Stuhl.
Gib mir Kummer, Verzweiflung,
Hoffnungslose Hoffnung - irgend etwas, nur nicht dieses Nichts,
In dem ich wandere, nur mein Körper ist Herrscher,
Essen, schlafen, die Leere leben
Tag für Tag.

Sie erzählte mir, wie sie sich mit der Pflege ihres Mannes während der „drei schwierigen Jahre" gequält hatte, bevor er im Alter von 98 starb. Er war bettlägerig gewesen, und sein physischer und geistiger Zustand hatte sich immer mehr verschlechtert. Die Patientin litt unter Schuldgefühlen und Scham. Anstatt „wie angemessen zu trauern", sah sie sich in einem gegen sich selbst gerichteten Martyrium. Sie fühlte sich schuldig, weil sie die Beendigung der langen Krankheit ihres Mannes gewollt hatte. Während sie von ihrem Mann vor seinem Tode sehr gebraucht wurde, hatte sie sich nun nur noch um sich selbst zu kümmern. Doch ihr Selbst war „flüchtig und nicht definiert".

Es war klar, daß die Patientin emotional stark auf die Krankheit, den Tod und den Verlust ihres Ehemannes reagierte. Jedoch dachte ich, wie ihr Internist auch, an mögliche organische Ursachen ihres Schwindel und der Beeinträchtigung ihres Gedächtnisses. Es stellte sich bald heraus, daß ihr Gedächtnis nur scheinbar und nicht tatsächlich versagte. Die Erinnerungen kehrten zurück, nachdem die Patientin voller Schmerz darüber gesprochen hatte, daß sie sich nicht an ihren Mann in seinem schlimmen Zustand erinnern wollte.

Nach zwei exploratorischen Sitzungen fragte ich die Patientin, ob sie sich irgendeiner Wut darüber, was sie in den „drei schwierigen Jahren" durchgemacht hatte, bewußt sei. Ihre Antwort war ein nachdrückliches „Nein! Ich liebte meinen Mann sehr“.

In der nächsten Sitzung sagte die Patientin, es sei falsch gewesen zu sagen, sie würde keine Wut in sich fühlen. Sie hatte sich an ein Gedicht, das sie kurz nach dem Tode ihres Mannes geschrieben hatte, erinnert und es mitgebracht. Sie bezeichnete das Gedicht als „von Wut umschlungen".

Wut nagt an meinem Herzen
Nagt und nagt, unersättlich,
Ruft kampferfüllte Worte
Mit Gesten der Gewalt.
Das stille 'Wesen' steht entsetzt -
Wie soll es dieses innere Selbst aufnehmen
Oder in Einklang bringen mit der gewohnten Zurückhaltung?
Sie hatte keinen Platz in mir,
Doch fordert ihn jetzt -
Ich kann sie nicht bekämpfen noch akzeptieren.
Ich krieche zu ihren Füßen.
Die Wut siegt.

Die Wut der Patientin wurde zum Fokus der Behandlung. Geboren 1885, wuchs sie vor der Jahrhundertwende in einer Zeit auf, in der man „Kinder zwar sehen, aber nicht hören sollte“. Ihr Vater war ein strenger Mann, dem Disziplin wichtig war. Wut zu zeigen war für beide Eltern unakzeptabel. Um mit diesen elterlichen Einstellungen zurechtzukommen und um ihre kindlichen Gefühle von Wut und Ärger in den Griff zu bekommen, entstand die Abwehr durch Verdrängung.

Ich sagte ihr, daß ihre Wut eine normale und natürliche Reaktion auf die schmerzvollen, schwierigen Jahre und den Verlust ihres Mannes seien. Aufgrund der Schuldgefühle, die sie wegen ihres Mannes verspürte, vermied und unterdrückte sie ihre wuterfüllten Gefühle, die ihr Gedicht enthüllt hatte. Ich fügte hinzu, daß ihre unterdrückte Wut sehr wahrscheinlich der Hauptgrund für ihre Symptome sei und in ihnen zum Ausdruck käme. Der Schwindel verschwand. In den folgenden Wochen der Behandlung begann die Patientin, den Verlust ihres Mannes zu betrauern, und die anderen Symptome verschwanden auch nach und nach.

2. Die Erfahrung sehr hohen Alters

Die Patientin erlebte während der Zeit der ersten Behandlung die körperlichen Auswirkungen des hohen Alters. Ihr Alterungsprozeß schritt zwischen den Behandlungen voran und sie konnte das Haus nicht mehr verlassen. Ihr stark eingeschränkter Zugang zur äußeren Welt führte zu einer vermehrten Beschäftigung mit der stets zugänglichen inneren Welt. Die aufkommenden Erinnerungen, Phantasien und Gefühle ersetzten die äußeren Anregungen. Die Beschäftigung mit der inneren Welt führte zu einer zunehmenden Beschäftigung mit den mysteriösen Interaktionen zwischen dem bewußten und unbewußten Geist - der Urquelle der Kreativität.

Die Erfahrung des Alterns eines sehr alten Menschen und die Fähigkeit, damit fertig zu werden und sie zu überwinden, kommt in den Gedichten der Patientin deutlich zum Ausdruck. Der deutende Kommentar am Ende jeden Gedichtes ist von mir.

Überleben

Die lange Neigung einer Winternacht,
Spinnwebene Dunkelheit in meinem Zimmer,
Wo der Spielraum meiner Hand verloren ist,
Stempelt mich als ruhelos ab,
Eindringling in Objekte, hölzern, dicht.
Meine Finger rutschen unter die Kleider
Um Haut zu fühlen.
Mein offener Mund ist monströs.
Stühle und Tische schließen mich ein
Holz, das Atem überdauert.

Hohes Alter bringt den Verfall des körperlichen Selbst und den Verlust der Leistungsfähigkeit.

Ich finde mich selbst
In Wellen, die ans Ufer schäumen,
Unter Bäumen, wo die Stille wächst
Bis Zweige sie sanft anstoßen,
An verlorenen Stränden von Sand und seltenen Muscheln
Auf fernen Straßen, wo ausgefahrene Geleise
Mit der Vergangenheit verbinden,
An den sandigen Abhängen,
In den Wiesen, die ich erschaue,
Wo die Haferstengel leise im Winde rascheln.
Innen kriechen die Wände näher
Die Fenster schließen aus,
Die horizontalen, spiegelnden Flächen
Die horizontalen Wolken.

Kein Selbst ist hier, keine Sonne brennt,
Kein Wind spielt in meinen Haaren
Ich versinke in ein Kontinuum,
Ein dünner Kalender voller Tage.

Die körperliche Mobilität wird eingeschränkt, Beziehungen und Aktivitäten begrenzt.

Die Elastizität der Zeit!
Manchmal dauert eine Stunde eine Minute
Und manchmal eine Ewigkeit.
Wären die Götter wohl gesonnen, verliehen sie
Meiner Feder Leichtigkeit. Wenn sie mich verlassen,
Dauern die Momente eine Ewigkeit.
Ich habe keine Wahl.
Ich stehe in der Küchentür,
Erwarte das unangenehme Essen.
Die Zeit tanzt einen makaberen Tanz,
Selbst mit geschlossenen Augen,
Sehe ich ihren Lauf.

Die Lebenszeit schrumpft, während die Zeit des einzelnen Tages reichlich ist, sogar überreichlich.

Mit den Jahren wird die Tochter zur Mutter.
Die neue Tochter will nicht annehmen
Was ihre eigene Tochter einfach akzeptierte.
Warum sollte man seine Bedürfnisse verteidigen?
Sie sind stark
Wie die des Kindes, und die gebende Hand
Ist so natürlich wie die der Mutter
Welche Entschuldigungen sind nötig ?
Ihre Sorge um mich ist ein Geschenk
Unverdient. Laß es mich darin baden
Wie in der Sonne, der es gleichgültig ist
Wen sie wärmt.

Die Abhängigkeit von anderen wächst.

Ich habe Angst,
Angst, daß meine Erinnerungen mich verlassen,
So wie er - allein trotz Gebenden.
Doch dieses Alleinsein ist boshaft,
Es schleicht sich leise in den Geist,
Heimlich in alle Ritzen. Ohne Erinnerung
Habe ich keine Vergangenheit, keine Gegenwart, keine Zukunft.
Zwanzig Bilder von ihm hängen an meiner Wand,
Ich sehe sie mir an und der fehlende Schmerz
Erschüttert mich. Es ist, als ob
Ich mit ihm gegangen wäre - Asche in der Luft,
Und zurück bleibt nur Gespött.

Der Tod eines geliebten Menschen bedeutet einen niederschmetternden Verlust.

Wie mich alles um mich herum erfreut!
Meine gläserne Wendeltreppe,
Meine Bücher in endlosen Reihen,
Der Teppich auf dem ich gehe
Es ist als ob ich mit dem Alter
Neue Augen bekommen hätte
Und alles normale
Außergewöhnlich wird.
Farben sind Verzierung,
Der Vorhang wirft ungewöhnliche Falten,
Die Türgriffe
Formen meine Hände
Alles will sich im Geben übertreffen.

Verlust muß nicht die Oberhand gewinnen.

Der dünne Strahl

Der dünne Strahl des Lichts
Verkündet den Morgen
Unvermeidbar wie im Tode liegen wir
Wunschlos.
Wir haben unsere Krone aufgegeben
Doch der Morgen bleibt beharrlich
- Der Gesang der Vögel paßt nicht zum Kummer
Während das Herz
Von der Zeit nur verlangt, was verlangt wird, wenn eine Hand
Frieden mit dem dargereichten Nichts macht,
Dankbar selbst
Für eine leere Hand -

Eine Zuteilung, eine Verlängerung der Zeit,
Um sich mit der Schwäche, noch einen weiteren Tag zu leben, auszusöhnen.

Sterblichkeit wird bedrohlicher.

Was die Augen lesen
Was der Geist annimmt,
Zieht an.
Ich bin nicht länger ohne Wurzeln in einer schwankenden Welt
Ich habe Platz gefunden, unsicher,
Doch achtsam bewacht.
Abgrund auf der einen Seite,
Felswand auf der anderen,
Kann ich sicher schreiten,
Weder Fall noch Wand fürchtend ?
Ich gehe
Im Licht meiner Jahre,
Demütig, kenne die Finsternis
Immer in Erwartung. Keine Enthüllungen
Leiten mich. Mein Vorwärtsschreiten ist mein Verharren.
Ich habe lichte Momente,
Ich schlafe im Schutz meiner Träume.

Den Ankündigungen der Sterblichkeit kann widerstanden werden.

---

3. Die zweite Behandlung

Die zweite Behandlung begann, als die Patientin 99 Jahre alt war. Obwohl ihr Geist scharf und der allgemeine Gesundheitszustand gut war, hatte ihre körperliche Stärke nachgelassen. Das Gehen war unstet und unsicher geworden. Da sie das Haus nicht mehr verlassen konnte, sagte sie, daß ihre Welt durch die tägliche Routine des Vom- Bett- in den- Lehnstuhl und vom Lehnstuhl ins Bett symbolisiert wurde.

Die Behandlung fand nun im Hause der Patientin statt. Als ich zur ersten Behandlungsstunde kam, wollte sie, daß wir in ihr Arbeitszimmer statt ins Wohnzimmer, wo wir uns als Freunde begegnet waren, gingen. So erkannte sie die Trennung zwischen therapeutischer Beziehung und Freundschaft an. Als sie mich zum 'Therapieraum' führte, stellte sie lachend fest, daß ich wohl der einzige Psychoanalytiker sein müsse, der Hausbesuche machen würde.

Das Problem der Patientin, das zur zweiten Behandlung führte, war starkes hämmerndes Herzklopfen. Es trat auf, wenn sie morgens oder nach ihrem Mittagsschlaf erwachte und dauerte mehrere Minuten an. Ihr Internist untersuchte ihr Herz, fand aber nichts krankhaftes. Wegen ihres Alters und ihres gebrechlichen Zustandes wollte er keine Medikamente, außer einer sehr kleinen Dosis Phenobarbital, verschreiben. Das Medikament half ein wenig, doch das Herzklopfen hielt an. Als sie mich konsultierte, sagte die Patientin: „Mein Herzklopfen muß psychologisch sein, deshalb wandte ich mich an Sie".

Die erste anamnestische Sitzung zeigte, daß die Patientin sich sehr stark mit dem Tode beschäftigte. Sie erzählte mir von einem Traum, in dem sich der Tod ihrer ältesten Tochter und ihres Cousins vermischten. In dem Traum war es unklar, ob sie an Herzanfällen gestorben waren. Ihre Assoziationen beschäftigten sich mit dem Tod ihres Bruders, der mit vier Jahren gestorben war, als die Patientin sechs Jahre alt war, und mit dem Tod eines zweiten Bruders, der mit 18 Monaten verstarb, als die Patientin 12 Jahre alt war. Sie erinnerte sich, daß sie als Kind wiederholt Alpträume gehabt hatte, in denen sie lebendig begraben wurde. In der gleichen Sitzung erzählte sie mir von ihrer derzeitigen Angewohnheit, abends vor dem Einschlafen und morgens nach dem Aufwachen zu zählen. Sie sagte, daß das Zählen „das Böse abhalten" sollte. Es sei „wie ein Gebet“. Sie würde bis drei zählen oder bis zum Vielfachen von drei, zum Beispiel neun, das dreimal so mächtig sei wie drei und so weiter. Sie benutzte eine ausgeprägt zwanghafte Abwehr, um ihre unterdrückte Wut in Schach zu halten.

In der zweiten Sitzung sagte die Patientin, sie habe „einen Anhaltspunkt" gefunden. Daß sie ihr Zählen und das Herzklopfen nicht miteinander verbunden hatte, habe ihr „einen Tip gegeben“.

„Es ist so wie in der ersten Behandlung, als ich nicht über meine Wut Bescheid wußte. Das Herzklopfen muß ein Ausdruck für meine Angst vor dem Sterben sein. Jedesmal, wenn ich aufwache, werde ich an meine Sterblichkeit erinnert und mein Zählen hält die Realität des Todes fern. Schließlich steht in meinem Alter der Tod immer vor der Tür.“

Ihr fiel ein Gebet aus ihrer Kindheit ein, das mit *„Nun lege ich mich hin zum Schlafen*" begann. „Ich hörte immer vor dem Satz auf: *'Sollte ich sterben, bevor ich aufwache'*. Wenn Gott kleinen Kindern das antat, konnte er kein sehr guter Gott sein.“ Die Patientin dachte, sie hätte schon vor langem den Tod akzeptiert. Jetzt wurde ihr bewußt, daß sie das nur intellektuell, nicht aber emotional getan hatte.

Wir entschlossen uns, eine Behandlung zu beginnen. Obwohl ich sie gern öfter gesehen hätte, waren nur zwei Sitzungen pro Woche durchführbar.

Zwei psychopathologische Bereiche wurden in der zweiten Behandlung schwerpunktmäßig beleuchtet, die unterdrückte Wut der Patientin und ihr unerfüllter, lebenslanger Wunsch nach Nähe. Beide hatten ihren Ursprung in ihrem prä-ödipalen Erleben. Obwohl auch ödipales Material vorlag, nämlich daß die Patientin phantasiert hatte, der kleine Bruder, der mit 18 Monaten starb, sei ihr Baby, betonten ihre Assoziationen eher die liebenden und beschützenden Gefühle für ihren Bruder als die Rivalität mit der Mutter oder den Besitzanspruch des Vaters. Ich hatte das Gefühl, daß der ödipale Konflikt, der sich in der Behandlung darstellte, durch unerfüllte Bedürfnisse und Themen in der vorhergehenden dyadischen Entwicklungsstufe bestimmt wurde.

Die Patientin reagierte sehr empfindlich auf Trennung. Aufgrund prä-ödipaler Erfahrungen weckte Trennung die Angst vor Verlust von Beziehungen und Wut (Bowlby 1973; Mahler 1972, 1979; Settlage u.a. 1991, 1993). Nachdem die zweite Behandlung etwa zwei Jahre angedauert hatte, kam es zu einer zweiwöchigen Unterbrechung, während der sowohl die Tochter als auch ich zur gleichen Zeit abwesend waren. Kurz vor dieser Pause erzählte mir die Patientin, daß sie mit ihrer Tochter verreisen würde, etwas, was der körperliche Zustand der Patientin gar nicht zuließ. Während der Trennung verfaßte sie tägliche „Berichte", die mit dem Satz begannen: „Ich werde diese Aufzeichnungen an *Sie* richten, da Sie der einzige sind, der sie liest." Sie beschrieb in den Berichten, ob sie gut oder schlecht schlief und ihr Herzklopfen. Einmal schrieb sie: „Ihre Abwesenheit macht mir gar nicht soviel aus. Meine Tochter ist von ihrem dreitägigen Ausflug zurückgekehrt. Als sie beide weg waren, fühlte ich mich verlassen."

Das erste psychopathologische Thema, die unterdrückte Wut der Patientin, bestimmte die Übertragung etwa sechs Monate später, ebenfalls kurz vor einer zweiwöchigen Unterbrechung der Behandlung. Die Patientin eröffnete die Sitzung mit einem „Sie verstehen mich mit ihrem Kopf, aber nicht mit ihrem Gefühl. Sie geben mir immer intellektuelle Deutungen." Sie erzählte mir von einem verwirrenden Traum, aus dem sie mit klopfendem Herzen aufgewacht war: Ein Jugendlicher schlägt einen kleinen Jungen, und von den Herumstehenden greift niemand ein.

Schließlich griff die Patientin ein und brachte den Jugendlichen davon ab zu schlagen.

Sie hatte keine Assoziationen zu dem Traum und keine „blasse Ahnung“, was er bedeuten könnte. Gegen Ende der Sitzung fragte ich sie, ob der Jugendliche in dem Traum mich repräsentieren könnte. Hatte sie vielleicht das Gefühl gehabt, daß ich mit meinen intellektuellen Interpretationen auf sie einschlug? Sie überlegte eine ganze Weile. Dann, meiner Frage nach dem Schlagen ausweichend, sagte sie: „Also, verglichen mit meinem Alter sind Sie sicherlich ein Jugendlicher !" Sie sagte das mit Humor.

Obwohl der Internist nichts feststellen konnte, fürchtete ich, daß das Herzklopfen das Herz der Patientin schädigen könnte. Ich hatte mich sehr darum bemüht, es zu beheben oder zumindest zu mindern, bevor ich in Urlaub fuhr. Ich hatte mit meinen Deutungen auf sie „eingeschlagen“. Ich teilte ihr diese Beobachtung mit. Sie brachte ihre Erleichterung und Dankbarkeit für meine Ehrlichkeit zum Ausdruck.

Als ich zurückkam, berichtete die Patientin, daß sie mit weniger und manchmal ganz ohne Herzklopfen aufgewacht sei. Der Prozeß der Auflösung ihrer unterdrückten Wut und der Minderung ihrer Angst wurde deutlich, als sie mir ein Gedicht zeigte und dazu sagte, es beziehe sich auf mich.

> Ich vergesse Ihren Namen
> Und Ihr Gesicht
> Doch ich entsinne mich des Schattens
>   Zwischen Ihren Händen und
>   Ihrer Arbeit.

Ich fragte sie, was es mit dem Vergessen meines Namens und Gesichtes auf sich hätte. Sie sagte, das Vergessen zeige ihren Unwillen über unsere „besondere Beziehung. Wir sind Freunde, aber keine echten Freunde." Sie erklärte, daß sie unsere Freundschaft als begrenzt empfand. Durch die Erfordernisse der psychoanalytischen Behandlung war unsere Beziehung in der Tat begrenzt.

Die Ambivalenz des Gedichtes drückte ihre Gefühle zu unserer seltsamen Freundschaft aus. Sie schloß durch Übertragung wiederbelebte und auf mich gerichtete Gefühle aus vergangenen Beziehungen ein. Zuerst erfaßte sie meine Erklärung der Ambivalenz als normales Phänomen in einer engen Beziehung nicht. Als wir ihre Konflikte und Widerstände aber weiter analysierten, konnte sie das Gefühl entwickeln, daß Wut zum Ausdruck zu bringen eine Beziehung eher fördert als zerstört.

Die lebenslange Sehnsucht der Patientin nach Nähe tauchte erst später in der Behandlung auf. Viel früher, und mit großer Verlegenheit, hatte sie ihre unerfüllte Sehnsucht „gestanden". Sie wußte, daß ihr Mann, ihre Familie und ihre Freunde sie sehr liebten. Während der Behandlung wurde ihr jedoch bewußt, daß sie ihre ansonsten hingebungsvollen Eltern nie als einfühlsam, warm oder ihre Liebe zeigend erlebt hatte.

Sie eröffnete eine Sitzung mit der Beobachtung, daß es ihr nach der vorangegangenen Sitzung gut gegangen sei, was auch den ganzen Tag angehalten hatte. Sie sagte, sie fühlte sich durch „unsere unbewußte Verbindung" gut. Dann erklärte sie die Sorge, daß das „zu etwas führen könnte". Als ich fragte: „Zu was?" sagte sie: „Zu etwas Schlimmem." Mit deutlichem Unbehagen assoziierte sie die Hochzeitsreise mit ihrem Mann. Ich fragte sie, ob unsere „unbewußte Verbindung" ihr Sorgen machte. Sie antwortete: „Ja. Sie müssen irgendwo eine Grenze ziehen, sonst geht die Beziehung auseinander." Ich überlegte, ob sie sich wegen ihres Gefühls der Nähe zu mir vielleicht ihrem Mann gegenüber schuldig fühlte. Ihre Antwort war „Nein".

In der nächsten Sitzung sagte sie, sie habe herausgefunden, warum sie Angstanfälle wegen unserer unbewußten Verbindung hatte. „Man weiß nicht, wo es endet, wenn das Unbewußte losgelassen wird.“ Als ich sie fragte, was das bedeute, sagte sie: „Wir könnten uns verlieben.“ Da sie wußte, daß ich verheiratet war, erzeugten ihre Gedanken ihr Schuldgefühle. Sie war durch ihre Liebesgefühle sehr beunruhigt.

Ich sagte ihr, daß Liebesgefühle in einer Behandlung ganz üblich und Teil des therapeutischen Prozesses seien. Obwohl ich fürchtete, daß sie mein Festhalten an der Rolle des Analytikers als schmerzhafte Zurückweisung ihrer Gefühle empfinden könnte, fügte ich hinzu, daß es meiner Verantwortung unterläge, die Behandlungsbeziehung aufrechtzuerhalten und zu schützen. Sie sagte, sie fühle sich erleichtert.

In der nächsten Sitzung verkündete sie, „keine Angst mehr vor dem Tode“ zu haben. Bezugnehmend auf die Phantasie, mit ihrer Tochter zu verreisen, sagte sie: „Es ist, als ob ich nach dem Tod weiterleben würde, so wie ich mir vorgestellt habe, mit meiner Tochter zu verreisen.“ Die Vorstellung, die nun in ein Weiterleben nach dem Tode umgeformt worden war, leitete das Annehmen der Sterblichkeit durch die Patientin ein. Sie schrieb darauf folgendes Gedicht:

Herbst

Der Herbst ist das Fallen der Blätter -
Ein Weichen - für den Winter
Wenn Bäume überwintern und starr in ihrem Saft verweilen.
Das Aufblühen des Frühlings
Überrascht das Gras und alles, was da wächst:
Kinder, Blätter,
Machen sich auf den vorgegebenen Weg
Dem Herbst entgegen.

Unabhängig voneinander fühlten wir, daß das Gedicht unsere Arbeit an ihrer Wut und ihrer Angst vor dem Sterben widerspiegelte. Ihre Vorstellung - das Weichen für den Winter, das Aufblühen des Frühlings und das Wachsen der Kinder, die auf den Herbst zugehen - repräsentiert den individuellen Lebenslauf, der sich zum Tode hin entwickelt, sowie die Generationenfolge, in der man das Licht des Lebens an seine Kinder weiterreicht und in ihnen weiterlebt.

Die Patientin träumte, daß ein verstorbener Freund ihres Mannes am Leben sei. Eine andere Person fragte den Mann: "Was ist der Tod?" Er gab eine weitschweifende, ungenaue Antwort. Ihre Reaktion im Traum war, daß jemand, der dem Sterben so nahe gewesen war, eigentlich mehr darüber wissen müßte! Immer noch im Traum, bekam sie dann eine Antwort: "Der Tod ist ein Geben." Sie überlegte eine Weile und sagte: „Der Tod ist wirklich ein Geben - ein Geben an die Hinterbliebenen und ein Geben unter den Hinterbliebenen. Die Gabe ist die Liebe. Ich will nicht, daß mein Tod meiner Familie und meinen Freunden zur Last wird. Sie sollten denken, daß ich mich dem Strom des Lebens angeschlossen habe und nun bei den anderen bin, die verstorben sind."

4. Kommentar zur Behandlung

4.1 Strukturelle Veränderung

Die therapeutische Auflösung des verdrängten Ärgers schuf die Voraussetzung für die Patientin, die Fähigkeit zur Ambivalenz entwickeln zu können und den Tod nicht länger zu fürchten. In dem Gedicht *"Ich vergesse ihren Namen und ihr Gesicht"* zeigte sich die neu erworbene Fähigkeit der Patientin, ihren Unwillen auszusprechen und sich in einer engen Beziehung ambivalent zu fühlen. Es zeigte eine Veränderung ihrer lebenslangen Einstellung, daß das Zeigen von Wut eine Beziehung zerstören würde. Diese Einstellung trat zutage, als ein alter Freund vergaß, ihr zum 102. Geburtstag zu gratulieren und ich nicht an der Geburtstagsfeier teilnehmen konnte. Es fiel ihr sehr schwer und bedurfte starker Ermutigung, dem Freund und mir gegenüber ihre Verärgerung auszusprechen.

Die Angst vor dem Tod wurde durch die unterdrückte Wut gesteigert. Die subjektiv empfundene destruktive Eigenschaft von Wut und deren Vorstellung in ihren bewußten und unbewußten Phantasien bewirkten, daß sie Vergeltung erwartete, die der Tod vollziehen würde.

Die Auflösung des unterdrückten Ärgers ermöglichte auch Strukturbildung. Wie interpersonelle Konflikte zum Ausdruck bringen, stört unterdrückte Wut immer wieder die Integration von Objekt- und Selbstkonstanz, eine Integration, die das Überwiegen von Liebes- gegenüber Haßgefühlen erfordert (Mc-Devitt 1975; Settlage 1994, S. 37). Die Fähigkeit der Patientin, Ambivalenz auszudrücken, zeigte Fortschritte in der Integration verinnerlichter Repräsentanzen guter und schlechter Beziehungserfahrungen an. Die stabilere Objekt- und Selbstkonstanz (Settlage 1980, 1989, 1991, 1993, 1994) ermöglichte Toleranz statt einer Spaltung in gute und böse Gefühle für ein Liebesobjekt. Die Auflösung der unterdrückten Wut und das Gefühl innerer Stabilität und Sicherheit bewirkten, daß die Patientin sich nicht mehr vor dem Tod fürchtete.

In der analytischen Beziehung und in der Freundschaft ließen mich meine Sorge, Hilfsbereitschaft, Einfühlungsvermögen, Verständnis, emotionale Zugänglichkeit, Beständigkeit und Achtung zu einem geeigneten Entwicklungsobjekt[1] werden

[1]Der Begriff „Entwicklungsobjekt“ wurde zuerst von Homer E. Olsen & John F. Kelly 1991 verwendet. Ihr Verständnis wird in einer Abhandlung dargelegt, die sich z.Z. in Vorbereitung zur Veröffentlichung befindet.

(Settlage 1992, 1993, 1994). Die Patientin vertraute mir und sie erlebte meine Haltung ihr gegenüber als Bestätigung ihres Selbstgefühls und Selbstwertes. Die Interaktion mit mir als Entwicklungsobjekt förderte die Strukturbildung, die dem Verschwinden der Pathologie folgte.

Die Patientin und ich hatten die Liebe und den Respekt entwickelt, wie sie unter Freunden üblich sind. Diese Liebe ist die grundlegende Liebe, die von der Mutter-Kind- und Vater- Kind- Beziehung der präödipalen Entwicklung herrührt. Sie muß von der genitalen, sexuellen Liebe unterschieden werden, die während der ödipalen und späteren Phasen der Entwicklung eine Rolle spielt.

Freud schrieb über Liebe in der psychoanalytischen Beziehung:

> Unsere Heilung entsteht durch die Bindung der Libido im Unbewußten (in der Übertragung) (an den Analytiker) (...) Wenn das nicht gelingt, wird der Patient sich nicht bemühen und nicht zuhören, wenn wir ihm sein Material übersetzen. Es ist eigentlich eine Heilung durch Liebe (Jones 1955, S. 345).

Loewald (1960, S. 20) stellte fest, daß "(Analytiker sein) Objektivität und Neutralität benötigt, deren Grundlage Liebe und Respekt für das Individuum und seine individuelle Entwicklung sind“. Ich sehe die libidinöse Übertragung in Freuds "Heilung durch Liebe" sowie in Greenacres (1971) " Basisübertragung", und das, was ich als „Entwicklungs-Übertragung“ bezeichnen würde, als durchdrungen von der grundlegenden Liebe der prä-ödipalen Entwicklung. Die positive Übertragung schafft und erhält die psychoanalytische Beziehung. Die Furcht der Patientin vor unserer unbewußten Verbindung und vor der Gefahr, sich zu verlieben, war ein Ausdruck der entwicklungspsychologisch reiferen Liebe. Ihr Auftreten demonstriert die Tatsache, daß hohes Alter keinen Verlust sexueller Wünsche und Gefühle mit sich bringt. Ältere Personen entwickeln erotische Übertragungen auf ihre Therapeuten, gleich welchen Alters sie oder die Therapeuten sind (Nemiroff & Colarusso 1985, S. 169, S. 206, S. 323; Panel Report 1986).

Ich denke, daß die Patientin dadurch, daß ich ihr meine Absicht mitteilte, die therapeutische Beziehung zu schützen, von der Furcht vor dem, was passieren würde, wenn "das Unbewußte losgelassen wird", befreit wurde. Dies brachte ihre basalen Liebesgefühle zum Vorschein und vereinfachte so die strukturelle Integration. Das Herzklopfen ließ in seiner Stärke, Dauer und Häufigkeit nach. Es trat nicht mehr nach dem Mittagsschlaf auf und nur noch selten, wenn sie morgens aufwachte.

4.2 Übertragung und Gegenübertragung

Folgende Faktoren können Übertragungs- und Gegenübertragungsreaktionen beim Analytiker, der mit älteren Patienten arbeitet, auslösen: (1) Ungelöste Konflikte des Analytikers mit elterlichen Beziehungen (Rechtschaffen 1959, S. 82); (2) wechselhafte und gemischte multigenerationale Übertragungen (King 1980, S. 159; Nemiroff & Colarusso 1985, S. 319; Simburg 1985, S. 130) ; (3) Ehrfurcht vor dem oder Idealisierung des Patienten (Rechtschaffen 1959); (4) Ängste wegen des eigenen Alterns beim Analytiker (Nemiroff & Colarusso 1985, S. 321); Bewußtsein der ablaufenden Zeit (King 1980, S. 319); und (6) eine durch Furcht und Mythen bewirkte Tendenz zu Nihilismus und Negativismus hinsichtlich sehr alter Patienten (Butler & Lewis 1977; Crusey 1985; Nemiroff & Colarusso 1985).

Ich war mir meines eigenen Potentials an Übertragungs- und Gegenübertragungsreaktionen bewußt. In Größe und Erscheinung ähnelte die Patientin sehr stark meiner Mutter in ihren späteren Jahren. Auch vom Alter her hätte sie meine Mutter sein können. Ein zweiter Faktor waren meine konkreten und nachempfundenen

Erfahrungen mit den Problemen des Alterns und der Sterblichkeit. Bis in meine späten Sechziger dauerte unsere 10-jährige Beziehung. Ein dritter Faktor war meine Idealisierung und Ehrfurcht vor der Patientin. Ich bewunderte ihre Gedichte und beneidete sie um die Leichtigkeit, mit der sie sie schrieb. Ihre Kreativität und ihr ehrwürdiges Alter machten sie zu einer *rara avis* - ein Status, der in mir ein erhöhtes Verantwortungsgefühl weckte.

Ich bemühte mich, die erwähnten Faktoren zu kontrollieren und hatte das Gefühl, daß sie die Behandlung nicht störten. Was manchmal störte, war die Kombination aus zunehmender Schwäche der Patientin und dem damit einhergehenden erhöhten Verantwortungsgefühl meinerseits. Auf ältere Patienten, die in ihren Aktivitäten und Beziehungen eingeschränkt sind, kann eine psychoanalytische Beziehung einen belebenden Einfluß ausüben. Sie gibt geistige Anregung, Sinn, zielgerichtetes Engagement und ein Gefühl des "Fortbestehens des Lebens selbst" (Nemiroff & Colarusso 1985, S. 325). Ich war wegen des möglichen ungünstigen Einflusses der Unterbrechungen der Behandlung besorgt. Diese Sorge veranlaßte mich, auf die Patientin mit "Deutungen einzuhämmern". Gleichzeitig fürchtete ich, daß sie nicht in der Lage sein könnte, die durch Übertragungsdeutungen erzeugten intensiven Gefühle zu ertragen.

Eine besonders unerwünschte Übertragung auf eine ältere Person, die nicht auf Analytiker beschränkt ist, ist die Bereitschaft, das Nachlassen der geistigen Kräfte organischen Störungen zuzuschreiben. Zuerst beobachtete ich diese Tendenz hinsichtlich des Schwindels und des Gedächtnisschwundes der Patientin infolge des Todes ihres Mannes. Obwohl wir uns des Verlusttraumas bewußt waren, vermuteten sowohl der Internist als auch ich organische Gründe.

Während der zweiten Behandlung war die Patientin eine Zeitlang verwirrt und desorientiert, und zwar in einem solchen Ausmaß, daß eine Hospitalisierung erforderlich wurde. Familienmitglieder und Ärzte vermuteten eine Hirnschädigung. Die

Laboruntersuchungen zeigten jedoch einen toxischen Blutspiegel von Phenobarbital. Nach dem Absetzen des Phenobarbitals verschwanden Verwirrtheit und Desorientierung.

Eine Zeitlang litt die Patientin an zunehmender Stärke und Häufigkeit ihres Herzklopfens. Sie hatte sich zuvor bei ihrer Tochter über die Haushälterin beschwert, von der sie sich "verfolgt" fühlte. Eine Paranoia kann bei älteren Personen durch einen organisch bedingten Verlust des Kurzzeitgedächtnisses entstehen. Die Unfähigkeit, sich zu erinnern, erschwert das Verständnis alltäglicher Geschehnisse oder der Handlungen anderer. Es entsteht Argwohn. Eine Nachprüfung ergab, daß die Haushälterin ohne Einfühlungsvermögen, anmaßend und selbstherrlich war. Sie wurde entlassen, und das Herzklopfen der Patientin ließ nach.

Manchmal erzählte die Patientin wiederholt von Geschehnissen, die sich kürzlich oder vor längerer Zeit ereignet hatten, ohne sich dieser Wiederholung bewußt zu sein. Diese Störung wird üblicherweise als ein Zeichen von Senilität bewertet. In ihrem Fall waren diese Wiederholungen Ergebnis ihrer häuslichen Isolation. Neue und interessante Erlebnisse waren rar. Um etwas erzählen zu können, stellte sie den Kontrollmechanismus für Wiederholungen ab.

Als sie davon erzählte, mit ihrer Tochter auf Reisen zu gehen, was in Wirklichkeit unmöglich war, dachte man in ähnlicher Weise an ein organisch bedingtes Versagen der Realitätsprüfung. Doch die Ursache erwies sich als psychogen. Ihre Illusion wirkte gegen Gefühle von Verlust und Alleinsein, hervorgerufen durch das Wissen, daß ihre Tochter und ich zur gleichen Zeit abwesend sein würden. Die Realitätsprüfung wurde außer Kraft gesetzt.

4.3 Der psychoanalytisch-therapeutische Prozeß

Ist die beschriebene Behandlung Psychoanalyse? Ich glaube, daß die Psychoanalyse als Behandlungsmethode am überzeugendsten durch ihre therapeutische Kraft definiert wird - durch strukturelle Änderungen, die sich aus der Anwendung und dem Fortschreiten des psychoanalytisch- therapeutischen Prozesses ergeben.

Die Patientin besaß eindeutig die Fähigkeiten, die für eine optimale Teilnahme an der psychoanalytischen Arbeit notwendig sind: Die Fähigkeit, eine therapeutische Beziehung aufzubauen, psychologisches Denken, Abstraktionsvermögen, Introspektionsfähigkeit, Reflektion, das Anerkennen symbolischer Repräsentanzen und die Toleranz, auftauchende Erinnerungen, Phantasien und Gefühle zu ertragen. Obwohl die Analytikercouch und die übliche Anzahl von vier oder fünf Sitzungen pro Woche nicht angewendet wurden, zeichnete sich die Behandlung durch die typischen Merkmale psychoanalytischer Arbeit aus: freie Assoziation, die Nutzung von Träumen, Übertragung, Übertragungsdeutung, Widerstand gegen das Sichtbarwerden unterdrückter psychischer Inhalte, Einsicht, die Lösung und das Durcharbeiten eines intrapsychischen Konfliktes und Änderungen in der psychischen Struktur. Nach diesen Kriterien war die Arbeit mit dieser Patientin Psychoanalyse.

Somit unterstützt die Behandlung die Beobachtung, daß Alter an sich nicht die Eignung zur Psychoanalyse bestimmt (Simburg 1985, S. 132). Sie zeigt auch, daß der analytisch- therapeutische Prozeß nicht ans Alter gebunden ist. Der Prozeß ist beim älteren und jüngeren Patienten derselbe. Psychoanalyse befaßt sich mit verdrängten kindlichen Problemen und solchen aus dem späteren Leben. "Das Bedürfnis nach menschlichen Objekten und sein Abkömmling, die Übertragung, bleiben das ganze Leben über konstant, drängend und hartnäckig“ (Cath, in Panel Report 1986, S. 164). Während die körperliche Kraft mit dem Altern abnimmt, bleibt die Intensität des Unbewußten "zeitlos intakt" (Crusey 1985, S. 158 u.165).

5. Diskussion

Kreativität

Mit dem Gedichteschreiben begann die Patientin im Alter von 40 Jahren. Sie las einen Artikel über Kinder, die Gedichte schrieben, und dachte sich :"Ich müßte das eigentlich auch können!" Bei ihrem ersten Versuch, Gedichte zu schreiben, versank sie völlig darin und schrieb bis spät in die Nacht Dutzende von Gedichten. Der „mid-life Durchbruch" der Patientin zur Kreativität war ein Schritt zur psychischen Freiheit[2]- Befreiung von den Abwehrzwängen und Hemmungen, die sie während ihrer frühen Kindheit entwickelt hatte, und von der daraus folgenden Belastung durch ihren intrapsychischen Konflikt. Für sie war das „Schreiben wie ein Lufthauch". Eine andere Funktion des Schreibens zeigte sich, als sie auf die Zeilen aus Goethes *Faust* stieß:

> Werd' ich zum Augenblicke sagen:
> Verweile doch! du bist so schön!

Sie erklärte, daß sie dem vergänglichen Augenblick nachtrauere und ihn festhalten und aufschreiben wolle. Sie sprach auch von einer " Schreibtherapie", was sie in einem Gedicht, das sie zwischen den beiden Behandlungen schrieb, ausdrückt:

> In dem Augenblick, da der Tag erwacht,
> Schmerzt mich alles,
> Als ob ich zerteilt worden wäre,

[2] Der französische Philosoph Gaston Bachelard nannte Poesie ein „Phänomen der Freiheit" (1958 S. xxiii).

Muß versprengte Glieder zusammenfügen.
Keine leichte Aufgabe.
Die Füße tappen und mein Geist
Zieht durch hundert düstere Tunnel.
Nur meine Feder
Eint geteiltes Eins.

Der kreative Akt erlaubt dem Unbewußten unterschiedliche Grade bewußter Erkenntnis (Settlage 1992). Für den Künstler ist die Bewältigung der eigenen Vergangenheit ein "Prozeß, sie zu externalisieren und sich darüber zu erheben" (Rose 1987, S. 210). Gedichte schreiben kann, wie die Psychoanalyse, Unterdrücktes lösen und unterschwellige Gedanken und Gefühle enthüllen.

Da sie die Werke Freuds kannte, hatte die Patientin schon vor langem das Konzept des "Unbewußten[3]" akzeptiert. Sie meinte, ihre Gedichte stammten, wie ihre Träume, aus dem 'Unbewußten'. Sie beobachtete, daß sowohl ihre Gedichte als auch ihre Träume spontan und unvermittelt waren. Im Gegensatz zu Träumen sind Gedichte jedoch nicht irrational. In der Behandlung wurden die Gedichte ähnlich wie Träume gesehen, und ihre verborgene Bedeutung wurde durch die Assoziationen der Patientin zu den Gedichten aufgedeckt.

Die Patientin bemerkte selbst, durch ihre eigenen Empfindungen und die Reaktionen anderer, wie ihre Gedichte ihre Gedanken und Gefühle objektivierten.

Meine Gedichte erzählen mir von meinem Selbst,
Das Selbst, das ich nicht kenne.
Sie graben unter dem Baum
Bis an die Wurzeln. Ich bin erstaunt
Über die Spannung

[3] Eine Verbindung zwischen kreativem Schreiben und Psychoanalyse ist in Freuds Feststellung enthalten: „Nicht ich, sondern die Dichter entdeckten das Unbewußte“ (Trilling 1965, S. 83)

Die dort verborgen liegt.
Ich gleite über das dünne Eis
Des Alltags.
Doch für meine Feiertage
Wird der Spaten gebraucht
Und das Untere der Erde
Erfreut die Wahrheit.

Das Schreiben von Gedichten war wesentlicher Bestandteil der Fähigkeit dieser Patientin, die Verluste des Alters zu bewältigen, zu ertragen und zu überwinden. Ein treffendes Beispiel dafür, auf das ich an anderer Stelle eingehen werde, war ihre Trauer. Der Fortschritt des Trauerprozesses und das allmähliche Verarbeiten von Verlusten sind in etwa 40 Gedichten zu erkennen, die sie in dem Jahr nach dem Tod ihres Mannes schrieb.

May Sarton stellte, im Alter von 80 Jahren, fest :"Ich schreibe Gedichte und habe sie schon immer geschrieben, um das schmerzliche Persönliche zu verarbeiten und das Universelle zu erreichen“ (1993, S. 39). Seamus Heaney beschreibt die "höchste Gabe" der Dichterin Elizabeth Bishop als ihre Fähigkeit, Verlust "in sich aufzunehmen und zu verwandeln" (1995, S. 165). Er betrachtet Dichtung, und Kunst im allgemeinen, als Hilfsmittel gegen innere Unausgewogenheit (S. 185), jene Unausgewogenheit, die der Psychoanalytiker als intrapsychische Konflikte bezeichnet. Mit der Feder das Gleichgewicht finden.

Leowald stellte fest, daß die Deutungssprache in der Psychoanalyse "ähnlich wie Dichtung ein kreativer Akt ist, in der für Phänomene, Inhalte, Verbindungen, bisher unbekannte und unaussprechliche Erlebnisse eine Sprache gefunden wird" (1960, S.26). Heaney traf in bezug auf den kreativen Prozeß von Dylan Thomas eine fast identische Feststellung: "Die Arbeit ist getan. Die Vorstellungskraft hat einen Berg von anfänglicher Besessenheit in Worte gefaßt; was instinktiv erkannt und erfaßt wird, wird mit Konturen versehen und bekommt seinen Platz zugeteilt" (1995, S.130). In der Behandlung der Patientin wurden die Worte der Gedichte, die subjektive Erfahrungen ausdrückten, mit analytischen Worten, die innere Erfahrung deuten, verbunden.[4]

Dichtung und Psychoanalyse unterscheiden sich auch. Während der kreative Prozeß beim Dichten der eines einzelnen ist, braucht die Psychoanalyse zwei Personen - ein gemeinsames Werk. Die Interaktion beim Schreiben von Gedichten ist ein innerer Dialog zwischen bewußten und unbewußten Prozessen. Die Interaktion in der Psychoanalyse bezieht einen anderen Menschen ein sowie bewußte und unbewußte Prozesse des Patienten wie auch des Analytikers. Mit Hilfe der Reinszenierung in der Übertragung und ihrer Deutung löst die Psychoanalyse pathogene Erfahrungen auf.

Entwicklung

Es wird zunehmend beachtet, daß Entwicklung nicht nur in der Kindheit, sondern auch im Erwachsenen- und hohen Alter stattfindet (Goodman 1977, S. 56-60; Nemiroff & Colarusso 1981, 1985, 1990; Settlage u.a. 1988). Nach unserem heutigen Verständnis schließt das Altern nicht nur körperlichen Abbau, sondern auch Anpassung in der Entwicklung mit ein. Nur durch den Verlust geistiger Fähigkeiten durch die Beeinträchtigung neurophysiologischer Funktionen im Gehirn wird eine Weiterentwicklung vollständig verhindert.

---

[4] Für diese Beobachtung und andere Beiträge zu dieser Arbeit schulde ich Steven A. Rankel dank.

Entwicklung kann während des ganzen Lebens in jeder Beziehung stattfinden, die ein Entwicklungsgefälle beinhaltet - Leowalds (1960) Ausdruck für das Entwicklungs-Potential einer Beziehung (Settlage u.a. 1988; Settlage 1992, 1994). Meiner Ansicht nach enthält die psychoanalytische Beziehung sowohl eine therapeutische als auch eine entwicklungsmäßige Dimension. So gesehen, stoßen Analytiker und Patient sowohl auf Psychopathologie als auch auf gehemmte Entwicklung. Der Analytiker ist sowohl Übertragungsobjekt als auch Entwicklungsobjekt. Strukturelle Änderung kann durch den therapeutischen Prozeß und durch die entwicklungsfördernde Interaktion hervorgerufen werden (Loewald 1960; Panel Reports 1979, 1983; Settlage 1989, 1991, 1993).

Entwicklung war in einem Traum repräsentiert, den die Patientin während der zweiten Behandlung hatte. Sie träumte, daß sie und ihr Ehemann am Leben und noch jung waren. Sie hatte eine Stricknadel verloren und versuchte, eine zu finden, die zu der noch verbliebenen paßte. Sie hatte keine Assoziationen zu dem Traum. Ich stellte fest, daß man mit nur einer Nadel nicht stricken kann und daß sie es schwer fand, ihr Leben ohne ihren Mann weiterzuleben und weiterhin zu "wachsen". Ich fügte hinzu, daß sie ihr Leben trotzdem weiterzuleben versuchte, zum Teil durch unsere Arbeit und ihre Beziehung mit mir. Sie stimmte dem zu.

Der Stricknadel- Traum beinhaltet eine sehr passende Metapher für die Entwicklungsbeziehung. Ehepartner können sich durch die Interaktion miteinander weiterentwickeln (Settlage 1992, S. 365). In der analytischen Beziehung konnte die Patientin sich durch die Interaktion mit mir weiterentwickeln.

Ich glaube, daß zwischen der psychopathologischen Lösung und den Fortschritten in der Entwicklung ein komplementäres Wechselspiel stattfindet (Settlage 1992, S. 355; 1994, S. 40f.). Therapeutische Fortschritte in der Entwicklung entstehen während des Behandlungsprozesses. Mit jeder Auflösung eines Aspektes der

Pathologie kann auf dem betroffenen Gebiet Entwicklung wieder stattfinden. Durch Entwicklung wird die psychische Struktur gestärkt. Diese gestärkte Struktur erhöht die Offenheit des Patienten gegenüber der therapeutischen Freisetzung verdrängter, angsterregender Zwänge, Vorstellungen und Gefühle. Weitere therapeutische Arbeit sorgt für mehr Entwicklung, und so weiter.

Dieser komplementäre Fortschritt fand während der zweiten Behandlung statt. Die positive Übertragung aus der Freundschaft und die analytische Beziehung unterstützten die Objekt- und Selbstkonstanz der Patientin. Dies ermöglichte ihr, daß ihre unterdrückten Aggression frei werden konnten, wie der Traum, in dem der Junge geschlagen wird, zeigt. Da sie mich als sorgendes Entwicklungsobjekt gebrauchen konnte, entstand allmählich eine bessere Integration der konstanten Strukturen. Dies führte zu mehr Toleranz und zum Ausdruck ärgerlicher Gefühle und zu der Entwicklung ihrer Fähigkeit zur Ambivalenz, wie das Gedicht zeigt, das sich auf mich bezieht. Diesen Veränderungen folgte die Wahrnehmung unserer "unbewußten Verbindung" . Daß sie sich in der Beziehung sowohl gut als auch schlecht fühlte, führte zu dem Austausch, bei dem basale Liebesgefühle und eine weiter gefestigte psychische Struktur zum Vorschein kamen.

Entwicklung wird durch die Veränderungen und Verlusterlebnisse im hohen Alter angeregt (Settlage u.a. 1988). Die Entwicklung der Patientin schloß folgendes mit ein:

1) Das Akzeptieren notwendiger Abhängigkeit.

Dieser Entwicklungsschritt spiegelt sich in dem Gedicht *"Mit den Jahren wird die Tochter zur Mutter"*. Es befaßt sich mit gegenseitigem Vertrauen und Anpassung innerhalb des damit verbundenen Rollentausches. Die negative Bedeutung, die Abhängigkeit bei Erwachsenen hat, trifft in hohem Alter nicht zu. Im Gegenteil:

Das Akzeptieren von notwendiger Abhängigkeit kann ein wichtiger Beitrag zu einem glücklichen Leben sein. Aufgrund der Hilfe und Unterstützung der Tochter und eines treuen Enkelsohns, die ihre nachlassenden körperlichen Kräfte ausglichen, konnte sie sich ihre psychische Integrität bewahren.

2) Die Revision von Werten

In einem langen Leben wird man Zeuge des sich ändernden Geschmacks und der sich ändernden Sitten verschiedener Generationen. Die Relativität von Werten wird erkennbar. Grundlegende und feste menschliche Werte können von oberflächlichen unterschieden werden. Bei vielen älteren Personen läßt das Bedürfnis nach Anerkennung und die Angst vor Mißbilligung nach, sie streben und wetteifern weniger. Besonders hohe Ansprüche des eigenen Ideals werden gemäßigt. Diese Veränderungen tragen dazu bei, daß die Persönlichkeit im hohen Alter „abgeklärter" wird.

Eine bemerkenswerte Veränderung in den Ansichten der Patientin war die Akzeptanz der Unvollkommenheit der Menschen, sich selbst eingeschlossen. Ohne Selbstvorwürfe sprach sie über ihre Mängel und Fehler und über ihre unerreichten Ziele. Sie sprach von der Erkenntnis, die sie erst spät in ihrem Leben gehabt hatte, daß jeder Mensch Gutes und Böses beherbergt. Wenn sich Menschen, die sie liebte, schlecht betrugen, erfuhren sie sowohl ihr Mitgefühl und ihre Hilfe als auch ihre Mißbilligung. Für sie war das stete Versuchen, eigene, selbstgesteckte Werte zu erreichen und an ihnen festzuhalten, Zeichen eines guten Charakters.

3) Das Erlangen von Weisheit

Weisheit wurde als das realistische, einfühlende Verständnis für das menschliche Wesen, gemäßigt durch das Annehmen der Endlichkeit der Zeit und des eigenen

Todes, definiert (Nemiroff & Colarusso 1990, S. 485). Wenn der Werterevision die introspektive Beschäftigung mit der inneren Welt einer langen Lebenszeit und ihrer Erfahrungen hinzugefügt wird, entsteht das Potential für Weisheit im hohen Alter. Die Patientin bestritt, irgend etwas so "Hochfliegendes" zu haben wie eine Lebensphilosophie. Doch Familienmitglieder und Freunde, die, wenn sie sie brauchten, zu ihr kamen, schätzten ihr einfühlsames und einsichtsvolles Verständnis und ihren Rat.

Ihre Ansicht über Entwicklung und das Erlangen von Weisheit verdeutlicht folgendes Gedicht.

An der Mündung der Flüsse
Erkennen wir: Wie das Süßwasser
In das salzige fließt, so fließt die Weisheit
In den Menschen.
    Wir lernen durch das Fließen.
    Das stille Wasser erzeugt keinen Weisen,
    Nur Müdigkeit
    Die den Menschen fesselt.

4) Das Akzeptieren ihrer Sterblichkeit

Die Annahme des endgültigen Verlustes des Selbst durch den Tod wurde als "die krönende Vollendung psychischer Entwicklung" bezeichnet (Clower 1980; Nemiroff & Colarusso 1990, S. 344; Settlage 1992). "Das Akzeptieren des Todes, der Realität des eigenen Endes, (kann) unterstützen, was Erikson "Integrität auf Kosten der Verzweiflung" nannte" (Levinson 1985, S. 227).

Angenommen, daß psychische Entwicklung ein *sine qua non* des menschlichen Lebens ist, und daß der Tod das Leben beendet, scheint es ironisch und paradox, daß die emotionale Annahme des eigenen Todes den Inbegriff der individuellen Lebenslauf- Entwicklung verkörpert. Vorausgesetzt, daß der Mensch "tragisch ist, weil er sich sein eigenes Sterben vorstellen kann" (Edelman 1992, S. 171), ist solch ein Akzeptieren eine wahrhaft bemerkenswerte, allein dem Menschen vorbehaltene Leistung.

6. Beendigung

Die Beendigung einer psychoanalytischen Beziehung bedeutet für Patient und Analytiker, gleich welchen Alters, einen Verlust. Im Falle eines sehr betagten Patienten "bedeutet das Weiterführen der Behandlung auch das Weiterführen des Lebens selbst, während die Beendigung den tatsächlichen Verlust einer unterstützenden Objektbindung mit sich bringt und den Tod bedeuten kann“ (King 1980, S. 159; Nemiroff & Colarusso 1985, S. 325). Die Beziehung zwischen mir und der Patientin wurde durch ihren Tod beendet. Sie war geistig wach, als offenbar wurde, daß der Tod unmittelbar bevorstand. Wir litten beide stark unter den Gefühlen von Verlust und Traurigkeit.

Das Akzeptieren ihrer Sterblichkeit durch die Patientin ist in zwei Gedichten ausgedrückt, die sie einige Monate vor ihrem Tod geschrieben hatte.

Wenn ich gegangen bin
Laßt niemanden trauern.
Denkt eher, daß ich gereist bin
Um mit lang gesponnenen Legenden zu leben,
Grünendes Lied.
Und wie Gott würde ich euch
Gemäßigte Schmerzen senden
Um eure Augen zu klären

Für die Größe meiner Liebe.

Er faltet seine Flügel,
Feder über Feder, ein Muster
Das in Farbe versinkt.
Ich warte auf den Moment des Fliegens,
Bei jeder schwierigen Bewegung
Zeit, verzahnt.
Sein Erheben schärft meine Lippen,
Meinen Atem, die Luft.
Die Erde läßt mich der Schwerkraft entfliegen.
Und ich steige empor, empor - die Flügel
Schweben wie ein Kreuz über der Erde
Ich habe losgelassen.

Literatur

Bachelard, G. (1969 [1958]): The Poetic of Space. Boston: Beacon Press

Bowlby, J. (1973): Attachment and Loss. Vol. 2., Separation. New York: Basic Books

Butler, R. N.; Lewis, M. I. (1977): Aging and Mental Health: Positive Psychosocial Approaches. St. Louis: Mosby

Cath, S. H. (1962): Some dynamics of middle and later years: a study in depletion and restitution. In: Berezin, M. A.; Cath, S. H. (eds.): Geriatric Psychiatry: Grief, Loss, and Emotional Disorders in the Aging Process. New York: Int. Univ. Press, 21-72

Clower, V. L. (1980): Comments on the application of the development point of view in psychoanalysis. Psychoanal. Contemp. Thought 3, 171-193

Coltart, N. E. C. (1991): The analysis of an elderly patient. Int. J. Psychoanal. 72, 209-219

Crusey, J. E. (1985): Sort-term psychodynamic psychotherapy with a sixty-two-year-old man. In: Nemiroff, R. A.; Colarusso, C. A. (eds.): The Race Against Time: Psychotherapy and Psychoanalysis in the Second Half of Life. New York: Plenum Press, 147-166

Edelman, G. M. (1992): Bright Air, Brilliant Fire: On the Matter of the Mind. New York: Basic Books

Freud, S. (1904): On psychotherapy. S. E. 7

Goin, M. K. (1990): Emotional survival and the aging body. In: Nemiroff, R. A.; Colarusso, C. A. (eds.): New Dimensions in Adult Development. New York: Basic Books, 518-529

Goodman, S. (1977): Psychoanalytic Education and Research: The Current Situation and Future Possibilities. New York: Int. Univ. Press

Gould, R. L. (1990): Clinical lessons from adult development theory. In: Nemiroff, R. A.; Colarusso, C. A. (eds.): New Dimensions in Adult Development. New York: Basic Books, 345-370

Greenacre, P. (1971): Emotional Growth: Psychoanalytic Studies of the Gifted and a Great Variety of Order Individuals. Vol. 2., New York: Int. Univ. Press

Griffin, B. P.; Grunes, J. M. (1990): A developmental approach to psychoanalytic psychotherapy with the aged. In: Nemiroff, R. A.; Colarusso, C. A. (eds.): New Dimensions in Adult Development. New York: Basic Books, 267-287

Heaney, S. (1995): The Redress of Poetry. New York: Farrar, Straus and Giroux

Hildebrandt, H. P. (1985): Object loss and development in the second half of life. In: Nemiroff, R. A.; Colarusso, C. A. (eds.): The Race Against Time: Psychotherapy and Psychoanalyis in the Second Half of Life. New York: Plenum Press, 211-227

Hildebrandt, H. P. (1990): The other side of the wall: a psychoanalytic study of creativity in later life. In: Nemiroff, R. A.; Colarusso, C. A. (eds.): New Dimensions in Adult Development. New York: Basic Books, 467-484

Jaques, E. (1965): Death and the mind-life crisis. Int. J. Psychoanal. 46, 502-514

Jones, E. (1955): The Life and Work of Sigmung Freud. Vol. 2., Years of Maturity. 1901-1919, New York: Basic Books

King, P. (1980): The life cycle as indicated by the nature of the transference in the psychoanalysis of the middle-aged and elderly. Int. J. Psychoanal. 61, 153-160

Levinson, G. A. (1985): New beginnings at seventy: a decade of psychotherapy in late adulthood. In: Nemiroff, R. A.; Colarusso, C. A. (eds.): The Race Against Time: Psychotherapy and Psychoanalysis in the Second Half of life. New York: Plenum Press, 171-188

Limentani, A. (1995): On the therapeutic action of psychoanalysis. Int. J. Psychoanal 41, 16-33

Mahler, M. S. (1972): The rapprochement subphase of the Separation-Individuation Process. Psychoanal. Q. 41, 487-506

Mahler, M. S. (1979): Separation-Individuation: Selected Papers. New York: Jason Aronson

McDevitt, J. B. (1975): Separation-individuation and object constancy. J. Amer. Psychoanal. Assn. 23, 713-742

Nemiroff, R. A.; Colarusso, C. A. (1981): Adult Development: A New Dimension in Psychodynamic Theory and Practice. New York: Plenum Press

Nemiroff, R. A.; Colarusso, C. A. (1985): The Race Against Time. Psychotherapy and Psychoanalysis in the Second Half of Life. New York: Plenum Press

Nemiroff, R. A.; Colarusso, C. A. (1990): New Dimensions in Adult Development. New York: Basic Books

Panel Report (1979): Conceptualizing the nature of the therapeutic action of psychoanalysis. Reported by M. Scharfman. J. Amer. Psychoanal. Assn. 27, 627-642

Panel Report (1983): The changing vistas of transference: the effect of developmental concepts on the understanding of transference. Reported by P. J. Escoll. J. Amer. Psychoanal. Assn. 31, 699-711

Panel Report (1986): The psychoanalysis of the older patient. Reported by N. E. Miller. J. Amer. Psychoanal. Assn 34, 163-177

Pollock, G. H. (1977): The mourning process and creative organizational change. In: J. Amer. Psychoanal. Assn. 25, 3-34

Pollock, G. H. (1982): The mourning-liberation process and creativity. Ann. Psychoanal. 10, 333-53

Rechtschaffen, A. (1959): Psychotherapy with geriatric patients: a review of the literature. J. Gerontology 14, 73-84

Rose, G. J. (1987): Trauma and Mastery in Life and Art. New Haven: Yale Univ. Press

Sandler, A.-M. (1984): Problems of development and adaptation in an elderly patient. Psychoanal. Study Child 39, 471-489

Sarton, M. (1993): Encore: a Journal of the 80th Year. New York: W. W. Norton.

Settlage, C. F. (1980): Psychoanalytic developmental thinking in current and historical perspective. Psychoanal. Contemp. Thought 3, 139-170

Settlage, C. F. (1989): The interplay of therapeutiv and developmental process in the treatment of children: an application of contemporary object relations theory. Psychoanal. Inq. 9, 375-396

Settlage, C. F. (1990): Childhood to adulthood: strucural change in development toward independence and autonomy. In: Nemiroff, R. A.; Colarusso, C. A. (eds.): New Dimensions in Adult Development. New York: Basic Books, 26-43

Settlage, C. F. (1991): On the treatment of preoedipal pathology. In: Akhtar, S.; Parens, H. (eds.): Beyond the Symbiotic Orbit: Advances in Separation-Individuation Theory: Essays in Honor of Selma Kramer MD. New Jersey: Analytic Press, 351-367

Settlage, C. F. (1992): Psychoanalytic observations on adult development in life and in the therapeutiv relationship. Psychoanal. Contemp. Thought 15, 349-274

Settlage, C. F. (1993): Therapeutic process and developmental process in the restructuring of object and self constancy. J. Amer. Psychoanal. Assn. 41, 473-492

Settlage, C. F. (1994): On the Contribution of separation-individuation theory to psychoanalysis: developmental process, pathogenesis, therapeutic process, and technique. In: Kramer, S.; Akhtar, S. (eds.): Mahler and Kohut: Perspectives on Development, Psychopathology and Technique. Northvale, NJ: Jason Aronson, 17-52

Settlage, C. F.; Curtis, J.; Lozoff, M.; Silberschatz, G.; Simburg, E. (1988): Conceptualizing adult development. J. Amer. Psychoanal. Assn. 36, 347-369

Settlage, C. F.; Bemesderfer, S.; Rosenthal, J.; Afterman, J.; Spielman, P. (1991): The appeal cycle in early mother-child interaction: the nature and implications of a finding from developmental research. J. Amer. Psychoanal. Assn. 39, 987-1014

Settlage, C. F.; Silver, D.; Afterman, J.; Hart, K.; Nelson, K. (1993): Developmental process: mother-child and father-child interaction during the second year of life. In: Cowan, P. A.; Field, D.; Hansen, D.; Skolmick, E.; Swanson, G. E. (eds.): Family, Self and Society: Toward a New Agenda for Family Research. New Jersey: Lawrence Erlbaum, 363-384

Simburg, E. J. (1985): Psychoanalysis of the older patient. J. Amer. Psychoanal. Assn. 33, 117-132

Trilling, L. (1965): Beyond Culture: Essays on Literature and Learning. New York: Harcourt Brace Javanovich

Dieser Artikel erschien zuerst unter dem Titel: „Transcending Old Age“ im International Journal of Psycho- Analysis (1996, 77, Band 3, 549-564)

Übersetzung Henriette Patzelt und Anna Teising.

Vom Älterwerden des Psychoanalytikers[1]

Dieter Ohlmeier

Meine Reflexionen, die nicht den vollen Anspruch auf wissenschaftliche Ordentlichkeit erheben, mögen hier und da überspitzt, ja karikaturhaft zugeschärft erscheinen. Aber aus den zugeschärften Situationen und Szenarios entnehmen wir wichtige Mitteilungen über den Möglichkeitsraum des Psychischen, wobei die Zuspitzungen oft im Bereich der Phantasien verbleiben und nicht in Handlungen umgesetzt werden.

Die Entwicklung des Erwachsenen stellt sich als eine Auseinandersetzung mit den lebensphasenspezifischen „Entwicklungsaufgaben" dar, deren kontinuierliche psychische Bearbeitung einen allmählichen Übergang zum Alter möglich macht. Wir wissen jedoch, daß hiermit spezifische Ängste verbunden sind: so etwa die Angst vor dem Nachlassen der sexuellen Potenz und den sich daraus ergebenden Konsequenzen für bestehende Objektbeziehungen; die Angst vor einem Nachlassen der Leistungsfähigkeit und damit - insbesondere z.B. bei Pensionierung oder Berentung - einhergehendem Identitätsverlust; aber auch die Angst vor Veränderungen in der ehelichen Beziehung und vor Ehekonflikten nach dem Auszug der Kinder (die Situation des „leeren Nestes"); ferner die Angst, die durch das Bewußtwerden des eigenen Alterns, insbesondere einer durch Krankheit bedingten Abhängigkeit, entsteht; schließlich die Angst vor der Einsicht in die Unvermeidbarkeit des eigenen Todes und die oft bittere Erkenntnis, selbst gesteckte Ziele und Ideale nicht mehr „erreichen" zu können. Fragen wir uns nach dem zusammenfassenden Charakteristikum dieser typischen Altersängste, so stellen sie sich im wesentlichen als

---

[1] Für Wolfgang Bister zum 75. Geburtstag

Resultat einer narzißtischen Kränkung dar, die aus einem Defizitempfinden angesichts eingeschränkter „Unabhängigkeit“ und „unerreichbar“ gewordener Ziele und Ideale resultiert.

Die psychoanalytische Profession ist aufs engste mit der Persönlichkeit des Psychoanalytikers verbunden. Wir arbeiten nicht mit Instrumenten, mit technischen Werkzeugen, sondern mit und durch unsere eigene Person - man *ist* Analytiker, um die Psychyoanalyse anwenden zu können. Insofern ist der Beruf des Psychoanalytikers, so wissenschaftlich wir ihn auch betreiben, eher mit dem Selbstbild eines Künstlers als etwa mit dem eines Handwerkers vergleichbar. Warum wählt man einen solchen Beruf? Nicht nur aus allgemeinem Interesse an der Beschaffenheit des menschlichen Unbewußten, der Schicksale menschlicher Individuen und Kollektive, sondern weil vielmehr die Beschäftigung mit den Rätseln des eigenen Lebenslaufes, der eigenen Entwicklung, des eigenen Unbewußten im Vordergrund des Interesses steht. Insofern handelt es sich bei der psychoanalytischen Ausbildung eigentlich um einen *Bildungsgang* - und nicht so sehr um eine Unterweisung in wissenschaftlicher Theorie und Technik. Die „psychoanalytische Identität“, die „psychoanalytische Haltung“ sind Ausdruck dieses Bildungsganges. Reflektieren, Interpretieren und Deuten, aber nicht das Handeln bestimmen die psychoanalytische Haltung - weswegen Psychoanalytiker übrigens oft schlechte Pragmatiker und Politiker sind.

So gerät auch eine Überlegung zum Altern des Psychoanalytikers zu einem Stück seiner Selbstanalyse. Nicht selten wird dieser spezifische Abschnitt der Selbstanalyse des alternden Analytikers auch dadurch ausgelöst, daß er in (ihm oftmals karikaturhaft erscheinende) „Altersrollen“ gedrängt wird oder sich in solche versetzt fühlt. Die Kunst wäre dann, darin nicht - im Sinne einer projektiven Identifizierung - zu erstarren und diese Rollenzuteilungsangebote im Zuge etwa abnehmender Kritik - und Selbstkritikfähigkeit zu akzeptieren.

Noch einmal zurück zu uns charakteristisch erscheinenden intrapsychischen Umschichtungen beim alternden und alten Menschen: Nicht selten verändert sich das Verhältnis der Triebansprüche zur Über-Ich-Instanz und der damit einhergehenden Kontrolle. Dies zeigt sich vielfach im Sinne einer eher verminderten Über-Ich-Kontrolle - wobei die libidinösen und aggressiven Triebansprüche sich keineswegs entsprechend vermindern. So erscheint mancher Alternde durch eine gewisse Abnahme der Schamhaftigkeit ausgezeichnet, ja vielleicht sogar durch eine Zunahme von „Schamlosigkeit": milder formuliert, durch einen Verzicht auf „falsche Scham". Im Hintergrund ahnen wir die Möglichkeit, daß bei einer Zunahme der Scham beim Alternden die Möglichkeit des baldigen Sterbens ebenfalls zunehmen könnte: z.B. die Scham, bei fortgeschrittenem Alter noch als (sexuelles) Liebesobjekt zu gelten. Deswegen treffen wir nicht selten auf die Verweigerung, „Liebesobjekt" zu sein oder sich als solches „herzugeben"- als eine Reaktionsbildung aus Gegenübertragungsabwehr also - und sich statt dessen auf ein väterliches/mütterliches oder gar großväterliches/großmütterliches „akzeptierendes" oder auch moralisch- "maßgebliches" Objektbild zurückzuziehen. Damit würde dann auch eine - vielleicht für das höhere Lebensalter spezifische oder dann doch aktualisierte - narzißtische Wegweiserfunktion (als „alter Weiser") eingenommen. Das ist eine Art von „Altersomnipotenz", die ihre Quelle in der Persönlichkeit des alternden Analytikers hat, und die jüngere Patienten nur allzugern beanspruchen. Die *äußere* Realität in Gestalt des Lebensalters scheint dann größeres Gewicht zu erlangen, was eigentlich zur Enttäuschung oder Zurückweisung der infantilen Übertragungsebene beim Analysanden führen kann oder muß.

An Stelle von „Altersweisheit" (und das wäre, psychoanalytisch gesehen: das Ergebnis von Verzichtleistungen, der Einsicht in die nicht vorhandene Omnipotenz, der Anerkennung und das Geltenlassen des Anderen) tritt - potentiell - „Alterswildheit", die sich auf manifest- realer Ebene als Kritik, Groll oder gar Illoyalität gegen

Kollegen (insbesondere jüngere), gegen die Fachgesellschaft und das Institut, gegen die psychoanalytische Theorie als Ganzes oder in Einzelzügen, vielleicht besonders gegen die psychoanalytische Technik und den psychoanalytischen Rahmen, richtet. Nicht selten versteigt sich solche „Alterswildheit" zu einer Sucht nach Öffentlichkeit in dem Sinne, daß sie sich auf die „kritische" Abwehrseite der Öffentlichkeit schlägt, die - in ihrer Ambivalenz gegenüber dem Unbewußten - der Psychoanalyse immer schon mit der Haltung, wenn nicht der Ablehnung, so doch der „Unzeitgemäßheit", „Überholtheit", ja „Starrheit" und „Künstlichkeit" gegenübertrat. Auch das Paktieren mit dem „jugendlichen Protest" gegen die Institutionen und die Regeln und Rahmenbedingungen in Technik und Ausbildung gehören dazu. Nicht selten befremden Auftritte in Fernseh-Talkshows: dann können wir dort alternde Analytiker sehen, die sich darin wie voreingenommene, ja hämische Kommentatoren gerieren, ganz im Gegensatz zu den - auch öffentlichen - Erwartungen an einen Psychoanalytiker, von dem man sich nachdenkliche Analysen erhofft und nicht Sottisen.

Einen besonderen Krisenpunkt, ja ein Tabu, das auch in der (fach-) öffentlichen Diskussion meist sorgsam ausgespart wird, stellt der Rücktritt des Psychoanalytikers von der analytischen Arbeit dar. Hier ist wieder die Verkoppelung der analytischen Tätigkeit, des Analytikerseins mit dem persönlichen Leben zu betonen: wäre die Aufgabe dieser Tätigkeit nicht nur mit einem „sozialen Tod", sondern mit dem realen Tod, dem Sterben gleichzusetzen? Es handelt sich um eine Frage, die sich manchem altgewordenen Analytiker stellt - oder die er verleugnet, ebenso wie sie von seiner fachlichen und privaten menschlichen Umwelt verleugnet wird. Wir stoßen auf starke Tabubildungen: kann man einem alten Analytiker nahelegen, seine Tätigkeit aufzugeben und sich auf diese Weise womöglich an seinem Sterben quasi „mitschuldig" zu machen? Was ist zu tun, wenn der alte Analytiker sich, wie in einem Überlebenskampf, heftig gegen solche Ansinnen wehrt und sich gegen

Kollegen, die Gedanken an seinen Rücktritt an ihn, wenn auch noch so vorsichtig, herantragen, wie gegen Todfeinde zur Wehr setzt? Eine automatische Pensionsgrenze gibt es nicht, wie bei Beamten oder sonstigen Personen im öffentlichen Dienst, wie Lehrer, Richter, etc. - auch keine „Marktgrenze" wie bei Sängern, deren abnehmende Stimmkraft ihnen keine Starauftritte mehr erlaubt. Auch ist die biologische und psychologische „Ungerechtigkeit" zu erwägen, daß die Altersvorgänge jedes Individuum auf andere Weise, manchmal schon in früheren Lebenszeiten, manchmal erst im höheren Alter, angreifen. Aber: die Aktivität der Seele altert nicht, auch wenn es Körper und Geist tun sollten; das Triebleben bewahrt seine Vitalität.

So sagt Pheres (in der „Alkestis" des Euripides) zu seinem Sohn Admetos, der ihm ansinnt, an seiner Stelle zu sterben und den Gang in den Hades anzutreten:

> „Was meint die Dreistigkeit? Bewirfst mit Schmähungen mich? (...)
> Du frevelst ohne Maß; und weil dein scharfer Spott
> Zu innerst mich verletzte, kommst du so nicht fort.
> Ich zeugte dich und zog dich auf, daß du der Herr
> Des Hauses wärst; für dich zu sterben brauch' ich nicht. (...)
> Was tat ich dir zu Leid, wo schmälert' ich dein Recht?
> Wie du für mich nicht stirbst, so sterb' ich nicht für dich.
> Dich freut das Licht; den Vater, meinst du, freu' es nicht?
> Lang, so viel weiß ich, werd' ich sein im untren Reich;
> Hier ist die Frist bemessen, doch voll Glanz und Glück."

Und vorher hatte sein Sohn ihm wütend entgegengeschleudert:

> „Es lügt der Greis, wenn er das Ende sich erfleht,

Und seinem Tage flucht, weil er zu lange währt.
Die Todesstunde naht - keiner zeigt sich bereit -;
Was eine schwere Bürde schien, ist keine mehr.“

Diese hier so genannte „Alterswildheit“ - wir sprechen, etwas zivilisierter und wohlwollender, auch von den „zornigen alten Männern und Frauen“ - hat nun zweifellos auch eine wichtige Funktion für jüngere Leute, hat etwas positiv Förderndes, in unambivalenterer Form als bei der Eltern - oder Gleichaltrigen- Generation zur Identifizierung Einladendes. Aber: die Großmütter und- väter solidarisieren sich nicht selten mit den „Enkeln“ gegen die „Eltern“. Der jugendliche Protest, mit dem die Alternden sich identifizieren, kann dann dazu dienen, dem Generationenkonflikt auszuweichen und die immer aufs Neue aktualisierte Durcharbeitung der Laios-Ödipus-Situation zu umgehen.

Nochmals sei angesprochen, daß die *Triebstärke*, daß die Auswirkungen und Schicksale der Triebe - Libido und Aggression - im Alter nicht erlöschen; sie dauern fort bis zum Ende des Lebens, und ihr Erlöschen wäre mit dem Tod gleichzusetzen. Was sich dagegen verändert, sind die Verarbeitungsmechanismen, denen die Triebe von seiten des Ichs und des Überichs unterliegen. Es ergeben sich offenbar - wenn auch charakteristische, allgemeingültige Entwicklungen schwer zu kennzeichnen sind - *Verschiebungen* der intrapsychischen Instanzen untereinander im Alter (übrigens jener Instanzen, die ein psychoanalytischer Prozeß in ein günstigeres Verhältnis zueinander bringen soll, wie Freud es als therapeutisches Ziel einer Psychoanalyse gekennzeichnet hat).

Das *Überich* wird schwächer und starrer zugleich: Dogmatische Neigungen („Altersstarrsinn“) und Überbordwerfen von Regeln („Altersmilde“) stehen oft nebeneinander. Eine Vernachlässigung insbesondere der Regeln und Rahmenbedingungen der Psychoanalyse kann damit einhergehen - eine gleichsam verminderte

Verkörperung des „Gesetzes", das Ausdruck und Ergebnis der ödipalen Grenzen gegen Inzest und Mord ist. Dies kann sich auf manifester Ebene als abnehmende Solidarität mit jüngeren Kollegen, aber auch mit den Fachinstitutionen zeigen.

Das *Ich* nimmt oftmals in seiner Flexibilität ab, vielleicht auch in seiner synthetischen Funktion. Die Verleugnung, aber auch die Projektion als genetisch frühe („primitive") Abwehrmechanismen sind häufiger zu beobachten: vor allem in der Form der Verleugnung der eigenen Sterblichkeit und Endlichkeit. Eine gewisse Formelhaftigkeit und „Automatisierung" der Wahrnehmungseinstellung kann auftreten: Eine Neigung zu „Patentdeutungen", zu feststehenden Maximen, ein Abhandenkommen des Staunens und Wunderns, des „Anfängergeistes" beim Analysieren (R. Zwiebel), das die Voraussetzung dafür ist, Fremdpsychisches und die immer neuen Überraschungen der eigenen Psyche wahrzunehmen.

Dadurch wird die Übertragungs- und auch die Gegenübertragungsanalyse möglicherweise behindert. An die Stelle der Vielfältigkeit der Übertragungswahrnehmung tritt allzu leicht eine eher formelhafte Übertragungserwartung - und auch die Abwehr, oft Verleugnung bestimmter Übertragungswünsche und -angebote von seiten des Analysanden, z.B. in sexueller Hinsicht. Todes- und Destruktionsphantasien im Analysanden können dann verleugnet, mit dem „Mantel der Altersmilde" zugedeckt, aber nicht in ihrer den Patienten bedrohenden Ernsthaftigkeit analysiert werden.

Die *Gegenübertragungsanalyse* zieht sich oft auf die Position der „Erfahrung" zurück, daß hieße: auf ein formelhaftes Repertoire bereits bekannter Konstellationen, die die jeweils individuelle Konstellation im Hier und Jetzt außer acht läßt - bedeutet diese doch eine unter Umständen „neue" Erfahrung, eine neue Lebenserfahrung von erschütternder Art, die der alternde Mensch nicht mehr an sich heranlassen möchte oder zumindest doch nicht mehr mit ihr arbeiten möchte. In diesem Augenblick jedoch wäre der alternde Analytiker aus der Analyse ausgetreten.

Der Verfasser fragt sich: Was oder wen würde er eigentlich bei solchen Betrachtungen fürchten? Die altgewordenen Kolleginnen und Kollegen - er fürchtet ihren gerechten Zorn, fürchtet ihre Kränkungsaggression, die bekanntlich die schärfste Form der Aggression ist. Vor allem aber fürchtet er sich selbst. Er fürchtet sich *erstens* vor den intrapsychischen Umschichtungen, den möglichen Veränderungen in seinem eigenen Altern, *zweitens* vor der Möglichkeit, mörderischen bzw. inzestuösen Impulsen nachzugeben oder zu unterliegen, also das Schicksal des Laios zu erleiden.

Erstens handelt es sich wohl um ein narzißtisches Problem, genauer gesagt, ein Schamproblem. Der Affekt der *Scham*, in unserer psychoanalytischen Theoriebildung und Praxis ebenso wie andere sogenannte „ sozial unerwünschte Affekte" (Neid, Haß, etc.) eher unterbelichtet, erlangt im Alternsvorgang besondere Aktualität. Wie häufig treffen wir auf Schamgefühle beim alternden Menschen und Analytiker, sich noch „zumuten" bzw. „anbieten" zu können, z.B. als Übertragungsträger sexueller Wunschphantasien. Müßte der Verfasser sich auch schämen, wenn genau die genannten Konfliktpunkte, die er ja als - zumindest wenn sie nicht wahrgenommen, nicht reflektiert, wenn aus ihnen keine Folgerungen abgeleitet werden - als ungünstig oder schädlich gekennzeichnet hat, für ihn selbst aktuell werden? Ist er sicher, daß sie nicht bereits aktuell sind, daß er also Täuschungen über sein „Instrument", seine Person, unterliegt? Kann er als „Mahner" oder „Warner" auftreten, oder vielmehr: könnte man ihn als solchen verstehen und damit gleichzeitig isolieren, wenn er gewärtigen muß, daß er unausweichlich in eben die genannten Muster verfalle? Allein diese Befürchtungen, ja Ängste könnten ihn davon abhalten, über dieses Thema überhaupt öffentlich nachzudenken.

Zweitens fragt sich der Verfasser, ob er „Vater"- oder „Muttermord" begehe - oder ob die Kränkung und Wut, die er vielleicht bei noch älteren Kollegen auslöst, wie ein „Dolchstoß" oder „Anschlag" angesehen werden? Verletzt er eine Grenze, als ob er einen gewälttätigen Akt begehe, wenn er die Begrenzungen des Analytikerseins und des analytischen Tuns in höherem Alter benennt? Macht er sich am Ende gar mitschuldig am Tode eines Menschen, der die Aufgabe seiner beruflichen Tätigkeit und Identität nicht überlebt? Gründe genug, über dieses Thema zu schweigen oder gar derartige Gedanken gezielt zu äußern, ja vielleicht Grund für ein Denkverbot.

Von den *narzißtischen* Problemen des Alterns und bestimmten Umschichtungen im psychischen Apparat war bereits die Rede. Wir sollten nicht den Fehler machen, den „Narzißmus" per se für etwas Negatives zu halten - trotzdem dürfen wir fragen, ob die Empfindlichkeit und Kränkbarkeit bei alternden Menschen nicht eher zunimmt, was insbesondere mit dem Ansteigen des Neides auf Jüngere zusammenhängt, denen in der Phantasie ein größerer und längerer Entwicklungsraum zukommt, während der Alternde sich in einer Form von „Torschlußpanik" fragt: Was bleibt für mich, was bleibt von mir? Ebenso ist jedoch hervorzuheben, daß die Großzügigkeit und gleichzeitig eine gewisse „Rigidität", besser Genauigkeit zunehmen, insbesondere auch in Fragen der psychoanalytischen Technik. Viele ältere Analytiker spüren keinen Anpassungsbedarf mehr an gängige Schulen und überkommene Stile; der „eigene Stil" wird bejaht. Ein anderes narzißtisches Problem ist das nicht seltene Gefühl des „Ausgesogenwerdens": die Fragwürdigkeit des „Dank-Kontos" wird manifest, und: es wachsen Anspruch und Zweifel, insbesondere von analytischen Schülern in gutem Gedächtnis behalten, ja im eigenen Wirken fortgesetzt zu werden. Damit geht also die Gefahr einer unreflektierten narzißtischen Besetzung der eigenen „Abkömmlinge" (Lehranalysanden, Kontrollanalysanden) einher.

Gelingt es dem alternden Analytiker, diese Umschichtungen vor allem im Bereich des eigenen Selbstwertes, des narzißtischen Regulationssystems zu reflektieren und bewußt zu halten, so wird er die psychoanalytischen Regeln, die Einhaltung des Settings, die Deutungstechnik, nicht brechen, nicht entstellen, nicht außer Kraft setzen - aber diese Regeln werden nicht, wie vielleicht gelegentlich in der psychoanalytischen Jugendzeit, mechanisch und überstreng angewendet, sondern vielmehr ad personam, ad situationem neu formuliert und „angefrischt"; sie werden somit dynamisiert.

Wir denken an Hans Sachs in R. Wagners „Die Meistersinger von Nürnberg", als er dem jugendlichen Bilderstürmer und Tabubrecher Walther von Stolzing entgegenhält:

> „Mein Freund, in holder Jugendzeit,
> wenn uns von mächt'gen Trieben
> zum sel'gen ersten Lieben
> die Brust sich schwellet hoch und weit,
> ein schönes Lied zu singen,
> mocht' vielen da gelingen:
> der Lenz, der sang für sie.
> Kam Sommer, Herbst und Winters Zeit,
> viel Not und Sorg' im Leben,
> manch' eh'lich Glück daneben:
> Kindtauf', Geschäfte, Zwist und Streit:-
> denen's dann noch will gelingen
> ein schönes Lied zu singen,
> seht: Meister nennt man die!
> (...)
> Die Meisterregeln lernt beizeiten,
> daß sie getreulich euch geleiten
> und helfen wohl bewahren,

was in der Jugend Jahren
mit holdem Triebe
Lenz und Liebe
euch unbewußt ins Herz gelegt,
daß ihr das unverloren hegt!"

Aber so ergibt sich nicht nur eine Veränderung der Einstellung zur Technik im Sinne einer persönlichen Neuformulierung und Neuvergegenwärtigung, sondern eine Veränderung der Einstellung zu den Institutionen und nicht zuletzt zu sich selbst. Oft stellt sich eine größere Distanz zum institutionellen Getriebe - Institut, Fachgesellschaft, zur Psychoanalyse als internationaler Gemeinschaft - ein. Das muß allerdings nicht das Gefühl der Zugehörigkeit lösen, der Verankerung, selbst bei bitterer Kritik, mit der sich das langjährige „Unbehagen in der Institution", mit aller notwendigen Triebunterdrückung" bahnbricht.

Aber es handelt sich auch um eine Veränderung der Einstellung zu sich selbst, eine - wie schon mehrfach gesagt - Veränderung der narzißtischen Selbstregulation. Man wehrt sich gegen „Fremdbesetzung", gegen exploitation („Ausbeutung" wäre zu eng übersetzt). Es handelt sich eher um ein Aussteigen aus der commedia dell' arte, in der festtypisierte Figuren immer das gleiche Spiel von Liebe, Eifersucht und Getäuschtwerden spielen. Die commedia, oder auch comedie humaine, ist ein vorgeformtes Geschehen, deren Zwängen und Belohnungen nicht mehr „unhinterfragt" zu folgen, eine Möglichkeit des Alternden ist. Wir wünschten uns, nicht der aggressive, sondern der heitere „Ausstieg" möge es sein, der erst dem Alternden zu Gebote steht:

„Tutto nel mondo è burla (...)“ --

„Alles in der Welt ist letztlich Spaß:
Als Possenreißer ist der Mensch geboren.
In puncto Treue und Vernunft
Sitzt er nicht gerad fest im Sattel.
Ein jeder Sterblicher wird geprellt.
Doch gebt nur acht:
Es lacht am besten,
wer zuletzt noch lacht.“

(Verdi, Boito: „Falstaff“)

Autorinnen und Autoren

Bruggeman, John, A., Lehranalytiker Nederlandse Vereniging voor Psychoanalyse, Amsterdam

Dixon, Nina, Kunsttherapeutin, Kunstpädagogin. Ludwig-Noll-Krankenhaus, Klinik für Psychiatrie und Psychotherapie Kassel

Hinze, Eike, Dr. med., Nervenarzt und Lehranalytiker am Berliner Karl-Abaraham-Institut, Mitglied der Arbeitsgruppe Psychoanalyse und Alter. Veröffentlichungen zum Thema Alter und Psychoanalyse

Heuft, Gereon, Priv.- Doz. Dr. med., Facharzt für Neurologie und Psychiatrie, Facharzt für Psychotherapeutische Medizin, Psychoanalyse. Lehr- und Kontrollanalytiker (DGPT), Leitender Oberarzt der Klinik für Psychotherapie und Psychosomatik, Universitätsklinikum Essen. Arbeitsgebiete: Gerontopsychosomatik und Alterspsychotherapie, Operationalisierte Psychodynamische Diagnostik (OPD), Qualitätssicherung in der Fachpsychotherapie

Kipp, Johannes, Dr. med., Leitender Arzt Ludwig-Noll-Krankenhaus, Klinik für Psychiatrie und Psychotherapie Kassel. Arbeitsgebiete: Gerontopsychiatrie- und Psychotherapie, klinische psychodynamische Psychiatrie, Mitglied der Arbeitsgruppe Psychoanalyse und Alter

Koch-Straube, Ursula, Dr. phil., Diplom-Pädagogin, Supervisorin
Professorin für Pflegewissenschaft an der Ev. Fachhochschule in Bochum
Arbeitsgebiete: Psychosoziale Begleitung und Pflege alter Menschen, Interaktionsprozesse zwischen Pflegenden und Gepflegten

Lohmann, Robin, Dr. phil, Wissenschaftlicher Assistent. Klinik für Psychotherapie und Psychosomatik, Universitätsklinikum Essen. Arbeitsgebiete: Biographieforschung, interkulturelle Altersforschung

Müller, Klaus, Dipl.- Psych., Psychoanalytiker (DPV). In Berlin in psychoanalytischer Praxis tätig seit 1980. Arbeitsgebiete: Geschwisterforschung, Psychohistorie. Veröffentlichungen zur Geschwisterforschung und zur psychoanalytischen Literaturinterpretation

Ohlmeier, Dieter, Prof. Dr. med., Dipl. Psych., Lehrstuhl für Psychoanalyse und Psychotherapie an der Universität Gesamthochschule Kassel

Radebold, Hartmut, Prof. Dr. med., Arzt für Nervenheilkunde, Lehranalytiker der DPV, Lehrstuhl für Klinische Psychologie am Fachbereich 04 der Universität Gesamthochschule Kassel. Zahlreiche Publikationen zur Psychodynamik, Psychotherapie, Psychosomatik und Psychoanalyse des Alterns, sowie zur gerontopsychiatrischen Versorgung/ Rehabilitaion

Rosenmayr, Leopold, Prof. Dr. phil., Sozialforscher mit Spezialisierung in Jugend-, Alterns- und Generationenfragen sowie Studien zum Kulturwandel in der Dritten Welt. 15 Jahre lang Leiter von Feldforschungsprojekten in Westafrika. Leiter des Ludwig-Bolzmann- Instituts für Sozialgerontologie und Lebenslaufforschung in Wien

Schneider, Gudrun, Dr. med., Assistenzärztin der Klinik für Psychotherapie und Psychosomatik, Universitätsklinikum Essen, in psychoanalytischer Weiterbildung. Arbeitsgebiete: Gerontopsychosomatik und Gerontopsychotherapie

Sellschopp, Almuth, Prof. Dr. med., Institut und Poliklinik für Psychosomatische Medizin, Psychotherapie und med. Psychologie der Technischen Universität München Klinikum Rechts der Isar. Arbeitsgebiete: Frauenforschung, Nationalsozialismus, psychosomatische Onkologie

Settlage, Calvin, F. Niedergelassener Psychoanalytiker und Kinderanalytiker, Sausalito, Kalifornien. Arbeitsgebiete: Psychoanalytische Entwicklungspsychologie in der Kindheit und im Erwachsenenalters

Teising, Martin, Prof. Dr. phil., Arzt für Psychiatrie und Psychotherapeutische Medizin, Fachbereich Pflege und Gesundheit, Fachhochschule Frankfurt, Mitglied der Arbeitsgruppe Psychoanalyse und Alter. Arbeitsgebiete: Psychodynamische Aspekte des Alterns, Krankheitsrepräsentanzen, Pflegebeziehungen

Warsitz, Rolf- Peter, Priv.- Doz., Dr. med., Dr. phil., Psychiater, Psychoanalytiker und Philosoph, arbeitet an der Fachhochschule Bielefeld und an der Universität Gesamthochschule Kassel sowie in freier ärztlicher Praxis. Veröffentlichungen zur Erkenntnistheorie der Psychoanalyse, zur Theorie und Praxis der psychoanalytischen Psychosenbehandlung und zum interdisziplinären Diskurs zwischen Philosophie und Psychoanalyse

GPSR Compliance

The European Union's (EU) General Product Safety Regulation (GPSR) is a set of rules that requires consumer products to be safe and our obligations to ensure this.

If you have any concerns about our products, you can contact us on ProductSafety@springernature.com

In case Publisher is established outside the EU, the EU authorized representative is:

Springer Nature Customer Service Center GmbH
Europaplatz 3
69115 Heidelberg, Germany

Batch number: 10809466

Printed by Printforce, the Netherlands